U0180849

装配式建筑技术研究与应用

东莞市建筑科学研究所 主编

中国建筑工业出版社

图书在版编目（CIP）数据

装配式建筑技术研究与应用/东莞市建筑科学研究所
主编．—北京：中国建筑工业出版社，2020.8
ISBN 978-7-112-25294-7

Ⅰ．①装…　Ⅱ．①东…　Ⅲ．①装配式构件　Ⅳ.
①TU3

中国版本图书馆 CIP 数据核字（2020）第 114914 号

　　立足于编写团队多年来的相关研究和装配式建筑的实践，本书内容包括装配式建筑评价、装配式建筑信息管理系统、BIM 技术在装配式建筑中的应用、装配式成型钢筋设计和施工、装配式混凝土建筑设计和施工、装配式钢结构建筑设计和施工、相关工程应用案例等。可供装配式建筑设计、施工、监理及甲方等各单位使用，也可供土木、建筑等专业学生使用。

　　　　责任编辑：杨　杰　范业庶
　　　　责任校对：张　颖

装配式建筑技术研究与应用
东莞市建筑科学研究所　主编

*

中国建筑工业出版社出版、发行（北京海淀三里河路 9 号）
各地新华书店、建筑书店经销
北京鸿文瀚海文化传媒有限公司制版
北京圣夫亚美印刷有限公司印刷

*

开本：787×1092 毫米　1/16　印张：17¾　字数：437 千字
2020 年 8 月第一版　　2020 年 8 月第一次印刷
定价：**79.00** 元
ISBN 978-7-112-25294-7
（36048）

本书编委会

主　　编：曹　伟　张彤炜　周书东

副 主 编：刘　亮　麦镇东　陈薪颖　张　益　郑阳焱　叶雄明

主编单位：东莞市建筑科学研究所

参编单位：东莞市墙材革新与建筑节能办公室

前　言

党的"十八大"以来，党中央统筹推进"五位一体"的总布局，把生态文明建设提高到前所未有的高度，绿色发展和高质量发展成为时代主题。建筑业作为我国传统支柱产业之一，对国民经济发展具有重要支撑作用。同时，建筑业高能耗、高污染、低效率的现状与新时代发展要求相悖，行业转型和发展严重滞后。装配式建筑能够有效提高工程质量，提高施工效率，减少环境污染，减少人力投入，契合了建筑业高质量和绿色发展的时代要求，是实现建筑业高质量发展的必然选择。近年来，国家及各省市相继推出了诸多扶持政策鼓励装配式建筑推广和相关技术研究，取得了良好效果，装配式建筑在全国各地取得很大发展。

装配式建筑发展还面临技术、人才、管理等多方面的困难和挑战，加强装配式建筑相关技术研究和实践十分必要。立足于编写团队多年来的相关研究和装配式建筑在东莞市的实践，本书内容包括装配式建筑评价、BIM技术在装配式建筑中的应用、装配式成型钢筋设计和施工、装配式混凝土建筑设计和施工、装配式钢结构建筑设计和施工、相关工程应用案例等。可供装配式建筑设计、施工、监理及甲方等各单位使用，也可供土木、建筑等专业学生使用，内容如有不妥之处，请读者指正。

目　　录

第1章 绪 论

1.1 装配式建筑概述

建筑业作为我国国民经济的支柱产业之一，其发展的好坏直接关乎社会、人居环境进步的快慢。一方面，我国建筑业拥有高速增长的生产总值及较高的 GDP 贡献率；另一方面，新建建筑却仍大量采用现浇作业的方式，造成了生产效率低下、环境污染严重、资源利用率不高、建筑品质粗糙等问题，对环境造成了巨大压力。因此，建筑业的转型升级迫在眉睫。

装配式建筑是用预制部品部件在工地装配而成的建筑。发展装配式建筑是建造方式的重大变革，是推进供给侧结构性改革和新型城镇化发展的重要举措，有利于节约资源能源、减少施工污染、提升劳动生产效率和质量安全水平，有利于促进建筑业与信息化工业化深度融合、培育新产业新动能、推动化解过剩产能。

2016 年 2 月，中共中央国务院出台《关于进一步加强城市规划建设管理工作的若干意见》（中发〔2016〕6 号），明确提出：发展新型建造方式，大力推广装配式建筑。随后，国家、省、市相继出台了诸多促进装配式建筑发展的政策、文件等，要求各级政府推动装配式建筑实施。目前，装配式建筑技术取得了一定发展成果，积累了一些经验，但装配式建筑在推广过程中仍面临不少困难，如装配式建筑比例和规模化程度较低，成熟适用的技术欠缺，标准和规范体系不健全，设计、施工等各环节经验不够，工程总承包模式实施困难，工程造价、质量、工期不易控制等。

从发展趋势上看，装配式建筑在技术的提升和再实践过程中，通过技术引进、吸收后再创新，在国内最终形成较为成熟可靠的理论，用以指导装配式建筑实践。本书共设 9 个章节，首先对装配式建筑发展现状及其评价标准进行综合叙述，以反映在当前装配式建筑的发展背景、问题及对策、发展趋势等；然后简述装配式建筑与信息化融合发展模式，以解答政府和甲方层面如何对装配式建筑进行管理；接着简述 BIM 技术在装配式建筑中的应用以及详细解读装配式混凝土建筑和成型钢筋体系在实施过程中设计、生产和施工环节要点。从内容而言，广泛吸收已有的规范要求和实践研究成果，所提供的知识、信息比较成熟可靠，叙述简明扼要，概括性强；最后针对不同体系的装配式建筑项目进行案例研究，系统地收集项目设计及施工过程资料，并对项目所涉及的关键技术内容、要点和意义进行剖析，为开展装配式项目提供技术支持和参考经验。

1.2 国外装配式建筑发展现状及启示

西方国家最早提出建筑工业化思想，其主要目的是为了解决第二次世界大战（以下简称二战）之后欧洲国家在缺乏劳动力情况下却有大量住房亟需建造的问题，通过推行建筑标准化的设计、构配件工厂化生产、现场装配式施工的一种房屋建造生产方式，以提高建筑业的劳动生产效率，为战后住房的快速重建提供保障。西方国家装配式建筑发展大致经历了三个阶段，如图 1-1 所示。近百年来，装配式建筑由理论到实践，已经形成了较为系统的设计、施工方法，各种新材料、新技术也层出不穷，形成了不同的装配式建筑体系。装配式建筑发展比较好的国家有美国、法国、德国、新加坡、日本等国家，以及我国的港台地区。下文将分别对其进行分析。

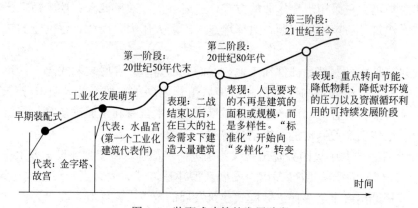

图 1-1 装配式建筑的发展阶段

（1）美国

美国的装配式建筑有着严格的行业标准规范，在预制混凝土建筑方面的标准体系已经相当完善，现行的两部行业标准为 HUD 标准和《PCI 设计手册》，在国际上具有非常广泛的影响力。全美现有装配建筑部品与构件产业化企业三四千家，所提供的通用梁、柱、板、桩等预制构件共 8 大类 50 余种产品，其中应用最广的是单 T 板、双 T 板、空心板和槽形板，如图 1-2 所示。在生产品种方面，该产业为了竞争、扩大销路，立足于品种的多样化，全美国现有不同规格尺寸的统一标准模块 3000 多种，建造建筑物时可不需要砖或填充其他材料即可完成建造任务。

美国可借鉴的经验有：

1）以市场化、社会化发展为主。标准规范齐全，标准化、系列化、通用化程度高，生产品种多样化，模块种类多。

2）社会化分工与集团化发展并重。工厂生产商的产品有 15%～25% 的销售是直接针对建筑商。同时，大建筑商并购生产商或与其建立伙伴关系，以购买大量住宅组件，通过扩大规模，降低成本。

（2）法国

法国是世界上推行装配式建筑最早的国家，在 1891 年就开始尝试装配式混凝土结

(a) 单T板   (b) 双T板

(c) 加腋预制板   (d) 空心板

图 1-2 单 T 板、双 T 板、空心板

构的建设，其独创的装配整体式混凝土结构体系为世构体系（SCOPE），它是一种预制预应力混凝土装配整体式框架结构体系，主要预制构件包括预应力叠合梁、叠合板和预制柱等。世构体系的主要特点在于其节点构造方式，包括键槽、U 形筋和现浇混凝土。世构体系已应用到我国行业标准《预制预应力混凝土装配整体式框架结构技术规程》JGJ 224 中。

法国建筑工业化以混凝土体系为主，钢、木结构体系为辅，多采用框架或板柱体系，并逐步向大跨度发展。近年来，法国建筑工业化呈现的特点是：1）焊接连接等干法作业流行；2）结构构件与设备、装修工程分开，减少预埋，使得生产和施工质量提高；3）主要采用预应力混凝土装配式框架结构体系，装配率达到 80%，脚手架用量减少 50%，节能可达到 70%。

法国可借鉴的经验有：

1）在住宅大规模建设时期推进装配式建筑发展，并形成了工业化生产（建造）体系。

2）建立建筑部品的模数协调原则。20 世纪 90 年代，利用软件系统把遵守统一模数协调原则放入建筑部件汇集在产品目录之内，告诉使用者各种类型部件的数据、施工方法、经济性等。模数协调原则的制定，使得预制构件的大规模生产成为可能，降低成本的同时提高了效率。

3）推动形成"建筑通用体系"，1982 年，法国推行构件生产与施工分离的原则，发展面向全行业的通用构配件的商品生产，并开发出"构造逻辑系统"的软件，可以设计出多样化的建筑，并且快速提供工程造价数据。

（3）德国

德国目前已发展成系列化、标准化的高质量、节能型装配式住宅生产体系。德国是世界上建筑能耗降低幅度最快的国家，近几年更是提出发展零能耗的被动式建筑。德国装配式建筑的主要技术有：Doppelte Lederwand（叠合墙）、T-Strahl（T字预应力梁）、Doppelte T-Tafel（交叉 T 形板）、Vorgespannter Hohlboden（预应力空心板）、Verbundplatte（叠合板）等。发源于德国的 Doppelte Lederwand（又被称为叠合墙或双皮墙），是应用最多的装配式技术。

德国善于运用密柱结构，例如 2012 年在柏林落成的 Tour Total 大厦，是德国预制混凝土装配式建筑非常有创意的一项工程。建筑采用混凝土现浇核心筒、预制混凝土外墙密柱、30cm 厚的现浇混凝土楼板的结构体系，形成楼层内部宽敞的无柱空间，如图 1-3 所示。

(a) 大厦外景　　　　　　　(b) 大厦近景　　　　　(c) 大厦外墙预制装配构件

图 1-3　柏林 Tour Total 大厦

德国可借鉴的经验有：

1）建立相关标准规范。规定装配式建筑首先应满足通用建筑综合性技术要求，同时要满足在生产、安装方面的要求；

2）鼓励不同类型装配式建筑技术体系研究。鼓励不同类型装配式建筑技术体系的研究，逐步形成适用范围更广的通用技术体系，推进规模化应用，降低成本，提高效率。

（4）新加坡

新加坡是装配式住宅问题解决较好的国家之一，其住宅多采用装配式建造模式。新加坡的 PPVC 技术为预制预装修模块建筑，是将建筑的整间房间作为模块单元在预制工厂进行加工，再送往建筑工地进行现场吊装的建筑技术。模块化单元的使用，使施工现场吊装次数大大减少、需要处理的连接点大量减少，建造更加精细化。新加坡属于无地震国家，建筑抗震要求低，所以 PPVC 建筑基本不需考虑抗震，如图 1-4 所示。

新加坡可借鉴的经验有：

1）多种建筑体系尝试，探寻适合发展形式。20 世纪 80 年代初，同时对预制梁板、大型隔板预制、半预制现场现浇等不同技术体系进行尝试；

(a) 在建的PPVC建筑　　　　　　　　　　　(b) 正在吊装的房间单元

图 1-4　新加坡的 PPVC 技术

2）以法规形式推行易建性评分体系。政府以法规的形式对所有新的建筑项目执行该规范，其目的是从设计着手，以减少建筑工地现场工人数量、提高施工效率，改进施工方式；

3）采取奖励计划。对于提高生产力所使用的工具采取奖励计划，最高奖励企业 20 万新币。对一切先进的施工模式、施工材料等进行奖励，可获得每项高达 10 万元新币的奖励；

4）建立相关规范标准，对于户型设计、模数设计、尺寸设计、标准接头设计等都作出了规定；

5）严格的建筑材料管理和质量监管。批准并要求选用合格的建材生产商，对工程中所有材料进行定期检查。每个工程预制构件的第一批生产和吊装须有建屋发展局官员见证和指导；

6）发展并鼓励 BIM 系统的使用。各大院校开展了 BIM 系统的专业课程，培养在校学生和在职人员的信息化、系统化管理的专业技能。

（5）日本

日本借助保障性住房大规模发展的契机，20 世纪 50 年代以来，长期坚持多途径多方式多措施推进建筑产业现代化，发展装配式建筑。

据 2015 年日本国土交通省数据显示，在新建建筑中，按照结构类型划分，木结构建筑占比 41.4%，钢结构建筑占比 37.9%，钢筋混凝土结构建筑占比 20.1%。在新建住宅中，木结构住宅占比 55.5%，钢结构住宅占比 18.1%，钢筋混凝土结构住宅占比 26.3%。

日本发展装配式建筑的主要措施有以下方面：一是在法律与制度方面，日本有《住宅建设计划法》《基本居住生活法》《日本住宅品质确保促进法》等。二是以标准化促进部品部件规模化生产。日本制定了统一的模数标准，推行标准化和部件化。三是机构职能明确，经济产业省通过课题形式，用财政补贴支持企业进行新技术的开发。四是颁布多个支持政策，对采用新技术、新产品的项目，金融公库给予低息长期贷款建立了"试验研究费减税制""研究开发用机械设备特别折旧制"等。

日本作为多地震国家，对装配式建筑的抗震避震要求较高。例如日本住友不动产的东京高层装配式钢结构住宅六本木（Roppongi），如图 1-5、图 1-6 所示，地上 27 层，采用了钢结构和局部预制混凝土的框架体系，外围护结构为幕墙系统，达到结构主体100年的长寿命使用要求。项目也应用了SI体系（Skeleton Infill），内部为轻钢龙骨隔墙，同时也采用了管线分离等技术，以及高强混凝土和免震技术。

(a) 减隔震管件

(b) 减隔震构件

图1-5　六本木住宅外景　　　　　　图1-6　六本木住宅地下室减隔震设置

日本可借鉴的经验有：

1）目标明确。日本每五年都颁布住宅建设五年计划，每一个五年计划都有明确的促进住宅产业发展和性能品质提高方面的政策和措施；

2）在保障性住房中率先采用装配式建造技术，并迅速形成产业规模，在技术体系成熟后，带动商品房项目跟进学习采用；

3）有专门机构推进。如近年来，为了推广木结构建筑，日本国土交通省设立"国土交通省住宅局住宅生产课木造住宅振兴室"推动木结构建筑发展；

4）设计风格丰富多彩。日本有许多住宅展示场，展出风格各异的独立式住宅，供消费者选购和订制，因此，日本基本上没有出现千楼一面的现象；

5）内装100%是工业化生产＋现场干作业方式；

6）产业链发育充分，大集团企业引领行业技术发展，颁布企业规程和标准，带动专业性公司发展，形成大小企业共同发展的产业链体系。

1.3　国内装配式建筑发展现状

1.3.1　相关政策

（1）国家政策

为贯彻落实科学发展观，推动社会走绿色、循环、低碳的可持续发展道路，打破传统建筑业劳动密集型、粗放型、信息技术普及程度低、资源能源低效利用和生态环境破坏严重的发展瓶颈，我国政府近几年开始大力推广和鼓励装配式建筑的发展，并将其作为推动我国建筑业转型升级和国民经济发展的重要举措，具体政策及规范如表 1-1 所示。

国家政策及标准规范表 表 1-1

时间	政策、标准规范	具体内容
1956.5	国务院发布《关于加强和发展建筑工业化的决定》	第一次提出实行建筑工业化
1978	原国家建委提出以"三化一改"，发展建筑工业化的要求	在北京等地开展建设了一大批"内墙大模板现浇与外墙板预制"结构
1999.8	国务院办公厅发布《关于推进住宅产业现代化提高住宅质量的若干意见》	统筹规划建筑产业现代化发展目标和路径、积极稳妥推进建筑产业现代化
2014.7	住房城乡建设部发布《关于推进建筑业发展和改革的若干意见》	推动建筑设计、部品构件配件生产、施工等方面的关键技术研究与应用
2016.2	国务院发布《关于进一步加强城市规划建设管理工作的若干意见》	力争用 10 年左右的时间，使装配式建筑占新建建筑面积的比例达到 30%
2016.9	国务院办公厅发布《关于大力发展装配式建筑的指导意见》	大力发展装配式建筑
2016.12	《建筑信息模型应用统一标准》GB/T 51212	统一建筑信息模型应用基本要求
2017.1	国务院发布《关于印发"十三五"节能减排综合工作方案的通知》	推广节能绿色建材、装配式和钢结构建筑
2017.1	《装配式混凝土建筑技术标准》GB/T 51231	规范我国装配式混凝土结构建筑的建设
2017.1	《装配式钢结构建筑技术标准》GB/T 51232	规范我国装配式钢结构建筑的建设
2017.1	《装配式木结构建筑技术标准》GB/T 51233	规范我国装配式木结构建筑的建设
2017.2	国务院办公厅印发《关于促进建筑业持续健康发展的意见》	推进建筑产业现代化，大力推广智能和装配式建筑
2017.3	住房城乡建设部关于印发《"十三五"装配式建筑行动方案》《装配式建筑示范城市管理办法》《装配式建筑产业基地管理办法》的通知	培育 50 个以上装配式建筑示范城市，200 个以上装配式建筑产业基地，500 个以上装配式建筑示范工程，建设 30 个以上装配式建筑科技创新基地
2017.10	《装配式住宅建筑设计标准》JGJ/T 398	规范我国装配式住宅建筑的建设
2017.12	《装配式建筑评价标准》GB/T 51129	应用于民用建筑装配化程度的评价
2018.3	住房城乡建设部发布《住房城乡建设部建筑节能与科技司关于印发 2018 年工作要点的通知》	积极推进建筑信息模型（BIM）技术在装配式建筑中的全过程应用
2018.7	国务院发布《关于印发打赢蓝天保卫战三年行动计划的通知》	2018 年底前，各地建立施工工地管理清单，因地制宜稳步发展装配式建筑
2019.6	《装配式钢结构住宅建筑技术标准》JGJ/T 469	规范装配式钢结构住宅建筑的建设
2019.7	住房城乡建设部发布《装配式混凝土建筑技术体系发展指南（居住建筑）》	指导装配式混凝土居住建筑技术体系发展
2019.11	《装配式住宅建筑检测技术标准》JGJ/T 485	规范装配式建筑的检测方法
2020.5	住房城乡建设部发布《关于推进建筑垃圾减量化的指导意见》	对装配式建筑施工现场建筑垃圾（不包括工程渣土、工程泥浆）排放量每万平方米不高于 200t

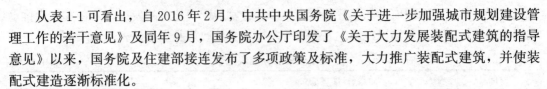

从表1-1可看出,自2016年2月,中共中央国务院《关于进一步加强城市规划建设管理工作的若干意见》及同年9月,国务院办公厅印发了《关于大力发展装配式建筑的指导意见》以来,国务院及住建部接连发布了多项政策及标准,大力推广装配式建筑,并使装配式建造逐渐标准化。

(2)地方政策

2017年3月,住房城乡建设部印发的文件提出"到2020年,全国装配式建筑占新建建筑的比例达到15%以上,其中重点推进地区达到20%以上,积极推进地区达到15%以上,鼓励推进地区达到10%以上"。之后,各地区政府积极出台相关政策、措施来推进建筑产业现代化的发展,并提出相应的发展目标,如表1-2所示,其中上海市、天津市、海南省、江西省、港澳台虽有发布与装配式建筑相关的政策文件,但对具体的发展目标比例无提及,以下表格无列出。

地方政策表   表 1-2

省份	时间	政策文件	装配式建筑占新建建筑比例(目标)		
			2020年末		2025年末
			全省	试点城市	全省
北京	2017.2	北京市人民政府办公厅发布《关于加快发展装配式建筑的实施意见》	30%	无	无
湖南	2017.5	湖南省人民政府办公厅发布《关于加快推进装配式建筑发展的实施意见》	30%	长沙、株洲、湘潭50%	无
浙江	2019.7	浙江省住建厅发布《大力发展装配式建筑 促进建筑业转型升级》	30%	无	无
江苏	2017.12	江苏省人民政府办公厅发布《关于促进建筑业改革发展的意见》	30%	无	无
四川	2017.6	四川省人民政府办公厅发布《关于大力发展装配式建筑的实施意见》	30%	成都、乐山、广安等35%	40%
山东	2017.1	山东省住房城乡建设厅发布《关于贯彻国办发〔2016〕71号文件大力发展装配式建筑的实施意见》	25%	济南、青岛30%	40%
河南	2017.12	河南省人民政府办公厅发布《关于大力发展装配式建筑的实施意见》	20%	郑州30%	40%
福建	2017.6	福建省人民政府办公厅发布《关于大力发展装配式建筑的实施意见》	20%	福州、厦门25%	35%
湖北	2016.2	湖北省政府发布《关于加快推进建筑产业现代化发展的意见》	2018后逐年提高5%	无	30%
辽宁	2017.8	辽宁省人民政府办公厅发布《关于大力发展装配式建筑的实施意见》	20%	沈阳35%,大连25%	30%
广东	2017.4	广东省人民政府办公厅发布《关于大力发展装配式建筑的实施意见》	15%	无	35%
重庆	2017.12	重庆市人民政府办公厅发布《关于大力发展装配式建筑的实施意见》	15%	两江新区50%	30%

续表

省份	时间	政策文件	装配式建筑占新建建筑比例（目标）		
			2020 年末		2025 年末
			全省	试点城市	全省
安徽	2017.1	安徽省人民政府办公厅发布《关于大力发展装配式建筑的通知》	15%	无	30%
山西	2017.8	山西省住房城乡建设厅发布《关于印发〈装配式建筑行动方案〉的通知（第 187 号）》	15%	太原、大同 25%	无
陕西	2017.3	陕西省人民政府办公厅发布《关于大力发展装配式建筑的实施意见》	无	20%	30%
黑龙江	2017.11	黑龙江省人民政府办公厅发布《关于推进装配式建筑发展的实施意见》	10%	30%	30%
吉林	2017.7	吉林省人民政府办公厅发布《关于大力发展装配式建筑的实施意见》	无	长春、吉林 20%	30%
内蒙古自治区	2017.9	内蒙古自治区人民政府办公厅发布《关于大力发展装配式建筑的实施意见》	10%	呼和浩特、包头等 15%	30%
河北	2017.1	河北省人民政府办公厅发布《关于大力发展装配式建筑的实施意见》	无	无	30%
广西壮族自治区	2016.8	广西壮族自治区住房城乡建设厅发布《关于大力推广装配式建筑促进我区建筑产业现代化发展的指导意见》解读	无	20%	30%
云南	2017.6	云南省人民政府办公厅发布《关于大力发展装配式建筑的实施意见》	无	昆明、曲靖、红河州 20%	30%
贵州	2017.10	贵州省人民政府办公厅发布《关于促进建筑业持续健康发展的实施意见》	10%	15%	30%
新疆维吾尔自治区	2017.11	新疆维吾尔自治区住房城乡建设厅发布《关于大力发展自治区装配式建筑的实施意见》	10%	乌鲁木齐等 15%	30%
宁夏回族自治区	2017.4	宁夏回族自治区人民政府办公厅发布《关于大力发展装配式建筑的实施意见》	10%	15%	25%
青海	2017.9	青海省人民政府办公厅发布《关于推进装配式建筑发展的实施意见》	10%	西宁、海东 15%	无
西藏自治区	2017.1	西藏自治区人民政府办公厅发布《关于推进高原装配式建筑发展的实施意见》	30%（政府）	拉萨、日喀则	无
甘肃	2017.8	甘肃省人民政府办公厅发布《关于大力发展装配式建筑的实施意见》	无	无	30%

（3）奖励政策

据住房城乡建设部统计数据显示，2016～2019 年，31 省、自治区、直辖市出台装配式建筑相关政策文件的数量分别为 33、157、235、261 个。通过不断完善配套政策和细化落实措施，提出各项经济激励政策和技术标准为推动装配式建筑发展提供了制度保障和技术支撑，如表 1-3、表 1-4 所示。奖励政策包括用地支持、财政补贴、专项资金、税费优惠、容积率、评奖、信贷支持、审批、消费引导、行业扶持等 10 个小类。在政策使用比例方面，税费优惠政策超过 90%，其次为用地支持、财政补贴和容积率均超过 50%，最后依次是专项资金、信贷支持、行业扶持、审批、评奖、消费引导。目前，全国 31 个省份均发布了相关的激励政策，新疆的激励政策类型最多（8 项），其次是四川省（6 项）。全国政策激励平均为 4 项，其中激励政策条款数量靠前的省份依次是新疆维吾尔自治区、四川、黑龙江、河南、湖南、内蒙古自治区、江西、贵州、西藏自治区等。

各省市奖励政策类别统计表一　　　　表 1-3

分地区	华北					东北			华中			华东						
	内蒙古	北京	天津	河北	山西	黑龙江	吉林	辽宁	河南	湖南	湖北	江西	江苏	浙江	安徽	山东	福建	上海
税费优惠	✓	✓	✓	✓	✓	✓	✓	✓	✓	✓		✓	✓		✓	✓	✓	
用地支持	✓			✓	✓	✓		✓	✓	✓			✓		✓		✓	
财政补贴	✓	✓		✓		✓		✓	✓	✓		✓	✓	✓				✓
容积率	✓	✓	✓	✓	✓	✓	✓	✓	✓	✓	✓	✓		✓		✓		
专项资金			✓				✓		✓		✓	✓	✓	✓	✓			
行业支持			✓									✓						
信誉支持	✓					✓										✓		
审批		✓			✓				✓									
评奖							✓											
消费引导										✓	✓					✓	✓	
小计	5	4	4	3	3	5	4	4	5	5	3	5	4	4	4	4	4	1

各省市奖励政策类别统计表二　　　　表 1-4

分地区	华南			西北					西南					小计
	广东	海南	广西	新疆	甘肃	陕西	青海	宁夏	四川	贵州	西藏	云南	重庆	
税费优惠	✓	✓	✓	✓	✓	✓	✓	✓	✓	✓	✓	✓	✓	27
用地支持	✓	✓		✓	✓	✓		✓	✓		✓			22
财政补贴	✓			✓	✓	✓		✓	✓		✓		✓	16
容积率		✓		✓										15
专项资金		✓		✓		✓				✓				11
行业支持				✓				✓					✓	9
信誉支持	✓			✓				✓		✓	✓	✓		8
审批		✓	✓									✓		6
评奖					✓	✓			✓					4
消费引导														4
小计	4	4	3	8	4	4	3	3	6	5	5	4	3	127

1.3.2 全国整体发展情况

2020 年 1 月 21 日，住房城乡建设部标准定额司开展了 2019 年度全国装配式建筑发展情况统计工作。根据各省（自治区、直辖市）装配式建筑统计数据，结合对装配式建筑发展情况的调研和评估工作，得出了以下统计数据。

（1）发展规模情况

据统计，2019 年全国新开工装配式建筑 4.2 亿 m²，较 2018 年增长 45%，占新建建筑面积的比例约为 13.4%。2019 年全国新开工装配式建筑面积较 2018 年增长 45%，近 4 年年均增长率为 55%，如图 1-7 所示。

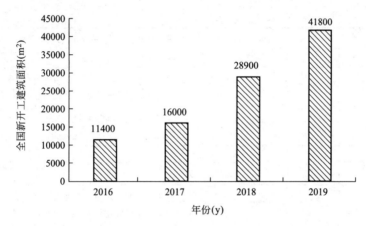

图 1-7　2016-2019 年全国装配式建筑新开工建筑面积图

各区域发展情况重点推进地区引领发展，其他地区也呈规模化发展局面。根据文件划分，京津冀、长三角、珠三角三大城市群为重点推进地区，常住人口超过 300 万的其他城市为积极推进地区，其余城市为鼓励推进地区。2019 年，重点推进地区新开工装配式建筑占全国的比例为 47.1%，积极推进地区和鼓励推进地区新开工装配式建筑占全国比例的总和为 52.9%，如图 1-8 所示。

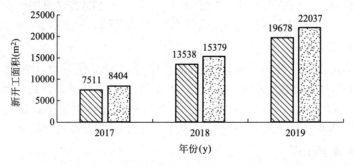

■ 重点推进地区(京津冀、长三角、珠三角)　□ 积极推进地区和鼓励推进地区

图 1-8　近三年三类地区装配式建筑新开工面积

装配式建筑在东部发达地区继续引领全国的发展。上海市 2019 年新开工装配式建筑面积 3444 万 m²，占新建建筑的比例达 86.4%；北京市 1413 万 m²，占比为 26.9%；湖南

省 1856 万 m²，占比为 26%；浙江省 7895 万 m²，占比为 25.1%。江苏、天津、江西等地装配式建筑在新建建筑中占比均超过 20%。从近三年的统计情况上来看，重点推进地区新开工装配式建筑面积分别为 7511 万 m²、13538 万 m²、19678 万 m²，占全国的比例分别为 47.2%、46.8%、47.1%，这些地区装配式建筑政策措施支持力度大，产业发展基础好，形成了良好的政策氛围和市场发展环境。以下为我国重点省份新开工装配式建筑面积统计表。

重点省份新开工装配式建筑面积统计表　　　　　　　　　　　　表 1-5

省市	重点省份新开工装配式建筑面积/万 m²（占新建建筑比例）				发展成效
	年份				
	2016	2017	2018	2019	
上海市	1385	无	2000 (74%)	3444 (86.4%)	国家级装配式建筑示范城市，预制构件生产企业达到 41 家
北京市	无	无	无	1413 (26.9%)	国家级装配式建筑示范城市，产业基地 11 个。2018 年至今累计新建装配式建筑面积超过 3200 万平方米
湖南省	1750	2472 (11.6%)	无	1856 (26%)	国家级装配式建筑示范城市 1 个，创建省级建筑产业现代化示范城市 3 个，产业基地 41 个（含国家级基地 9 个）
浙江省	无	无	5692 (44%)	7895 (25.1%)	国家级装配式建筑示范城市 3 个，产业基地 17 个
江苏省	608	1138	2079 (15%)	（>20%）	国家级装配式建筑示范城市 3 个、产业基地 20 个，省级建筑产业现代化示范城市 12 个，示范园区 4 个，示范基地 151 个，人才实训基地 7 个，示范项目 96 个
广东省	无	无	937	1483	国家级装配式建筑示范城市 1 个，省级装配式建筑 1 个，产业基地 66 个（含国家级基地 16 个），示范项目 27 个

（2）结构类型发展情况

从结构形式看，装配式结构依然以装配式混凝土结构为主，在装配式混凝土住宅建筑中以剪力墙结构形式为主。2019 年，新开工装配式混凝土结构建筑 2.7 亿 m²，占新开工装配式建筑的比例为 65.4%；钢结构建筑 1.3 亿 m²，占新开工装配式建筑的比例为 30.4%；木结构建筑 242 万 m²，其他混合结构形式装配式建筑 1512 万 m²，如图 1-9 所示。

（3）建筑类型应用情况

近年来，装配式建筑在商品房中的应用逐步增多。2019 年新开工装配式建筑中，商品住房为 1.7 亿 m²，保障性住房 0.6 亿 m²，公共建筑 0.9 亿 m²，分别占新开工装配式建筑的 40.7%、14% 和 21%，如图 1-10 所示。在各地政策支持引领下，特别是将装配式建筑建设要求列入控制性详细规划和土地出让条件，有效推动了装配式建筑的发展。

（4）技术标准支撑情况

2016~2019 年，31 个省、自治区、直辖市出台装配式建筑相关标准规范的历年数量分别为 95、95、89、110 个，为装配式建筑发展提供了扎实的技术支撑。

（5）产业链发展情况

在政策驱动和市场引领下，装配式建筑的设计、生产、施工等相关产业能力快速提升，同时还带动了构件运输、装配安装、构配件生产等新型专业化公司发展。据统计，

2019 年我国拥有预制混凝土构配件生产线 2483 条，设计产能 1.62 亿 m³；钢结构构件生产线 2548 条，设计产能 5423 万 t，如图 1-11 所示。新开工装配化装修建筑面积由 2018 年的 699 万 m² 增长为 2019 年的 4529 万 m²。

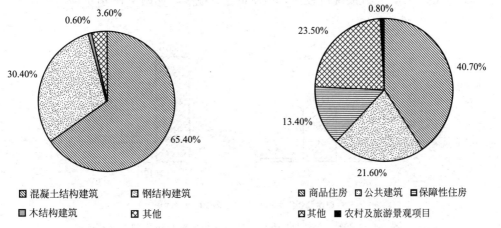

图 1-9　2019 年新开工装配式建筑按结构形式分类　　图 1-10　2019 年新开工装配式建筑按建筑类型分类

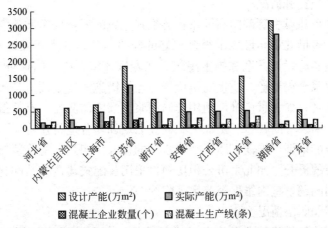

图 1-11　2019 年装配式混凝土构件生产企业及产能情况（产能排名前 10 省市）

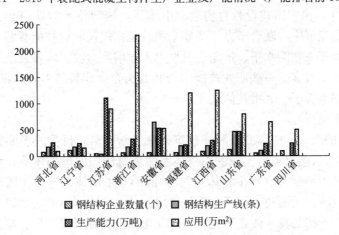

图 1-12　2019 年钢结构企业及产能情况（产能排名前 10 省市）

（6）全装修发展情况

据统计，2019 年，全装修建筑面积为 2.4 亿 m²，2018 年为 1.2 亿 m²，增长了一倍。其中，2019 年装配化装修建筑面积为 4529 万 m²，2018 年这一指标为 699 万 m²，增长水平是 2018 年的 5.5 倍，发展速度较快，但总量还是偏少，如图 1-13 所示。

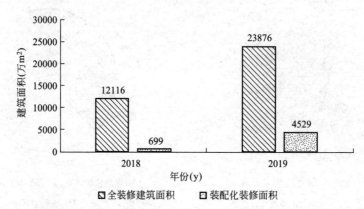

图 1-13　2018～2019 年新开工全装修与装配化装修建筑面积

（7）质量和品质提升情况

各地住房和城乡建设主管部门高度重视装配式建筑的质量安全和建筑品质提升，并在实践中积极探索，多措并举，形成了很多很好的经验。一是加强了关键环节把关和监管，北京、深圳等多地实施设计方案和施工组织方案专家评审、施工图审查、构件驻厂监理、构件质量追溯、灌浆全程录像、质量随机检查等监管措施。二是改进了施工工艺，通过技术创新降低施工难度，如北京市推广使用套筒灌浆饱满度监测器，有效解决了套筒灌浆操作过程中灌不满、漏浆等问题。三是加大工人技能培训，各地行业协会和龙头企业积极投入开展产业工人技能培训，推动了职工技能水平的提升。四是装配化装修带动了建筑产品质量品质综合性能的提升。如北京市公租房项目采用装配式建造和装配化装修，有效解决了建筑质量的通病问题，室内维保报修率下降约 70%。

（8）人才和产业队伍情况

近年来，我国装配式建筑项目建设量增长较快，对于装配式建筑的人才需求尤其强烈。2018～2019 年，由中国建设教育协会、中国就业培训技术指导中心、住房和城乡建设部科技与产业化发展中心联合举办了两届全国装配式建筑职业技能竞赛。该活动对于提高装配式建筑产业工人技能水平、推动企业加大人才培养力度、增强装配式建筑职业教育影响力具有重要导向意义。一些职业技能学校和龙头企业积极培养新时期建筑产业工人，为装配式建筑发展培养了一大批技能人才。

（9）结构体系类型

经过 30 多年的沉寂，中国的装配式建筑迎来了新机遇。目前的主要技术路线为"引进吸收后再创新"。目前有项目实践的引进体系主要有法国的世构体系、澳大利亚的"全预制装配整体式剪力墙结构（NPC）体系"、德国的双皮墙体系等。我国现代装配式产业较国外而言起步较晚，关键技术体系多为从德国、日本等国家引进后加以改进，在设计和施工过程中仍存在着诸如技术体系不完善、标准化低、基础研究不足、检测方法缺失、成本较高、缺少时间检验等缺点。

从建筑结构的材料分类，装配式建筑主要有装配式混凝土结构、装配式钢结构及装配式木结构三大类，通常所说的装配式建筑主要指装配式混凝土建筑。国外装配式混凝土建筑基本采用框剪结构体系，国内除了应用装配式框剪结构体系，还采用剪力墙结构体系，常见的装配式建筑结构类型见表 1-6。

装配式混凝土建筑结构类型 表 1-6

分类	装配式混凝土结构体系		
	框架结构	剪力墙结构	框架-剪力墙结构
结构体系	世构体系(法国)南京大地集团"预制预应力混凝土装配整体式框架结构体系"抗震框架体系(日本、韩国)上海城建(台湾润泰体系)及天津大学体系(非预应力框架体系)	L 板体系(英国)半预制体系(德国)预制墙板体系(日本)万科、碧桂园体系中南集团 NPC 体系	日本(HPC)体系美国停车楼体系香港预制体系外墙挂板体系
预制构件	预制柱、叠合梁、叠合板、预制楼梯、阳台等	叠合板、预制外墙板、楼板、阳台等	叠合板、叠合梁、预制柱、外墙挂板、楼梯、阳台等
装配特点	通过后浇混凝土连接梁、板、柱以形成整体，柱下口通过套筒灌浆连接	通过现浇混凝土内墙和叠合板将预制外墙板、阳台等连接为整体，外墙板下口采用套筒灌浆等方式	通过现浇混凝土剪力墙和叠合楼板连接预制构件，柱或楼板也可采用现浇，外墙可采用柔性连接的外挂板

1.4 装配式建筑存在的问题及建议

（1）存在问题

新型装配式建筑是建筑业的一场革命，是生产方式的彻底变革，必然会带来生产力和生产关系的变革。虽然我国装配式建筑虽然市场潜力巨大，但是由于工作基础薄弱，当前发展形势仍不能盲目乐观。装配式建筑发展所面临的问题表现为：

1）设计方面

①专业间协同不到位。装配式建筑的实施，大量还在沿用传统的思路，即建筑师牵头各专业拆分式的建筑设计以及施工单位主导的现场施工，缺乏所有专业协同建造思想；

②设计周期不合理。装配式建筑设计集成化、精细化的要求与设计周期不匹配，导致设计考虑不充分，带来后期的修改、变更等问题；

③重视结构而忽视整体建筑。大量装配式建筑的设计和研究还是沿用装配式结构的思路，缺少对建筑的整体考虑，导致大量粗放型的毛坯房式的装配式建筑出现；

④缺乏部品部件标准化设计与多样化组合的思想。标准化与多样化是装配式建筑固有的一对矛盾，现有的部品部件较为单一，通用性较差；

⑤为满足强制性预制率要求，将单体工程强行拆分进行工厂预制，导致工程造价偏高。使其工程造价高于传统的现浇混凝土建筑，甚至高于装配式钢结构建筑，严重影响其推广应用；

⑥集成技术还不成熟。主要体现为：从设计、部品件生产、装配施工、装饰装修到质

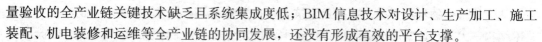

量验收的全产业链关键技术缺乏且系统集成度低；BIM信息技术对设计、生产加工、施工装配、机电装修和运维等全产业链的协同发展，还没有形成有效的平台支撑。

2）生产施工方面

①生产加工技术体系不成熟。装配式建筑生产加工的自动化程度不高，例如构件钢筋加工还存在钢筋笼不易机械化组装、绑扎繁琐、用工多、工效低等问题；

②装配工法还不成熟。建筑结构和机电装修部品的一体化程度低；缺乏基于装配工法和管理技术，没有发挥整体装配的优势。

3）管理机制方面

①推进新型装配式建筑发展的体制机制建设还不够健全，产业化进程中还缺少配套的监管机制；产业化进程中还没有全面推行EPC管理模式；

②政府及市场缺乏建立对开展装配式培育机制。

4）人才培养方面

①缺乏综合性人才。装配式混凝土设计涉及多个专业知识，由于现浇混凝土结构在我国占据主要地位，相比之下，装配式建筑技术的人才缺乏；

②缺乏专业的施工人员。施工人员的技能提升还不够，还不能有效适应标准化、机械化、自动化的工业化生产模式。

（2）建议

1）设计方面

①加快BIM信息技术研发。研究基于BIM技术的专业协同设计，加强装配式建筑设计-加工-装配全过程的BIM信息化管理平台研究，加强基于BIM的CAM工厂信息化生产加工技术研究，加强基于全产业链的5D-BIM信息化装配管理技术研究。

②设计周期延长。2016年12月21日住房城乡建设部印发了《全国建筑设计周期定额》，强调了合理的设计周期是满足设计质量与设计深度的必要条件。因此，在政策上可以对设计周期做定性的指标，确保能有效落实。

2）生产施工方面

①研发通用化程度高的模块。增加部品部件的品种，提高通用化程度来实现建筑的多样化；

②研发结构体系及连接节点设计。根据生产加工方式、现场作业条件、工装系统、装配方式及装配工法，研发创新现场易连接的节点设计，现场可简易、快捷、高效连接；

③研发构件自动化生产加工关键技术。研究加工工艺生产线设计技术、钢筋机械加工设备；加强PC工厂自动化生产设备研究（机器人、机械手），形成典型构件系统自动化生产成套控制技术；

④研发现场装配关键技术。加强构件运输、堆放、安装全过程相配套的工装系统和设备（堆放架、吊具、爬架、支撑架）研究；加强装配式建筑现场吊装、支撑、安装等装配工艺及工法研究。

3）管理机制、政策方面

①增强管理创效能力，优化管理能有效发挥技术体系的作用；EPC五化一体的管理模式有利于提升全产业链技术体系的集成能力；优化管理模式，是全面强化工程总承包主体责任的有效手段；

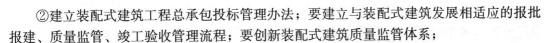

②建立装配式建筑工程总承包投标管理办法；要建立与装配式建筑发展相适应的报批报建、质量监管、竣工验收管理流程；要创新装配式建筑质量监管体系；

③加大政府政策的扶持力度。在财政支持方面，对装配式建筑项目给予一定的财政补贴、返还部分土地出让金、提高容积率、提前预售买楼等方面。在金融支持方面，引导金融机构在装配式建筑项目的开发贷款利率、购房者贷款利率和首付比例上给予相应的浮动优惠等。在科研支持方面，加大对装配式建筑关键技术研究经费的支持，扶持优秀企业申报国家住宅产业示范基地和国家高新技术企业，并享有相关税费返还的政策。

4）人才培养方面

①积极培养、配置装配式建筑相关的复合型人才。尤其要注重打造设计研发和EPC总承包管理团队，加速形成装配式建筑的"人才高地"；

②打造适应行业发展的产业工人队伍。做好施工人员的教育培训、技能鉴定和持证上岗工作，定期开展与装配式建筑施工有关的竞赛。

参考文献

[1] 肖天琦. 装配式建筑部件生产与施工的协同研究 [D]. 南京：东南大学，2019.

[2] 李闻达. 装配式钢结构建筑新型复合墙板研发及构造技术研究 [D]. 济南：山东建筑大学，2016.

[3] 戴文莹. 基于BIM技术的装配式建筑研究-"石榴居"为例 [D]. 武汉：武汉大学，2017.

[4] 2019年装配式建筑发展概况. 住房和城乡建设部科技与产业化发展中心 [N]. 中国建材报，2020-05-25（4）.

[5] 陈振基. 我国建筑工业化60年政策变迁对比 [J]. 建筑技术，2016（04）：298-300.

[6] 住宅与房地产编辑部. 万科住宅产业化技术体系 [J]. 住宅与房地产，2017，（20）：27-28.

[7] 刘美霞. 国外发展装配式建筑的实践与经验借鉴 [J]. 住宅产业，2016（10）：16-20.

[8] 王志成，约翰·格雷斯，约翰·史密斯. 美国装配式建筑："六大链"积聚产业链优势 [J]. 中国勘察设计，2017（09）：57-59.

[9] 赵倩. 国内外装配式建筑技术体系发展综述 [J]. 广州建筑，2018，46（04）：3-5.

[10] 高磊. 各国装配式建筑发展情况速览 [J]. 建筑，2016（20）：22-23.

[11] 申振威. 香港传统建筑与装配式建筑成本与发展 [J]. 混凝土世界，2017（06）：38-44.

[12] 吕胜利. 我国台湾地区装配式建筑发展研究 [J]. 住宅产业，2016（06）：57-59.

[13] 韩韫. 国内外装配式建筑发展现状研究 [J]. 建材与装饰，2017（45）：35.

[14] 杨迪钢. 日本装配式住宅产业发展的经验与启示 [J]. 新建筑，2017（02）：2-5.

[15] 刘东卫，周静敏. 建筑产业转型进程中新型生产建造方式发展之路 [J]. 建筑学报，2020（05）：32-36.

[16] 高阳. 新加坡装配式建筑发展状况与启示 [J]. 住宅产业，2017（09）：10-18.

[17] 尹衍樑，詹耀裕，黄绸辉. 台湾润泰预制工法介绍 [J]. 混凝土世界，2013，（09）：50-56.

[18] 卢求. 德国装配式建筑标准规范与技术体系 [J]. 建设科技，2018，（10）：19-26.

[19] 卢求. 德国装配式建筑及全装修发展趋势 [J]. 建设科技，2018，（10）：101.

[20] 刘亚非. 世构体系：预制装配化的成功实践 [J]. 建筑，2013，（15）：12-14.

[21] 装配式建筑的发展现状与未来走势 [J]. 施工企业管理，2020，（01）：41-44.

[22] 中国政府网. 中共中央国务院关于进一步加强城市规划建设管理工作的若干意见 [EB/OL]. www.gov.cn，2016-02/21.

[23] 中国政府网. 中央人民政府门户网站，关于大力发展装配式建筑的指导意见 [EB/OL]. www.gov.cn，

2016-09-27.

[24] 中华人民共和国住房和城乡建设部．住房城乡建设部关于印发《"十三五"装配式建筑行动方案》《装配式建筑示范城市管理办法》《装配式建筑产业基地管理办法》的通知［EB/OL］．www. mohurd. gov. cn/，2017-03/23.

[25] 中华人民共和国住房和城乡建设部．住房城乡建设部关于印发全国建筑设计周期定额（2016 版）的通知［EB/OL］．www. mohurd. gov. cn/，2016-12/21.

[26] 广东省人民政府网站，广东省人民政府办公厅关于大力发展装配式建筑的实施意见［EB/OL. www. gd. gov. cn，2017-04-27.

[27] 广东省住房和城乡建设厅，广东省住房和城乡建设厅关于发布广东省第一批装配式建筑示范城市、产业基地和示范项目名单的公告［EB/OL］．www. gd. gov. cn，2019-02-14.

[28] 广东省住房和城乡建设厅，广东省住房和城乡建设厅关于发布广东省第二批装配式建筑示范城市、产业基地和示范项目名单的公告［EB/OL］．www. gd. gov. cn，2019-12-31.

第 2 章　装配式建筑评价标准

2.1　装配式建筑评价

2.1.1　工业化建筑评价标准

2015 年 8 月，住房城乡建设部发布《工业化建筑评价标准》GB/T 51129。这是我国第一部建筑工业化评价的相关标准。该标准总结了建筑产业现代化实践经验和研究成果，借鉴了国际先进经验，是针对我国民用建筑工业化程度、工业化水平的评价标准，对规范我国工业化建筑评价，推进建筑工业化发展，促进传统建造方式向现代工业化建造方式转变，具有重要的引导和规范作用，是推动建筑产业现代化持续健康发展的重要基础标准。

（1）标准的主要内容和特点

1）明确预制率和装配率的概念，以预制率和装配率为核心评价指标。参评项目的预制率不应低于 20%，装配率不应低于 50%，参评项目应进行建筑、结构、机电设备、室内装修一体化设计，并应具备完整的设计文件。装配率计算只针对非承重内隔墙及建筑部品，未提出单栋建筑的装配率计算方法，构件、部品分 6 类，当各类部品装配率均大于 50%，视同建筑整体装配率大于 50%。预制率针对主体结构构件和外围护墙。

2）评价分为设计评价和工程项目评价。施工图设计文件通过审查后可进行设计评价，满足设计评价要求，且通过竣工验收后可进行工程项目评价。

3）评价指标体系分设计阶段、建造工程和管理与效益三部分评价指标，评价指标较多。该标准指标体系的制定是根据工业化建筑的特征，以标准化设计、工厂化生产、装配化施工、一体化装修和信息化管理为出发点制定评价指标，综合为三部分评价指标。

4）评价指标评分规则细致，要求较高。装配式混凝土建筑标准化设计评分项达 36 项，建造过程评分项达 37 项，管理与效益评价项达 8 项，总评分项达 82 项。

（2）标准存在的问题

1）评价项目、指标和评分项较多，评价工作相对复杂，很多评分项难以定量评定。

2）强调标准化设计，在单体建筑中过分要求预制构件规格种类数少，重复使用率高，实施难度大。

3）预制构件标准化、规范化生产纳入评价项目不易操作，对构件厂的评价可建立另行的评价体系或标准，专门针对预制构件生产企业进行评价。

4）对一体化装修和预制构件生产要求较高，与目前装配式建筑发展现状脱节。

5）政策鼓励目标不明确，评价过程涉及的单位多、范围广。

6）按照该标准评价的工程案例较少，可操作性不强。

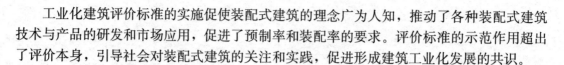

工业化建筑评价标准的实施促使装配式建筑的理念广为人知，推动了各种装配式建筑技术与产品的研发和市场应用，促进了预制率和装配率的要求。评价标准的示范作用超出了评价本身，引导社会对装配式建筑的关注和实践，促进形成建筑工业化发展的共识。

2.1.2　装配式建筑评价标准

《装配式建筑评价标准》GB/T 51129-2017 于 2018 年 2 月 1 日正式实施，原国家标准《工业化建筑评价标准》GB/T 51129-2015 同时废止。按照"立足当前实际，面向未来发展，简化评价操作"的原则，该标准主要从建筑系统及建筑的基本性能、使用功能等方面提出装配式建筑评价方法和指标体系。评价内容和方法的制定结合了目前工程建设整体发展水平，并兼顾了远期发展目标。设定的评价指标具有科学性、先进性、系统性、导向性和可操作性。

该标准体现了现阶段装配式建筑发展的重点推进方向：（1）主体结构由预制部品部件的应用向建筑各系统集成转变；（2）装饰装修与主体结构的一体化发展，推广全装修，鼓励装配化装修方式；（3）部品部件的标准化应用和产品集成。

《装配式建筑评价标准》GB/T 51129 主要体现以下几个特点：

（1）以装配率对装配式建筑的装配化程度进行评价，使评价工作更加简洁明确和易于操作。

（2）标准拓展装配率计算指标的范围。评价指标既包含承重结构构件和非承重构件，又包含装修与设备管线。衡量竖向或水平构件的预制水平时，将用于连接作用的后浇部分混凝土一并计入预制构件体积范畴。

（3）标准既保持装配式评价标准的统一，保持原有规范的延续性，同时还给地方省市留有自主发展空间。

（4）以控制性指标明确了装配式建筑最低准入门槛，以竖向构件、水平构件、围护墙和分隔墙、全装修等指标体系，评价建筑单体的装配化程度，发挥标准的正向引导作用。

（5）标准的装配式建筑评价和评定等级存有一定空间，这为地方政府制定地方标准和奖励政策提供了弹性范围。

（6）评价基于不同类型的构件，通过评价构件的总体预制水平，确定分项分值，形成相应的预制率数值，不拘泥于结构形式。

2.2　装配式建筑评价标准主要内容

2.2.1　总则

按照"立足当前实际，面向未来发展，简化评价操作"的原则，本标准主要从建筑系统及建筑的基本性能、使用功能等方面提出装配式建筑评价方法和指标体系。评价内容和方法的制定结合了目前工程建设整体发展水平，并兼顾了远期发展目标。设定的评价指标具有科学性、先进性、系统性、导向性和可操作性。

该标准体现现阶段装配式建筑发展的重点推进方向，其评价总则如下：

（1）为促进装配式建筑发展，规范装配式建筑评价，制定本标准；

（2）本标准适用于评价民用建筑的装配化程度；

（3）本标准采用装配率评价建筑的装配化程度；

（4）装配式建筑评价除应符合本标准外，尚应符合国家现行有关标准的规定。

2.2.2　基本规定

（1）装配率计算和装配式建筑等级评价应以单体建筑作为计算和评价单元，应符合下列规定：

1）单体建筑应按项目规划批准文件的建筑编号确认；

2）建筑由主楼和裙房组成时，主楼和裙房可按不同的单体建筑进行计算和评价；

3）单体建筑的层数不大于 3 层，且地上建筑面积不超过 $500\mathrm{m}^2$ 时，可由多个单体建筑组成建筑组团作为计算和评价单元。

（2）装配式建筑评价应符合下列规定：

1）设计阶段宜进行预评价，并应按设计文件计算装配率；

2）项目评价应在项目竣工验收后进行，并应按竣工验收资料计算装配率和确定评价等级。

（3）装配式建筑应同时满足下列要求：

1）主体结构部分的评价分值不低于 20 分；

2）围护墙和内隔墙部分的评价分值不低于 10 分；

3）采用全装修；

4）装配率不低于 50%。

2.2.3　装配率计算

（1）装配率评分值计算

装配率应根据表 2-1 中评价项分值按式（2-1）计算：

$$P=\frac{Q_1+Q_2+Q_3}{100-Q_4}\times100\%\qquad(2\text{-}1)$$

式中　P——装配率；

Q_1——主体结构指标实际得分值；

Q_2——围护墙和内隔墙指标实际得分值；

Q_3——装修和设备管线指标实际得分值；

Q_4——评价项目中缺少的评价项分值总和。

装配式建筑评分表　　　　表 2-1

评价项		评价要求	评价分值	最低分值
主体结构 （50分）	柱、支撑、承重墙、延性墙板等竖向构件	35%≤比例≤80%	20～30*	20
	梁、板、楼梯、阳台、空调板等构件	70%≤比例≤80%	10～20*	

续表

评价项		评价要求	评价分值	最低分值
围护墙和内隔墙 （20分）	非承重围护墙非砌筑	比例≥80%	5	10
	围护墙与保温、隔热、装饰一体化	50%≤比例≤80%	2～5*	
	内隔墙非砌筑	比例≥50%	5	
	内隔墙与管线、装修一体化	50%≤比例≤80%	2～5*	
装修和设备管线 （30分）	全装修	—	6	6
	干式工法楼面、地面	比例≥70%	6	—
	集成厨房	70%≤比例≤90%	3～6*	
	集成卫生间	70%≤比例≤90%	3～6*	
	管线分离	50%≤比例≤70%	4～6*	

注：表中带"*"项的分值采用"内插法"计算，计算结果取小数点后1位。

同时根据评价标准对装配率进行定义：单体建筑室外地坪以上的主体结构、围护墙和内隔墙、装修和设备管线等采用预制部品部件的综合比例。装配率的计算是以地面以上的单体建筑为单元进行计算。

评价项目的装配率应按照装配率规定进行计算，计算结果应按照四舍五入法取整数。若计算过程中，评价项目缺少表2-1中对应的某建筑功能评价项（例如，公共建筑中没有设置厨房），则该评价项分值记入装配率计算公式的Q_4中。

表2-1中部分评价项目在评价要求部分只列出了比例范围的区间。在工程评价过程中，如果实际计算的评价比例小于比例范围中的最小值，则评价分值取0分；如果实际计算的评价比例大于比例范围中的最大值，则评价分值取比例范围中最大值对应的评价分值。例如：当楼（屋）盖构件中预制部品部件的应用比例小于70%时，该项评价分值为0分；当应用比例大于80%时，该项评价分值为20分。

装配式钢结构建筑、装配式木结构建筑主体结构竖向构件评价项得分可为30分。

（2）竖向构件应用比例计算

柱、支撑、承重墙、延性墙板等主体结构竖向构件主要采用混凝土材料时，预制部品部件的应用比例应按式（2-2）计算：

$$q_{1a} = \frac{V_{1a}}{V} \times 100\% \tag{2-2}$$

式中 q_{1a}——柱、支撑、承重墙、延性墙板等主体结构竖向构件中预制部品部件的应用比例；

V——柱、支撑、承重墙、延性墙板等主体结构竖向构件混凝土总体积；

V_{1a}——柱、支撑、承重墙、延性墙板等主体结构竖向构件中预制混凝土体积之和。符合本标准以下规定的预制构件间连接部分的后浇混凝土也可计入计算：1）预制剪力墙板之间宽度不大于600mm的竖向现浇段和高度不大于300mm的水平后浇带、圈梁的后浇混凝土体积；2）预制框架柱和框架梁之间柱梁节点区的后浇混凝土体积；3）预制柱间高度不大于柱截面较小尺寸的连接区后浇混凝土体积。

在方案设计过程中，可利用以后浇混凝土纳入装配率计算的规则，将节点区域的连接实现标准化设计，尽可能让后浇混凝土计入预制构件计算，可以在应用比例上进一步简化计算工作量。

　　（3）水平构件应用比例计算

　　梁、板、楼梯、阳台、空调板等构件中预制部品部件的应用比例应按式（2-3）计算：

$$q_{1b}=\frac{A_{1b}}{A}\times100\%\qquad(2-3)$$

式中　q_{1b}——梁、板、楼梯、阳台、空调板等构件中预制部品部件的应用比例；

　　　　A——各楼层建筑平面总面积；

　　　　A_{1b}——各楼层中预制装配梁、板、楼梯、阳台、空调板等构件的水平投影面积之和。其中预制装配式楼板、屋面板的水平投影面积可包括：1）预制装配式叠合楼板、屋面板的水平投影面积；2）预制构件间宽度不大于 300mm 的后浇混凝土带水平投影面积；3）金属楼承板和屋面板、木楼盖和屋盖及其他在施工现场免支模的楼盖和屋盖的水平投影面积。

　　与竖向构件不同，水平构件的应用比例计算采用水平投影面积进行计算，建筑平面总面积可按实际面积进行计算（不含竖向构件），对于阳台或空调板等构件，可不考虑面积折算系数。

　　（4）非承重围护墙中非砌筑墙体应用比例计算

　　非承重围护墙中非砌筑墙体应用比例按式（2-4）计算：

$$q_{2a}=\frac{A_{2a}}{A_{w1}}\times100\%\qquad(2-4)$$

式中　q_{2a}——非承重围护墙中非砌筑墙体的应用比例；

　　　　A_{2a}——各楼层非承重围护墙中非砌筑墙体的外表面积之和，计算时可不扣除门、窗及预留洞口等的面积；

　　　　A_{w1}——各楼层非承重围护墙外表面总面积，计算时可不扣除门、窗及预留洞口等的面积。

　　考虑非砌筑构件及计算方便因素，非砌筑围护墙的计算面积不扣除门、窗及预留洞口等的面积。

　　（5）围护墙采用墙体、保温、隔热、装饰一体化

　　围护墙采用墙体、保温、隔热、装饰一体化的应用比例应按式（2-5）计算：

$$q_{2b}=\frac{A_{2b}}{A_{w2}}\times100\%\qquad(2-5)$$

式中　q_{2b}——围护墙采用墙体、保温、隔热、装饰一体化的应用比例；

　　　　A_{2b}——各楼层围护墙采用墙体、保温、隔热装饰一体化的墙面外表面积之和，计算时可不扣除门、窗及预留洞口等的面积；

　　　　A_{w2}——各楼层围护墙外表面总面积，计算时可不扣除门、窗及预留洞口等的面积。

　　A_{w1} 与 A_{w2} 的区别主要是非承重围护墙与楼层围护墙的区别，A_{w1} 仅限于非承重围护墙，而 A_{w2} 包括非围护承重墙和承重墙。

　　（6）内隔墙中非砌筑墙体的应用比例计算

内隔墙中非砌筑墙体的应用比例应按式（2-6）计算：

$$q_{2c}=\frac{A_{2c}}{A_{w3}}\times100\%$$ (2-6)

式中 q_{2c}——内隔墙中非砌筑墙体的应用比例；

     A_{2c}——各楼层内隔墙中非砌筑墙体的墙面面积之和，计算时可不扣除门、窗及预留洞口等的面积；

     A_{w3}——各楼层内隔墙墙面总面积，计算时可不扣除门、窗及预留洞口等的面积。

墙面的面积可根据实际情况采用双面计算或单面计算，但计算规则应统一。

（7）内隔墙采用墙体、管线、装修一体化的应用比例

内隔墙采用墙体、管线、装修一体化的应用比例应按式（2-7）计算：

$$q_{2d}=\frac{A_{2d}}{A_{w3}}\times100\%$$ (2-7)

式中 q_{2d}——内隔墙采用墙体、管线、装修一体化的应用比例；

     A_{2d}——各楼层内隔墙采用墙体、管线、装修一体化的墙面面积之和，计算时可不扣除门、窗及预留洞口等的面积。

内隔墙设计一体化是将管线、装饰面层、保温层等功能预先安装于内隔墙中，如预制夹心保温（隔热）复合墙板为预制混凝土墙板＋保温装饰面层大型条板＋干挂石材＋保温层多部分组成。其计算和内隔墙一致，可采用双面或单面计算，计算规则需统一。

（8）楼面、地面的应用比例计算

1）干式工法楼面、地面的应用比例应按式（2-8）计算：

$$q_{3a}=\frac{A_{3a}}{A}\times100\%$$ (2-8)

式中 q_{3a}——干式工法楼面、地面的应用比例；

     A_{3a}——各层采用干式工法楼面、地面的水平投影面积之和。

对于干式工法楼面，如在室内装修过程中对楼板顶面进行湿法作业找平，其面积不纳入计算。

2）集成厨房的橱柜和厨房设备等应全部安装到位，墙面、顶面和地面中干式工法的应用比例应按式（2-9）计算：

$$q_{3b}=\frac{A_{3b}}{A_k}\times100\%$$ (2-9)

式中 q_{3b}——集成厨房干式工法的应用比例；

     A_{3b}——各楼层厨房墙面、顶面和地面采用干式工法的面积之和；

     A_k——各楼层厨房的墙面、顶面和地面的总面积。

3）集成卫生间的洁具设备等应全部安装到位，墙面、顶面和地面中干式工法的应用比例应按式（2-10）计算：

$$q_{3c}=\frac{A_{3c}}{A_b}\times100\%$$ (2-10)

式中 q_{3c}——集成卫生间干式工法的应用比例；

     A_{3c}——各楼层卫生间墙面、顶面和地面采用干式工法的面积之和；

A_b——各楼层卫生间墙面、顶面和地面的总面积。

（9）管线分离比例计算

管线分离比例应按式（2-11）计算：

$$q_{3d} = \frac{L_{3d}}{L} \times 100\% \qquad (2\text{-}11)$$

式中　q_{3d}——管线分离比例；

L_{3d}——各楼层管线分离的长度，包括裸露于室内空间以及敷设在地面架空层、非承重墙体空腔和吊顶内的电气、给水排水和采暖管线长度之和；

L——各楼层电气给水排水和采暖管线的总长度。

考虑到工程实际需要，纳入管线分离比例计算的管线专业包括电气（强电、弱电、通信等）、给水排水和采暖等专业。

对于裸露于室内空间以及敷设在地面架空层、非承重墙体空腔和吊顶内的管线应认定为管线分离；而对于埋置在结构构件内部（不含横穿）或敷设在湿作业地面垫层内的管线应认定为管线未分离。

2.2.4　评价等级划分

当建筑项目满足 2.2.2 的（3）节的基本要求时，且主体结构竖向构件中预制部品部件的应用比例不低于 35％时，可进行装配式评价，评价等级可分为 A 级、AA 级、AAA 级并应符合下列规定：

（1）装配率为 60％ ~ 75％时，评价为 A 级装配式建筑；

（2）装配率为 76％ ~ 90％时，评价为 AA 级装配式建筑；

（3）装配率为 91％及以上时，评价为 AAA 级装配式建筑。

在该等级评价中，对装配程度提出较高的要求，A 级及以上的竖向装配化程度应大于 35％，AA 级和 AAA 级装配式建筑的装配化装修得到较完整的体系化应用或集成化建筑部品得到较高系统化应用，这与装配式的发展目标接近。

2.3　部分省市的装配式建筑评价特点

随着中共中央、国务院发展装配式建筑顶层设计的陆续出台，以及住房城乡建设部和各地方具体政策的逐步落地，装配式建筑已在我国有很好的政策发展环境。目前各省相继出台发展装配式建筑的指导文件，以下将主要介绍几个省市的装配式建筑评价特点。

2.3.1　北京市装配式建筑评价特点

2017 年 5 月 27 日，北京市印发《北京市发展装配式建筑 2017 年工作计划》，要求装配式建筑的装配率应不低于 50％，装配式混凝土建筑的预制率应符合以下标准：高度在 60 米（含）以下时，其单体建筑预制率应不低于 40％，建筑高度在 60 米以上时，其单体建筑预制率应不低于 20％。装配式混凝土结构单体建筑应同时满足预制率和装配率的要求；钢结构单体建筑应满足装配率的要求。水平构件采用预制（叠合）构件或免支模的应用比例应≥70%。对于主楼带有裙房的建筑项目，当裙房规模较大时，主楼和裙房可分别按不同的单体建筑进行计算和评价，主楼与裙房可按主楼标准层正投影范围确认分界。

（1）装配率和预制率计算要求

1）预制率

单体建筑±0.000标高以上，结构构件采用预制混凝土构件的混凝土用量占全部混凝土用量的体积比，按式（2-12）计算：

$$建筑单体预制率 = \frac{V_1}{V_1 + V_2} \times 100\% \tag{2-12}$$

式中　V_1——建筑±0.000标高以上，采用预制混凝土构件的混凝土体积；

　　　V_2——建筑±0.000标高以上，采用现浇混凝土构件的混凝土体积。

2）装配率

单体建筑±0.000标高以上，围护和分隔墙体、装修与设备管线等采用预制部品部件的综合比例，按式（2-13）计算，其评分表如表2-2所示：

$$装配率 = \frac{\sum Q_i}{100 - q} \times 100\% \tag{2-13}$$

式中　Q_i——各指标实际得分值；

　　　q——单体建筑中缺少的评价内容的分值总和。

装配式建筑装配率评分表　　　　　　　　　　　　　表2-2

评价内容		评价要求	评价分值
外围护墙 （22）	非砌筑★	应用比例≥80%	11
	墙体与保温、装饰一体化	50%≤应用比例<80%	5～10*
		应用比例≥80%	11
内隔墙 （22）	非砌筑★	应用比例≥50%	11
	墙体与管线、饰面一体化	50%≤应用比例<80%	5～10*
		应用比例≥80%	11
全装修（10）★		—	10
公共区域装配化 装修（10）	干式工法地面	60%≤应用比例<80%	1～5*
		应用比例≥80%	6
	集成管线和吊顶	60%≤应用比例<80%	1～3*
		应用比例≥80%	4
卫生间 （10）	干式工法地面	70%≤应用比例<90%	1～5*
		应用比例≥90%	6
	集成管线和吊顶	70%≤应用比例<90%	1～3*
		应用比例≥90%	4
厨房 （10）	干式工法地面	70%≤应用比例<90%	1～5*
		应用比例≥90%	6
	集成管线和吊顶	70%≤应用比例<90%	1～3*
		应用比例≥90%	4

续表

评价内容		评价要求	评价分值
管线与支撑体分离(12)	电气管、线、盒与支撑体分离	50%≤应用比例<80%	1~3*
		应用比例≥80%	4
	给(排)水管与支撑体分离	50%≤应用比例<80%	1~3*
		应用比例≥80%	4
	采暖管线与支撑体分离	70%≤应用比例≤100%	1~4*
BIM应用(4)	设计阶段	设计阶段	4

注:1. 表中带"★"的评价内容,评价时应满足该项最低分值的要求;

2. 表中带"*"项的分值采用"内插法"计算,计算结果取小数点后一位。

(2) 北京市装配率和预制率计算特点

1) 根据不同高度建筑物制定不同预制率和装配率指标。高度在 60m（含）以下时,其单体建筑预制率应不低于 40%,建筑高度在 60m 以上时,其单体建筑预制率应不低于 20%。装配式混凝土结构单体建筑应同时满足预制率和装配率的要求;钢结构单体建筑应满足装配率的要求;

2) 对主体结构构件区别对待,竖向构件不做硬性要求,水平构件采用预制（叠合）构件或免支模的应用比例应≥70%;

3) 装配率仅考虑围护和分隔墙体、装修与设备管线等采用预制部品部件的综合比例;

4) 鼓励 BIM 技术在装配式建筑设计中推广应用;

5) 鼓励干法施工,外围护墙和内隔墙采用非砌筑方法施工。

2.3.2 上海市装配式建筑指标特点

2019 年 11 月 27 日,上海市住房城乡建设管理委发布《上海市装配式建筑单体预制率和装配率计算细则》（沪建建材〔2019〕765 号）,进一步明确了上海市装配式建筑发展的技术路径。一是简化单体预制率计算,适用范围由装配式混凝土结构体系扩大到钢结构、钢混结构、木结构等多种结构体系;二是提出单体装配率计算方法,积极推广轻质隔墙、整体厨卫和集成管井等部品部件,推动内装工业化、装修垃圾减量化。

2019 年起,上海市除下述范围以外,新建民用建筑、工业建筑应全部按装配式建筑要求实施。其中,新建建筑指在相关信息平台上,建设性质选为"新建"的项目;以及建设性质选为"改建"或"扩建",且包含"新建独立单体"或"拆除重建单体"的项目（"特定旧住房拆除重建项目"除外）。项目包含建设工程设计方案批复中的所有新建建筑物。独立建筑指建筑专业意义上的独立子项,不包含因"结构缝"分隔出的单体。

(1) 范围及指标要求

1) 实施范围

①建设工程设计方案批复中地上总建筑面积不超过 10000m² 的公共建筑类、居住建筑类、工业建筑类项目,所有单体可不实施装配式建筑;

②高度 100m 以上（不含 100m）的居住建筑,建筑单体预制率不低于 15% 或单体装配率不低于 35%。对平屋面或坡度不大于 45°的坡屋面房屋,房屋高度指室外地面到主要屋面板板顶的高度（不包括局部突出屋顶部分）;对坡度大于 45°的坡屋面房屋,房屋高度

指室外地面到坡屋面的 1/2 高度处；

③建设项目中独立设置的构筑物、垃圾房、配套设备用房、门卫房等，可不实施装配式建筑；

④当居住建筑类项目中非居住功能的建筑，其地上建筑面积总和不超过 10000m²，且其与本项目地上总建筑面积之比不超过 10% 时，地上建筑面积不超过 3000m² 的售楼处、会所（活动中心）、商铺等独立配套建筑，可不实施装配式建筑；

⑤当工业建筑类项目中配套生活用房及配套研发楼等地上建筑面积总和不超过 10000m²，且其与本项目地上总建筑面积之比不超过 7% 时，地上建筑面积不超过 3000m² 的配套生活用房、配套研发楼等独立非生产用房，可不实施装配式建筑；

⑥技术条件特殊的建设项目，可申请调整预制率或装配率指标。

2）建筑指标要求

①2016 年 4 月 1 日以后完成报建或项目信息报送的项目，建筑单体预制率不低于 40% 或单体装配率不低于 60%；

②情况特殊项目经上海市住房和城乡建设管理委员会判定后执行。

（2）装配率和预制率计算细则

1）建筑单体装配率计算

建筑单体装配率，是指装配式建筑 ±0.000 以上主体结构、外围护、内装部品（技术）中采用预制部品部件的综合比例。

建筑单体装配率＝建筑单体预制率＋内装权重系数×∑（内装部品（技术）修正系数×内装部品（技术）比例），其中，内装权重系数取 0.5。

2）建筑单体预制率计算

建筑单体预制率，是指混凝土结构、钢结构、钢-混凝土混合结构、木结构等结构类型的装配式建筑 ±0.000 以上主体结构和围护结构中预制构件部分的材料用量占对应构件材料总用量的比率。其中，预制构件包括以下类型：墙体（剪力墙、外挂墙板）、柱/斜撑、梁、楼板、楼梯、凸窗、空调板、阳台板、女儿墙等。

建筑单体预制率可按以下"体积占比法"和"权重系数法"两种方法进行计算。

①方法一，如式（2-14）所示（体积占比法）：

$$建筑单体预制率＝\frac{预制部分混凝土体积}{预制部分混凝土体积＋现浇部分混凝土体积}×100\% \qquad (2\text{-}14)$$

②方法二，如式（2-15）（权重系数法）：

$$建筑单体预制率＝∑（构件权重×∑（修正系数×预制构件比例））×100\% \qquad (2\text{-}15)$$

对于框架结构、剪力墙结构、框架剪力墙（少墙型）、框架剪力墙（筒体）结构等四种结构，构件权重和修正系数按规定取值。

（3）上海市装配率和预制率计算的特点

1）根据不同建筑类型合理确定预制率和装配率指标。一般建筑单体预制率要求不低于 40% 或装配率不低于 60%。总建筑面积 5000m² 以下，新建居住建筑；建筑高度 100m 以上的新建居住建筑，建筑单体预制率不低于 15% 或单体装配率不低于 35%。

2）根据不同构件预制型式和难易程度确定不同修正系数，鼓励装配式建筑预制构件向全预制方向发展。

3）计算根据不同结构类型，制定不同权重和修正系数表，便于实施；

4）装配式建筑指标要求较高。

2.3.3　湖南省装配式建筑评价特点

2018 年 5 月 8 日，湖南省印发《湖南省绿色装配式建筑评价标准》DBJ 43T332，湖南省地方标准结合国家标准《装配式建筑评价标准》GB/T 51129 的精神要求及湖南省装配式建筑发展情况，在不低于国标的标准下进行创新，引入绿色建筑评价概念，使装配式建筑更绿色节能。湖南省标准兼顾远期发展目标，设定的评价指标具有科学性、先进性、系统性、导向性和可操作性。

（1）装配率要求

装配率应根据表 2-3 中评价项分值按式（2-16）计算：

$$P = \frac{Q_1 + Q_2 + Q_3 + Q_4 + Q_5}{100 - Q_6} \times 100\% \qquad (2\text{-}16)$$

式中　P——装配率；

Q_1——主体结构指标实际得分值；

Q_2——围护墙和内隔墙指标实际得分值；

Q_3——装修与设备管线指标实际得分值；

Q_4——绿色建筑指标实际得分值；

Q_5——加分项指标实际得分值；

Q_6——评价项目中缺少的评价项分值总和。

装配式建筑评分表　　　　　　　　　　　　　　　　表 2-3

评价项			评价要求	评价分值	最低分值
主体结构 Q_1（45 分）	柱、支撑、承重墙、延性墙板等竖向构件	A. 采用预制构件	35%≤比例≤80%	15~25*	20
		B. 采用高精度模板或免拆模板施工工艺	比例>85%	5	
	梁、板、楼梯、阳台、空调板等构件	采用预制构件	70%≤比例≤80%	10~20*	
围护墙和内隔墙 Q_2（20 分）	非承重围护墙非砌筑		比例≥80%	5	10
	外围护墙体集成化	A. 围护墙与保温、隔热、装饰一体化	50%≤比例≤80%	2~5*	
		B. 围护墙与保温、隔热、窗框一体化	50%≤比例≤80%	1.4~3.5*	
	内隔墙非砌筑		比例≥50%	5	
	内隔墙与管线、装修一体化	A. 内隔墙与管线、装修一体化	50%≤比例≤80%	2~5*	
		B. 内隔墙与管线一体化	50%≤比例≤80%	1.4~3.5*	
装修和设备管线 Q_3（30 分）	全装修		—	6	6
	干式工法楼面、地面		比例≥70%	4	—
	集成厨房		70%≤比例≤90%	3~5*	
	集成卫生间		70%≤比例≤90%	3~5*	
	管线分离		50%≤比例≤70%	3~5*	

续表

评价项		评价要求	评价分值	最低分值
绿色建筑 Q_4 (10分)	绿色建筑基本要求	满足绿色建筑审查基本要求	4	4
	绿色建筑评价标识	一星≤星级≤三星	2~6	
加分项 Q_5 (5分)	BIM 技术应用	设计	1	
		生产	1	
		加工	1	
	采用 EPC 模式	/	2	

注:1. 表中带"*"项的分值采用"内插法"计算,计算结果取小数点后1位;
  2. 高精度模板或免拆模板施工工艺是指采用铝合金模板、大钢模板或其他材料免拆模板等施工工艺以达到免抹灰的效果且成型构件平整度偏差不应大于5mm的竖向构件成型工艺;
  3. 表中每得分子项 A、B 项不同时计分,其余项均可同时计分;
  4. 绿色建筑评价标识项,一星计2分、二星计4分、三星计6分。

(2)评价分级

当评价项目满足以下规定,且主体结构竖向构件中预制部品部件的应用比例不低于35%时,可进行绿色装配式建筑等级评价。

1)主体结构部分的评价分值不低于20分;

2)围护墙和内隔墙部分的评价分值不低于10分;

3)采用全装修;

4)装配率不低于50%;

5)绿色建筑的评价分值不低于4分;

绿色装配式建筑评价等级应划分为 A 级、AA 级、AAA 级,并应符合下列规定:

1)装配率为60%~75%时,评价为 A 级绿色装配式建筑;

2)装配率为76%~90%时,评价为 AA 级绿色装配式建筑;

3)装配率为91%及以上时,评价为 AAA 级绿色装配式建筑。

(3)湖南省装配率计算特点

1)细分主体结构 Q_1、围护墙和内隔墙 Q_2、装修和设备管线 Q_3 的评分要求,不降低国家标准的基础上,对装配式评价标准提出更高的要求。

2)装配式建筑发展应贯彻执行节约资源和保护环境的国家技术经济政策,其发展方向应与绿色建筑相结合。首创"绿色装配式建筑评价"概念、引入绿色建筑作为 Q_4 评分项目。

3)加分项 Q_5 中增加 BIM 技术及 EPC 总承包技术,鼓励装配式建筑企业实行工程总承包及应用 BIM 技术。

2.3.4 广东省装配式建筑评价特点

2019 年 8 月 29 日,广东省住房和城乡建设厅关于发布广东省标准《装配式建筑评价标准》DBJ/T 15-163,按照"遵国家标准,纳各地智慧,突出广东特色,能简明易行"的原则编制该标准,在总体遵循国家标准《装配式建筑评价标准》GB/T 51129 基础上参考省内外地方标准与工程建设整体发展水平,并兼顾了远期发展目标,因此在装配式建筑评价等级中增加了基本级,同时增加了细化评价项与鼓励评价项,如:外墙板、中空预制构件、标准化设计、绿色与信息化应用、施工与管理等。本标准主要从建筑系统及建筑的基本性能、使用功能等方面提出装配式建筑评价方法和指标体系。设定的评价指标具有科学性、先进性、系统性、导向性和可操作性。

(1) 装配率计算

装配率由主体结构评价得分、围护墙和内隔墙评价评价得分、装修和设备管线评价得分、细化项评价得分、鼓励项评价得分计算得出。

装配率应根据表 2-4 中评价项分值按 (2-17) 计算:

$$P=\left(\frac{Q_1+Q_2+Q_3+Q_5}{100-Q_4}\times100\%\right)+\left(\frac{Q_6}{100}\times100\%\right) \qquad (2-17)$$

式中　P——装配率;

　　　Q_1——主体结构指标实际得分值;

　　　Q_2——围护墙和内隔墙指标实际得分值;

　　　Q_3——装修和设备管线指标实际得分值;

　　　Q_4——评价项目中缺少的评价项分值总和,不含 Q_5;

　　　Q_5——细化项实际得分值;

　　　Q_6——鼓励项实际得分值。

装配式建筑评分表　　　　　　　　　　　　　　　　　　　　表 2-4

评价项			评价要求	评价分值	最低分值
Q_1:主体结构 (50分)	Q_{1a}	柱、支撑、承重墙、延性墙板等竖向构件	35%≤比例≤80%	20~30*	20
	Q_{1b}	梁、板、楼梯、阳台、空调板等构件	70%≤比例≤80%	10~20*	
Q_2:围护墙和 内隔墙(20分)	Q_{2a}	非承重围护墙非砌筑	比例≥80%	5	10
	Q_{2b}	围护墙与保温、隔热、装饰一体化	50%≤比例≤80%	2~5*	
	Q_{2c}	内隔墙非砌筑	比例≥50%	5	
	Q_{2d}	内隔墙与管线、装修一体化	50%≤比例≤80%	2~5*	
Q_3:装修和设备 管线(30分)	Q_{3a}	全装修	—	6	6
	Q_{3b}	干式工法楼面、地面	比例≥70%	6	—
	Q_{3c}	集成厨房	70%≤比例≤90%	3~6*	
	Q_{3d}	集成卫生间	70%≤比例≤90%	3~6*	
	Q_{3e}	管线分离	50%≤比例≤70%	4~6*	
Q_5:细化项 (22分)	Q_{51}	Q_{51a} 主体结构竖向构件细化项	5%≤比例<35%	7~10*	—
		Q_{51b} 主体结构竖向构件细化项	5%≤比例≤15%	7~10*	—
	Q_{52} 围护墙和内隔墙细化项	围护墙与保温、隔热集成一体化	50%≤比例≤80%	1~2.5*	—
		内隔墙与管线集成一体化	50%≤比例≤80%	1~2.5*	—
	Q_{53} 装修和设备管线细化项	干式工法楼面、地面	50%≤比例≤70%	1~2*	—
		集成厨房	50%≤比例≤70%	1~1.5*	—
		集成卫生间	50%≤比例≤70%	1~1.5*	—
		管线分离	30%≤比例≤50%	1~2*	—

续表

评价项			评价要求	评价分值	最低分值
Q_6：鼓励项	Q_{61} 标准化设计鼓励项	平面布置标准化	—	1	—
		预制构件与部品标准化		1	—
		节点标准化		1	—
	Q_{62} 绿色与信息化应用鼓励项	绿色建筑	取得绿色建筑评价1星	0.5	—
			取得绿色建筑评价2星	1	—
			取得绿色建筑评价3星	1.5	—
		BIM应用	满足运营、维护阶段应用要求	1	—
	Q_{63} 施工与管理鼓励项	智能化应用	—	0.5	—
		绿色施工	绿色施工评价为合格	1	—
			绿色施工评价为优良	1.5	—
		工程总承包	一家单位/联合体单位	0.5	—

注：1. 表中带"＊"项的分值采用"内插法"计算，计算结果取小数点后1位；

　　2. Q_{51}合计得分如大于10分，按10分计算，Q_{51a}不应与Q_{1a}同时得分，Q_1最低得分可包含Q_{51}得分，Q_1与Q_{51}合计得分不大于50分；Q_{52}不应与Q_{2b}、Q_{2d}同时得分，Q_2最低得分可包含Q_{52}得分；Q_{53}不应与Q_{3b}、Q_{3c}、Q_{3d}、Q_{3e}同时得分；

　　3. 单元式幕墙满足保温、隔热节能指标时，可参照Q_{2b}进行评价。

（2）评价分级

当评价项目满足以下规定，且主体结构竖向构件中预制部品部件的应用比例不低于35％时，可进行绿色装配式建筑等级评价。

1）主体结构部分的评价分值不低于20分；

2）围护墙和内隔墙部分的评价分值不低于10分；

3）采用全装修；

4）装配率不低于50％。

装配式建筑评价等级应划分为A级、AA级、AAA级，并应符合下列规定：

1）主体结构竖向构件中预制部品部件的应用比例低于35％时，评价为基本级装配式建筑；

2）装配率为60％～75％，且主体结构竖向构件中预制部品部件的应用比例不低于35％时，评价为A级装配式建筑；

3）装配率为76％～90％，且主体结构竖向构件中预制部品部件的应用比例不低于35％时，评价为AA级装配式建筑；

4）装配率为91％及以上，且主体结构竖向构件中预制部品部件的应用比例不低于35％时，评价为AAA级装配式建筑。

（3）广东省装配率和预制率计算特点

1）保持主体结构Q_1项、围护墙和内隔墙Q_2项、装修和设备管线Q_3项不变的基础上，增加细分项Q_5及鼓励项Q_6的评分要求，不降低国家标准，对装配式评价标准提出更细致的要求。

2) 广东省装配式建筑评价标准体现装配式建筑发展的重点：①主体结构由预制部品部件的应用向建筑各系统集成转变；②装饰装修与主体结构的一体化发展，推广全装修，鼓励装配化装修方式；③部品部件的标准化应用和产品集成。

3) 广东省装配式建筑评价标准鼓励装配式建筑往标准化设计、绿色与信息化应用、施工与管理发展，从施工设计企业采用平面布置标准化设计、绿色建筑理念、绿色施工管理等手段提升建筑行业整体水平。

2.3.5　深圳市装配式建筑评价特点

2014 年 11 月，深圳市发布《关于加快推进深圳住宅产业化的指导意见》；2015 年 7 月，深圳市印发《深圳住宅产业化项目单体建筑预制率和装配率计算细则》，明确钢筋混凝土结构的预制率和装配率定义和计算方法；2018 年 11 月深圳市印发《关于做好装配式建筑项目实施有关工作的通知》，大力推广适合深圳市住宅的产业化建造方式，实行一次性装修，采用预制装配式的建筑体系，综合运用外墙、楼梯、叠合楼板、阳台板等预制混凝土部品构件，逐步提高产业化住宅项目的预制率和装配率。

（1）评分计算

深圳市装配式建筑评分规则明确混凝土建筑、装配式钢结构建筑的技术评分要求，并考虑居住建筑、公共建筑的不同特点，在满足各技术项最低分值要求的前提下，技术总评分不低于 50 分的可认定为装配式建筑，如式（2-18）所示。

$$技术总评分 = \frac{（各技术项实际得分总和）}{（100-缺少项分值总和）} \times 100 + 加分项得分 \qquad (2\text{-}18)$$

装配式混凝土建筑、装配式钢结构建筑按照表 2-5 和表 2-6 分别进行技术评分：

装配式混凝土建筑技术评分表　　　　　　　表 2-5

技术项		技术要求	得分	最低分值
标准化设计 （5分）	*户型标准化	标准化户型应用比例≥80%，或单一户型比例≥60%	2	—
	构件标准化	60%≤标准化构件应用比例≤80%	1~3	1
主体结构工程 （40分）	竖向构件	①35%≤竖向构件比例≤80% ②5%≤竖向构件比例<35%，非预制构件部分应采用装配式模板工艺	①10~20 ②10~15	20
	水平构件	①70%≤水平构件比例≤80% ②10%≤水平构件比例<70%，非预制构件部分应采用装配式模板工艺	①10~15 ②5~15	
	装配化施工	共 3 项，按满足项数评分	1~5	—
围护墙和内 隔墙（20分）	外墙非砌筑、免抹灰	80%≤外墙非砌筑、免抹灰比例≤100%	5~8	5
	外墙与装饰、保温隔热一体化	共 5 项，按满足项评分	1~5	—
	内隔墙非砌筑、免抹灰	70%≤内隔墙非砌筑、免抹灰比例≤100%	5~7	5
装修和机电 （30分）	全装修	按满足要求评分	6	6
	*集成厨房	共 3 项，按满足项数评分	1~4	

续表

技术项		技术要求	得分	最低分值
装修和机电 （30分）	集成卫生间	共4项，按满足项数评分	1～8	—
	干式工法	共4项，按满足项数评分	1～4	—
	机电装修一体化、管线分离	共3项，按满足项数评分	2～5	—
	*穿插流水施工	按满足要求评分	3	
信息化应用 （5分）	BIM应用	按建设各阶段BIM应用情况评分	1～3	1
	信息化管理	按建设各阶段信息化管理情况评分	1～2	

注：1. 插值法计算比例时，四舍五入，计算结果取小数点后1位；
　　2. 表中带"＊"项根据不同建筑类型可为缺少项，可扣减该技术项的最高得分，具体详见装配式混凝土建筑技术评分细则。

装配式钢结构建筑技术评分表　　　　表2-6

技术项		技术要求	得分	最低分值
标准化设计 （5分）	*户型标准化	标准化户型应用比例≥80%，或单一户型比例≥60%	2	—
	构件标准化	50%≤标准化构件应用比例≤80%	1～3	1
主体结构工程 （40分）	竖向构件	①全钢结构 ②核心筒为混凝土结构、且采用装配式模板工艺，非核心筒区域钢构件比例≥90%	①30 ②25	30
	水平构件	60%≤水平构件比例≤80%	5～8	
	装配化施工	共2项，按满足项数评分	1～2	—
围护墙和内 隔墙（20分）	外墙非砌筑、免抹灰	80%≤外墙非砌筑、免抹灰比例≤100%	5～8	5
	外墙与装饰、 保温隔热一体化	50%≤外墙与装饰、保温隔热一体化比例 ≤80%	2～5	—
	内隔墙非砌筑、免抹灰	70%≤内隔墙非砌筑、免抹灰比例≤100%	5～7	5
装修和机电 （30分）	全装修	按满足要求评分	6	6
	*集成厨房	共3项，按满足项数评分	1～4	—
	集成卫生间	共4项，按满足项数评分	1～8	—
	干式工法	共4项，按满足项数评分	1～4	—
	机电装修一体化、管线分离	共3项，按满足项数评分	2～5	—
	*穿插流水施工	按满足要求评分	3	—
信息化应用 （5分）	BIM应用	按建设各阶段BIM应用情况评分	1～3	1
	信息化管理	按建设各阶段信息化管理情况评分	1～2	—

注：1. 插值法计算比例时，四舍五入，计算结果取小数点后1位。
　　2. 表中带"＊"项根据不同建筑类型可为缺少项，可扣减该技术项的最高得分，详见"装配式钢结构建筑技术评分细则"。

（2）评分计算基本要求

1）标准化设计的比例计算

户型标准化、构件标准化的比例计算，以项目中同一建筑类型实施装配式建筑的全部单体建筑作为计算总量。

2）主体结构工程、围护墙和内隔墙等的比例计算

①当单体建筑主楼可划分标准层时，以标准层作为计算单元，计算比例为所有标准层的算术平均值。

②当单体建筑主楼无法划分标准层时，以单体建筑整体作为计算单元。

3）对于非比例计算评分的技术项，单体建筑整体应满足相关条款的具体技术要求才可得相应分数，累计得分不超过单项的最高分。

（3）评分规则与国标区别

深圳市装配式建筑评分规则与国标区别如表 2-7 所示。

深圳市装配式评分规则与国标区别表　　　　　表 2-7

序号	装配式评价标准	装配式建筑评分规则（深圳）
1	以"装配率"评价装配式建筑	以"技术总分"认定装配式建筑
2	满足各技术项最低分值要求的前提下，装配率不低于 50%	满足各技术项最低分值要求的前提下，技术总评分不低于 50 分
3	评分表分三部分"主体结构（50 分）、围护墙和内隔墙（20 分）、装修和设备管线（30 分）"	满足各技术项最低分值要求的前提下，技术总评分不低于 50 分
4	无	提出以"户型标准化、构件标准化"衡量标准化设计，最低分值 1 分
5	柱、支撑、承重墙、延性墙板等竖向构件	柱、支撑、承重墙、延性墙板、非承重外墙板、外墙栏板等竖向构件，增加装配式模板工艺
6	梁板、楼梯、阳台、空调板等构件	水平构件包括梁、板楼梯、阳台、空调板等预制构件，增加装配式模板工艺
7	主体结构满分 50 分，最低分值 20 分	主体结构工程满分 40 分，最低分值 20 分
8	无	增加装配化施工
9	提出"管线分离"，与"内隔墙与管线装修一体化重复"	增加穿插流水施工
10	围护墙和内隔墙满分 20 分，最低分值 10 分	围护墙和内隔墙满分 20 分，最低分值 10 分
11	无	提出以"BIM 应用、信息化管理、量信息化应用"衡量，最低分值 1 分

2.3.6 装配式评价标准现存在的问题

随着装配式评价标准的推广，国家及地方相应出台装配式评价标准的指标，随之出现以下问题，需要各地方共同努力解决。

（1）概念、术语不清晰，国标及各省市文件对预制率、装配率、预制装配率等定义有所不同，给装配式建筑评价及技术交流带来障碍。

（2）预制率、装配率评价对象不同，针对地坪以上或标准层。

（3）预制率、装配率计算和评价方法不同，造成不同省市评价结果差别较大。

（4）各地装配式建筑发展极不均衡，装配式建筑指标要求差别较大，上海要求最高。

（5）不同装配式建筑相关技术在全国各地的应用差别大，不同省市因地制宜，制定适合本地的评价要求。

（6）全国不同地区建筑结构、构造差别大，造成评价指标和要求差别大。

参考文献

[1] 住房和城乡建设部科技与产业化发展中心．中国装配式建筑发展报告（2017）［R］．北京：中国建筑工业出版社，2017：1-20.

[2] 住房城乡建设部．工业化建筑评价标准 GB/T 51129-2015［S］．北京：中国建筑工业出版社，2015.

[3] 住房城乡建设部．装配式建筑评价标准 GB/T 51129-2017［S］．北京：中国建筑工业出版社，2017.

[4] 阮小林．《工业化建筑评价标准》的意义与影响［J］．中国建筑金属结构，2016（3）：18-20.

[5] 叶明．《工业化建筑评价标准》深度解读［J］．工程建设标准化，2016（2）49-51.

[6] 白恺．"花园工地"是这样铸就的—碧桂园"SSGF"新建造技术解析［N］．建筑时报，2017-6-22（007）.

[7] 胡世德．北京住宅建筑工业化的发展与展望［J］．建筑技术开发，1994（4）44-46.

[8] 宋乐帅．碧桂园新型建造工法实用案例［J］．山西建筑，2017（3）94-96.

[9] 卢求．德国装配式建筑发展研究［J］．住宅产业，2016（6）26-27.

[10] 中国东莞政府门户网站，东莞市人民政府关于大力发展装配式建筑的实施意见[EB/OL]．www.dg.gov.cn，2017-08-03/2017-09-11.

[11] 张爱林．工业化装配式高层钢结构体系创新、标准规范编制及产业化关键问题［J］．工业建筑，2014（8）1-3.

[12] 陈泳全，夏海山，曾忠忠．关于《工业化建筑评价标准》的再思考［J］．华中建筑，2016（10）12-14.

[13] 广东省人民政府网站，广东省人民政府办公厅关于大力发展装配式建筑的实施意见［EB/OL］．http://zwgk.gd.gov.cn，2017-04-12/2017-09-11.

[14] 广东省住房和城乡建设厅．完善体系、抓好试范、技术攻关-广东推进装配式建筑纵深发展［J］．住宅产业，2017（4）17-20.

[15] 万科企业股份有限公司．万科的住宅产业化实践［J］．住宅产业，2014（7）67-69.

[16] 佟亚男．住宅产业化的北京和沈阳范本［N］．中华建报，2012-11-27（005）.

[17] 赵晓龙．深圳市装配式建筑政策及评分规则释疑［J］．住宅与房地产，2019（20）：28-32.

[18] 李欢欢，裘雨晓，马岸奇．解读 GB/T 51129-2017《装配式建筑评价标准》［J］．砖瓦，2018（06）：54-56.

[19] 周书东，张益，张彤炜，麦镇东，叶雄明，刘亮．广东省装配式建筑发展现状研究［J］．城市住宅，2020，27（01）：59-62.

[20] 马涛．《装配式建筑评价标准》（GB/T 51129）政策解读［EB/OL］．http://www.eserexpo.com，2018.

[21] 深圳市住房和建设局．（图解）《关于做好装配式建筑项目实施有关工作的通知》政策解读［EB/OL］．http://www.sz.gov.cn，2018.

[22] 上海市住房和城乡建设管理委员会．关于印发《上海市装配式建筑单体预制率和装配率计算细则》（沪建建材〔2019〕765号）的通知［EB/OL］．http://zjw.sh.gov.cn，2019.

[23] 上海市住房和城乡建设管理委员会．关于进一步明确装配式建筑实施范围和相关工作要求的通知（沪建建材〔2019〕97号）［EB/OL］．http://zjw.sh.gov.cn，2019.

［24］装配式建筑评价标准 DBJ/T 15-163-2019［S］. 广东：广东省住房和城乡建设厅，2019.

［25］深圳市住房和建设局 深圳市规划和国土资源委员会. 关于做好装配式建筑项目实施有关工作的通知（深建规〔2018〕13 号）［EB/OL］. http：//www.sz.gov.cn，2018.

［26］湖南省绿色装配式建筑评价标准 DBJ 43/T 332-2018［S］. 湖南：湖南省住房和城乡建设厅，2018.

［27］甘生宇. 深圳万科装配式建筑实践［J］. 住宅与房地产，2017（3）35-37.

［28］施嘉霖，唐婧，张 凯. 上海预制装配式建筑发展研究与对策［J］. 住宅科技，2014（11）1-3.

［29］王铁宏，王承玮，李燕鹏. 上海市引领全国装配式建筑发展的成功经验和根本原因［N］. 建筑时报，2017-8-17（001）.

第3章 装配式建筑信息管理系统

建筑工业化和信息化是我国建筑业的两大重要发展方向，工程项目应用装配式建筑技术时需实现以信息化特征为载体进行相关管理，但目前存在对装配式建筑及其应用现状认知的缺失、相关职能部门难以对相关建筑企业和工程项目有效地监管、对装配式项目工程的评价得分和装配率计算缺乏统一的标准和统计口径、专家的评审工作繁琐且规范性差等问题。针对上述情况，国内尚未有专门的机构或平台对实际工程中应用装配式建筑技术的项目进行信息收集和统计工作，为解决以上问题，研究开发了装配式建筑管理的信息化平台。

3.1 系统介绍

3.1.1 系统基本情况

装配式建筑信息管理系统简化和规范申报流程，实现地区装配式建筑线上评价工作，提高评价和管理效率，不但为装配式建筑评价工作提供一个便捷的途径，而且为主管部门提供了全过程管理和监督的平台。系统数据的收集和分析，有助于主管部门判断地区装配式建筑和 BIM 技术的应用发展状况，为地区装配式建筑技术方面的政策编制提供数据支持。

3.1.2 管理系统用途

（1）反映地区相关建筑类企业或工程项目装配式建筑应用情况，以确保本地区建筑工程所涉及的装配式建筑技术信息得到及时、准确的采集和监管；

（2）简化和规范专家的评价工作，为地区装配式建筑评价工作提供更好的服务和保障；

（3）通过本系统的功能，准确分析出本地区装配式建筑技术的应用数据，为装配式建筑推广相关政策编制提供参考依据。

3.1.3 系统总体架构

依据系统构建目标和原则，系统在用户管理、权限管理、防火墙、数据备份等安全体系下，结合统一的数据规范与标准，构建统一的系统基础框架，并在此基础上，分层建立系统的应用表现层、业务服务层和设施层，系统总体架构如图 3-1～图 3-4 所示。

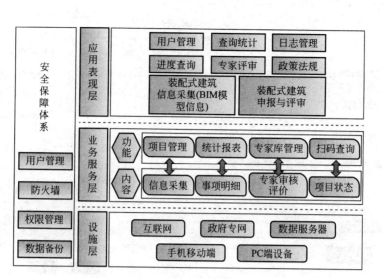

图 3-1　系统总体架构

3.2　系统功能

3.2.1　应用表现层

应用表现层为系统业务功能的最终交互端，包括用户管理、BIM 模型信息、装配式建筑项目信息采集及其评审申报、查询统计、日志管理、进度查询、专家评审、政策法规文件的下载等，系统主界面如图 3-2～图 3-4 所示。

图 3-2　系统主界面

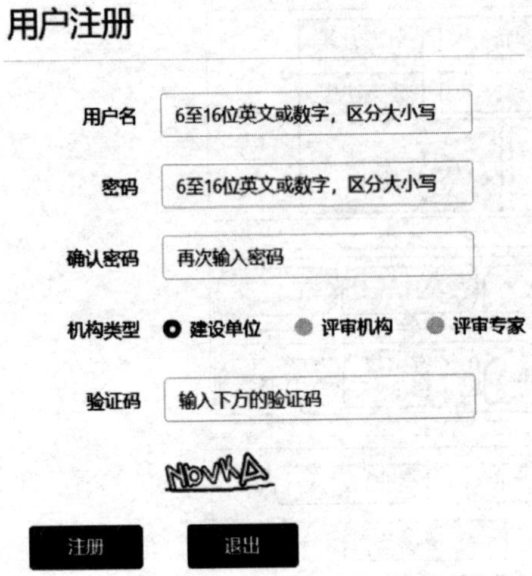

图 3-3　注册账号所需信息

图 3-4　评价机构申请账号所需信息

3.2.2　业务服务层

业务服务层包括项目管理、统计报表、专家库管理、扫码查询四大部分。

项目管理方面，通过账户注册和登入，可在工程项目管理栏中创建项目或查看已有项目的信息，如图 3-5 和图 3-6 所示。对于满足装配式建筑评价标准的工程项目，可通过本系统按照相关要求和评价程序填写信息和提交材料，申请选择装配式建筑线上或线下评价，并可以查看或更新项目的进度、状态和修改补充等工作。系统以项目树的方式进行项目的整体管理和回溯式管理，不但满足建设单位对项目全过程管理需要，同时也满足主管部门对本地区装配式建筑项目行政管理的需求。

图 3-5　项目单位信息

填写项目基本信息

图 3-6　项目基本信息

统计报表方面，本系统具有报表统计分析功能，项目办事人员需填报和上传项目所涉及的装配式建筑技术和相应 BIM 模型信息至该管理系统，如图 3-7～图 3-9 所示，建设单位则可通过按企业、工程名称、日期等指标进行查询、分析和统计；对于主管部门使用本系统可实现对地区装配式建筑项目的相关信息进行采集、分析和汇总，并自动生成所需要的各种统计报表，与上级主管部门相关信息统计平台实现无缝对接。

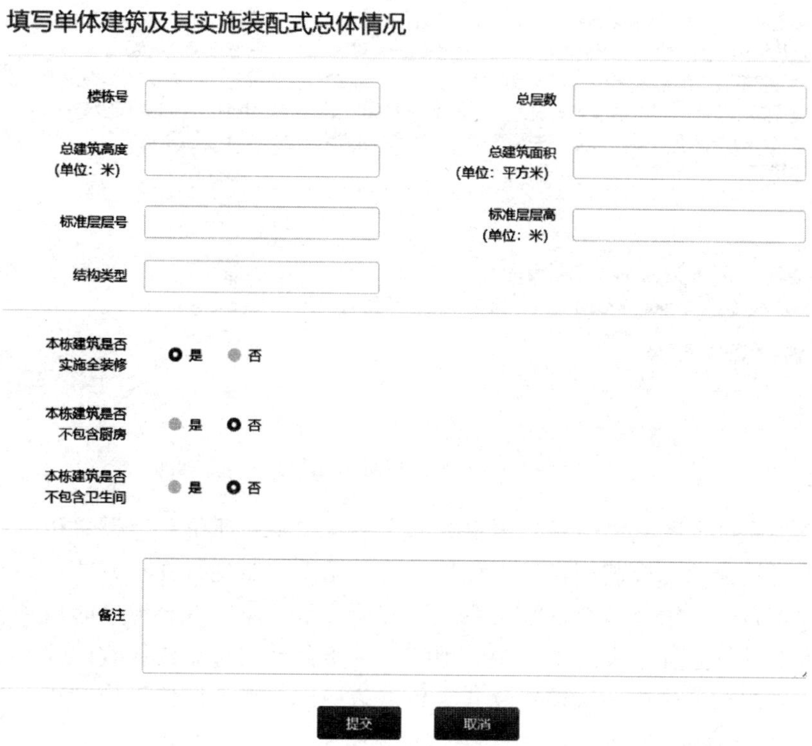

填写单体建筑及其实施装配式总体情况

图 3-7　单体建筑及其实施装配式总体情况

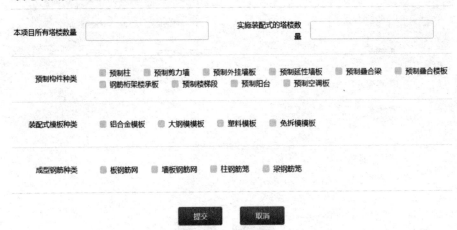

填写项目实施装配式建筑总体情况

本项目所有塔楼数量　　　　　　　　　　　　　实施装配式的塔楼数量

预制构件种类　　☐ 预制柱　☐ 预制剪力墙　☐ 预制外挂墙板　☐ 预制延性墙板　☐ 预制叠合梁　☐ 预制叠合楼板
　　　　　　　　☐ 钢筋桁架楼承板　☐ 预制楼梯段　☐ 预制阳台　☐ 预制空调板

装配式模板种类　☐ 铝合金模板　☐ 大钢模模板　☐ 塑料模板　☐ 免拆模模板

成型钢筋种类　　☐ 板钢筋网　☐ 墙板钢筋网　☐ 柱钢筋笼　☐ 梁钢筋笼

提交　　取消

图 3-8　项目实施装配式建筑总体情况

模型精度　☐ LOD100　☐ LOD200　☐ LOD300　☐ LOD400　☐ LOD500

运用方式　☐ 链接模型　☐ 中心文件　☐ 其他方式

BIM技术
应用情况
☐ 场地分析　☐ 建筑性能模拟分析　☐ 设计方案比选　☐ 建筑、结构专业模型构建
☐ 建筑结构平面、里面、剖面检查　☐ 面积明细表统计　☐ 各专业模型构建
☐ 冲突检测及三维管线综合　☐ 竖向净空优化　☐ 虚拟仿真漫游　☐ 建筑专业辅助施工设计
☐ 施工深化设计　☐ 施工方案模拟　☐ 构建预制加工　☐ 虚拟进度和实际进度比对　☐ 工程量统计
☐ 设备与材料管理　☐ 质量与安全管理　☐ 竣工模型构建　☐ 运营系统建设　☐ 建筑设备运行管理
☐ 空间管理　☐ 资产管理　☐ 其他 _____

所应用的
BIM软件
☐ Revit　☐ Naviswork　☐ Bentley　☐ ArchiCAD　☐ Catia　☐ Tekla　☐ Delmia　☐ Synchro
☐ PKPM　☐ Digital Project　☐ 鲁班　☐ 广联达
☐ 数据管理/协调平台 _____
☐ 其他 _____

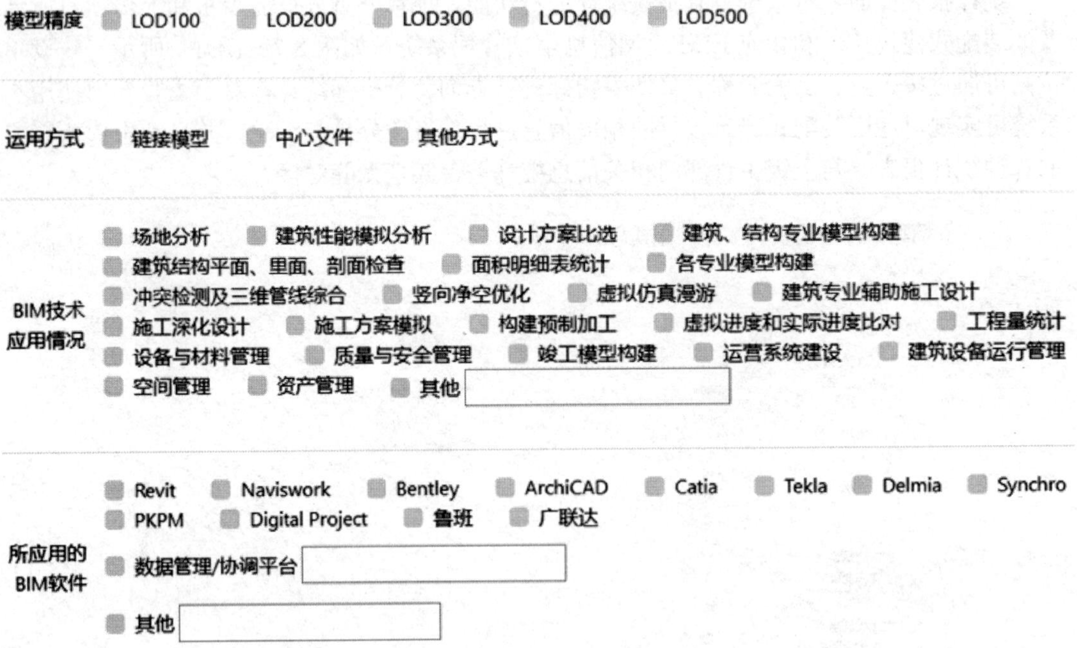

图 3-9　项目 BIM 应用信息

评价机构通过本系统实现网上预审、形式审核和专家评价。建设单位按照规定的流程、步骤即可快捷地完成装配建筑工程的评价，无需按照现行评价方式，即在规定时间到达指定地点召开专家评审会议。本系统可方便评审专家实现异地异时对项目进行评价工作，并针对评价过程中发现不合理的地方，发布自己的意见或修改建议，建设单位依据专家所提修改意见进行一次性修改并重新申请评价，直至评价工作结束，具体流程如图 3-10～图 3-12 所示。

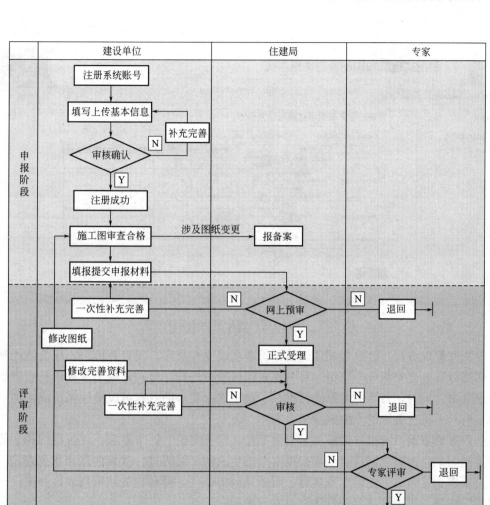

图 3-10　地区装配式建筑线上评价工作程序流程图

图 3-11　单体建筑预制构件应用情况

图 3-12　装配式建筑装配率计算及评分表

专家库管理方面：针对装配式建筑评价事项设立专家库。项目评价时，评价机构从专家库中选取 5 名专家组成专家组，对装配式建筑项目进行评价，并提出修改意见或者出具评价意见书。同时，每年对专家进行审核，对于符合要求的专家可以继续保留或增加到专家库，对于不符合要求的专家剔除出专家库。

扫码查询方面：通过移动端前台查询功能，申报单位、评审专家、评价机构和主管部门等不同用户，还可以通过移动端扫描本系统生成的二维码进行项目信息和状态查询。查询人员依据企业名称、建筑工程名称、所属地区等条件，得到相关结果列表，并提供"项目详情"按钮，进入该项目的具体信息展示页面。

3.3　系统特点

文件管理方面：评审专家可选择在线浏览文件，也可将文件打包下载查阅，这一方法在很大程度上可以解决在线申报和评价装配式建筑的瓶颈问题，即材料上传和下载缓慢的问题。当申报材料需要修改、替换时，申报单位只需根据专家意见单独对某个或某几个文件进行修改、替换和上传，系统将会自动更新，这样可以减轻申报单位上传工作量，也可以节约服务器的存储空间。

用户体验方面：友好、简洁的人机交互界面，简单、清晰的项目操作流程，用户登录本系统就能使用；不同阶段不同环节，不同用户不同角色，均有不同的操作指引，以做到不同的情景对应不同的策略。

在线填报方面：用户数据编辑与上传同步，用户可以一边填写信息，一边上传所需资料；系统采用智能化的条文模板，通过装配式建筑各项得分自动计算本项目本栋装配式建筑的装配率，减轻填写负担，避免低级计算错误。

3.4　系统设计基础

3.4.1　管理系统设计原则

（1）实用性和先进性

系统框架构建时，不仅要考虑系统投入运行所产生的效益，而且需充分考虑行业发展态势以调整系统功能。

（2）安全性和可靠性

以用户权限管理、防火墙、数据备份等手段构建系统的安全保障体系；定期对系统的应用功能进行检测，并且针对漏洞作出迅捷修补，以确保系统运行稳定。

（3）开放性和拓展性

参照相关标准，建成具有一定开放性的信息系统，所开发的系统应能与规定的数据库交换信息，并保证多种应用软件能在同一操作平台中兼容，以保证系统升级或者数据库扩展顺利进行。

（4）易用性和标准化

贯彻面向最终用户的原则，建立友好的用户界面，为企业、专家及政府部门提供便捷的功能，并按照统一的标准实现数据的交换和共享。

3.4.2　网络拓扑图及描述

本系统计划采购五台服务器，用于部署 Web、数据库、应用程序、备份和文件管理，网络拓扑关系如图 3-13 所示。

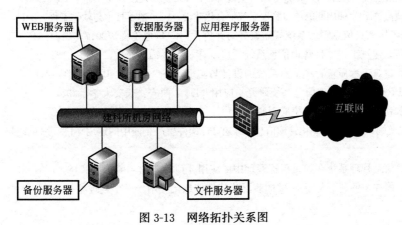

图 3-13　网络拓扑关系图

3.4.3　系统测试

为确保所开发出的系统不出现任何漏洞，避免给用户带来巨大的财力、物力损失，需对所开发出来的系统进行严格的测试，确保系统准确无误地处于正常运转状态。本次对装配式建筑信息管理系统的测试内容主要包括：模块测试、整体测试、有效性测试和系统测试。

（1）模块测试

模块测试包括用户登入模块测试、账户查询模块测试、留言管理模块测试、密码修改模块测试和用户界面模块测试等，确保系统的每一个模块准确无误地处于正常运行状态。

（2）整体测试

整体测试是要对装配式建筑信息管理系统进行全方位的测试。这样才可以显现系统在实际使用中的缺陷和问题，以便于更好地对系统进行修改和完善。

（3）有效性测试

有效性测试是通过系统软件接口进行测试，来验证软件各项功能是否与用户要求相符合。

（4）系统测试

系统测试目的是为了保证装配式建筑信息管理系统在将来投入使用的过程中，能够安全、稳定和高效地运行。

参考文献

[1] 孙林，范世锋．江苏省绿色建筑标示申报评价系统应用与展望［J］．建设科技，2017，（23）：15-17.

[2] 吕丽娜，刘志勋，范世峰，沈齐，骆方，李旭．中国城科会绿色建筑研究中心绿色建评价标识申报系统［J］．建设科技，2016，（18）：51-53.

[3] 梁国强，绿色建筑评价管理信息系统设计［J］．兰州石化职业技术学院学报，2017，（3）：21-24.

[4] 谢炎连，许超．浅析BIM与绿色建筑研究中信息系统的应用［J］．门窗，2018，（8）：39-41.

[5] 昝永宁．山西省节能信息管理平台设计与实现［D］．长春：吉林大学，2014.

[6] 李荣轶．建筑企业EPC项目信息化管理系统构建研究［D］．西安：西安科技大学，2017.

[7] 杨亚旭．建筑工程项目管理系统设计与实现［D］．大连：大连理工大学，2016.

[8] 印林青．基于工程生命周期的项目管理系统信息化建设［J］．电子技术与软件工程，2017，（5）：238.

[9] 徐婕．保障房项目信息管理系统规划设计与评价［J］．价值工程，2017，（12）：15-17.

[10] 杨飏．简谈建筑工程项目管理信息系统［J］．建材与装饰，2017，（31）：167.

[11] 夏海镇．建筑工程质量管理信息系统的设计与实现［D］．济南：山东大学，2017.

[12] 李鑫．PPP公路项目管理信息系统研究与应用［D］．西安：长安大学，2017.

[13] 唐杰．水利工程管理信息系统应用研究［J］．建材与装饰，2018，（9）：300.

[14] 夏杰，吴美娴，杨岚．智能化管理信息系统在PC构件生产企业中的运用［J］．绿色建筑，2018，（3）：61-63.

[15] 吴嘉菲．信息管理系统在建筑工程管理中的应用［J］．建材与装饰，2018，（4）：295.

[16] 叶浩文，周冲，韩超．基于BIM的装配式建筑信息化应用［J］．建设科技，2017，（15）：21-23.

第4章 成型钢筋制品设计与施工技术

4.1 成型钢筋制品种类及应用范围

成型钢筋制品按组合分类可分为单件成型钢筋制品及组合成型钢筋制品。单件成型钢筋指钢筋定尺矫直切断,箍筋专业化加工成型,棒材定尺切断、弯曲成型等制品。组合成型钢筋制品指多个单件成型钢筋制品组合成的成型钢筋制品,如钢筋网片、成型钢筋笼、二维钢筋制品、三维钢筋制品等。

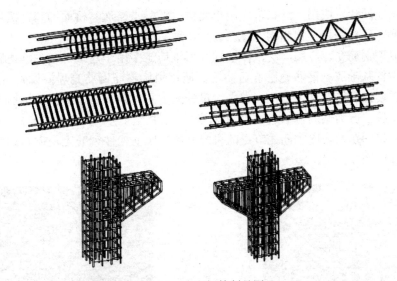

图 4-1 成型钢筋制品图

4.1.1 单件成型钢筋的种类及应用

建筑用的单件成型钢筋,应用较广的有定尺钢筋、弯折成型钢筋、箍筋成型钢筋。

定尺成型钢筋生产较为简单,钢筋通过剪切机械加工,批量生产指定长度的条形钢筋,定尺钢筋应用基本涵盖在建筑构件中,用于现场组装拼接。

弯折成型钢筋生产通过折弯机对钢筋进行弯折,批量生产具有指定弯折长度的条形钢筋,弯折成型钢筋一般用于梁板柱支座处锚固,也用拉结筋进行拉结,使用较为普遍。

建筑用箍筋成型钢筋主要表现形式为矩形、L形、T形及螺旋状等,如图 4-2～图 4-4 所示,由于箍筋的弯折次数较多,且梁、柱、剪力墙暗柱需要箍筋数目较多,市场接纳箍筋成型钢筋的程度最高,该成型钢筋能提高生产效率及节约劳动力成本。根据不同工程的需求，矩形箍筋成型钢筋可分为封闭型及开口类型，封闭类型一般用于现场直接拼装，开口类型箍筋一般用于预制混凝土构件，预制构件吊装完成后方可进行；L形、T形箍筋成型钢筋主要用于剪力墙端柱、L形、T形预制梁等，使用也较普遍。螺旋状箍筋一般用于桩基础或者柱箍筋，其他构件较少应用。

图 4-2　矩形箍筋成型钢筋制品
（封闭及开口类型）

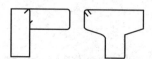

图 4-3　L形、T形箍筋
成型钢筋制品

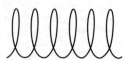

图 4-4　螺旋型箍筋
成型钢筋制品

4.1.2　组合成型钢筋的种类及应用

对于建筑用的组合成型钢筋制品，应用较广的为钢筋网片、成型钢筋笼、二维钢筋制品、三维钢筋制品。

建筑用钢筋网片，应用广泛，常应用于墙体、混凝土路面、桥面铺装、机场跑道、隧道衬砌、箱涵、码头地坪、预制构件等。

建筑用成型钢筋笼，应用广泛，传统的圆形钢筋笼多用于建筑桩基础、道路工程、桥梁工程，其中桩基础成型钢筋笼已普遍使用，通过螺旋箍筋钢筋笼焊接设备可快速生产，且钢筋笼的螺旋钢筋能够准确定位，省去大量的人力及时间。其他类型的钢筋笼、如竖向构件钢筋笼（柱、剪力墙的端墙、柱牛腿），横向构件钢筋笼（次梁钢筋笼），由于竖向钢筋笼钢筋的连接问题及横向钢筋笼节点的拼装问题，竖向构件钢筋笼及横向钢筋笼在建筑领域应用较少（图 4-5～图 4-8）。

图 4-5　成型钢筋网片

图 4-6　成型桩基础钢筋

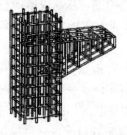

图 4-7　成型竖向构件钢筋笼

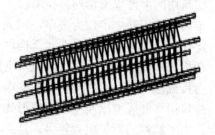

图 4-8　成型横向构件钢筋笼

二维钢筋制品、三维钢筋制品多用于楼板的受力钢筋，特别是用于装配式预制楼板，通过二维及三维的钢筋制品可以实现预制楼板的吊装及运输，同时兼做楼板的吊筋。

4.2　成型钢筋制品的设计

4.2.1　设计原则

成型钢筋制品与传统钢筋工程对比，其连接特征有所不同：（1）与传统单根钢筋连接不同，要求多根钢筋实现同时连接，由于成型钢筋制品整体性强，对钢筋连接过程的精度要求较高和施工要求较高；（2）成型钢筋制品需要吊装作业，特别是竖向钢筋笼钢筋连接过程中须长期占用吊机，存在吊机长时间占用问题；（3）梁钢筋笼吊装时通常有模板支撑，不存在吊机长时间占用的问题，但对于梁截面较高的梁钢筋笼，其底部钢筋的连接不便于施工。

基于以上成型钢筋制品的连接特征特殊性，设计过程中对成型钢筋连接方式的选择变得十分重要。设计成型钢筋制品应遵循以下原则：

（1）安全适用。成型钢筋制品在制作、运输、安装过程中应遵循安全生产、安全施工原则，选择适用成型钢筋制品的构件，达到安全适用原则；

（2）确保质量。安装成型钢筋制品应采用成熟可靠技术及标准，确保成型钢筋连接及受力满足国家规定安全要求；

（3）技术先进。近十年来，国内成型钢筋制品厂家及产量逐年增加，应用范围逐渐扩大，应用先进的技术提高成型钢筋的生产、运输、施工效率；

（4）经济合理。设计成型钢筋制品过程，应根据建筑结构规则程度，技术工人熟练条件，施工机械化程度合理使用成型钢筋制品，满足工程的经济合理性；

（5）施工方便。成型钢筋的设计应考虑施工的便利性，根据现场施工的机械化程度及工人的技术熟练程度进行不同的设计方案，尽可能方便施工。

4.2.2　基本要求

（1）装配式成型钢筋骨架技术的适用构件

成型钢筋制品技术在框架结构中的适用构件，如表 4-1 所示。成型钢筋制品技术适用性较广，由于受到生产经济性、复杂节点、塔吊起重能力、规范约束、惯用施工工法等问题约束，并非所有构件都适用于成型钢筋制品，局部位置和构件不可避免地采用现场钢筋绑扎。因此，钢筋工程宜现场绑扎与钢筋制品预制装配相结合，有利于装配式成型钢筋制品顺利安装。

主次梁相交处，主梁应通长设置，交接处次梁需绑扎施工。边柱由于边缘临空，柱成型钢筋安装存在安全隐患；沉箱较楼板长度规格和规模而言小，且四边需弯起钢筋，不利于工厂化生产，规模化经济性较差；楼梯虽然在装配式建筑中应用成熟且效益良好，但楼梯的成型钢筋骨架复杂，不利于工厂机械化生产。

成型钢筋制品技术适用构件　　　　表 4-1

主梁	次梁	中柱	边柱	楼板	剪力墙	沉箱	桩	承台	楼梯	阳台板
○	√	√	○	√	√	○	√	√	○	√

注:√选项为建议使用;○选项为可能采用。

（2）装配式成型钢筋骨架技术的模数化设计

模数化对装配式成型钢筋尤为重要,是建筑部品制作实现工业化、机械化、自动化和智能化的前提,是正确和精确装配的技术保障,也是降低成本的重要手段。成型钢筋制品的模数化设计就是在钢筋制品深化设计过程中采用模数化尺寸,实现建筑部件尺寸与安装位置的模数协调。如板成型钢筋网片生产的最大困难是较多的伸出钢筋,通过规定钢筋网片规格和伸出钢筋间距实现生产的自动化,减少施工装配过程中的碰撞。

依据《建筑模数协调标准》GB/T 50002,成型钢筋网片优选尺寸为 3M（M＝100mm）、扩大模数宜为 nM 和网格间距模数宜为 M/2,装配式成型钢筋骨架节点连接和搭接位置宜分别采用 M/10、M/5、M/2。模数协调应利用模数数列调整建筑与部件或分部件的尺寸关系,减少种类,优化部件或分部件的尺寸,结合建筑功能、形式、空间、结构和构造要求,考虑工程加工和现场装配的要求,合理划分模块单元。

（3）荷载规定

成型钢筋计算应满足混凝土结构设计的基本规定,承载能力极限状态计算、正常使用极限状态验算、构件抗震设计和耐久性设计,尚应满足现行国家标准的有关规定。

成型钢筋制品构件上的荷载应按《建筑结构荷载设计规范》GB 50009,地震作用应根据现行标准《建筑抗震设计规范》GB 50011 确定。

成型钢筋制品混凝土构件承载力极限状态的计算,对持久设计状况和短暂设计状况应按基本组合计算,对地震设计状况应按作用的地震组合计算。对正常使用极限状态下变形和裂缝宽度验算,应按荷载的准永久组合并考虑场地作用的影响计算。耐久性设计应符合现行国家标准《混凝土结构设计规范》GB 50010 的有关规定。

（4）挠度及裂缝规定

受弯构件的最大挠度计算值不应超过表 4-2 规定的挠度限值。

受弯构件的挠度限值　　　　表 4-2

屋盖、楼盖及楼梯构件	挠度限值
当 $l_0 < 7m$ 时	$l_0/200(l_0/250)$
当 $7m \leqslant l_0 \leqslant 9m$ 时	$l_0/250(l_0/300)$

注:1. l_0 为构件的计算跨度;计算悬臂构件的挠度限值时,其计算跨度 l_0 按实际悬臂长度的 2 倍取用;
　　2. 括号内的数值适用于对挠度有较高要求的构件。

钢筋混凝土受弯构件的裂缝控制等级及最大裂缝宽度 ω_{lim} 应根据结构所处环境类别按表 4-3 使用。

受弯构件的裂缝控制等级及最大裂缝宽度限值（mm）　　　　表4-3

环境类别	裂缝控制等级	ω_{lim}
一级	三级	0.30(0.40)
二、三		0.20

注：1. 对处于年平均湿度小于60%地区一类环境下的受弯构件，其最大裂缝宽度限值可采用括号内的数值；

2. 对处于液体压力下的钢筋混凝土结构构件，其裂缝控制要求复核国家现行标准的有关规定。

（5）塑性内力的重分布

冷轧带肋钢筋成型网片连续板的内力计算可考虑塑性内力重分布，其支座弯矩调幅幅度不应大于弹性体系计算值的15%，对热轧带肋成型钢筋网片混凝土连续板，其值不应大于20%。对于直接承受动力荷载的板类构件，不应采用考虑塑性内力重分布的分析方法。

（6）保护层规定

构件中普通钢筋及预应力筋的混凝土保护层厚度应满足下列要求：

1）构件中受力钢筋的保护层厚度不应小于钢筋的公称直径d；

2）设计使用年限为50年的混凝土结构，最外层钢筋的保护层厚度应符合相关的规定；设计使用年限为100年的混凝土结构，最外层钢筋的保护层厚度不应小于表4-4中数值的1.4倍。

混凝土保护层的最小厚度c（mm）　　　　表4-4

环境类别	板、墙、壳	梁、柱、杆
一级	15	20
二 a	20	25
二 b	25	35
三 a	30	40
三 b	40	50

注：1. 混凝土强度等级不大于C25时，表中保护层厚度数值应增加5mm；

2. 钢筋混凝土基础宜设置混凝土垫层，基础中钢筋的混凝土保护层厚度应从垫层顶面算起，且不应小于40mm。

（7）锚固长度

计算中充分考虑钢筋的抗拉强度时，受拉钢筋的锚固应符合下列要求：

1）普通钢筋基本锚固长度，见式（4-1）：

$$l_{ab} = \alpha \frac{f_y}{f_t} d \tag{4-1}$$

式中　l_{ab}——受拉钢筋的基本锚固长度；

f_y——普通钢筋的抗拉强度设计值；

f_t——混凝土轴心抗拉强度设计值，当混凝土强度等级高于C60时，按C60取值；

d——锚固钢筋的直径；

α——锚固钢筋的外形系数，详《混凝土结构设计规范》GB 50010规范规定。

2）受拉钢筋的锚固长度应按式（4-2）计算，且不应小于200mm：

$$l_{ab} = \xi_a l_{ab} \tag{4-2}$$

式中　l_a——受拉钢筋的锚固长度；

ξ_a——锚固长度修正系数，详《混凝土结构设计规范》GB 50010 规范规定。

3）当纵向受拉普通钢筋末端采用弯钩或机械锚固措施时，包括弯钩或锚固端头在内的锚固长度（投影长度）可取为基本锚固长度 l_{ab} 的 60％。弯钩和机械锚固的形式（图 4-9）和技术要求应符合表 4-5 的规定。

钢筋弯钩和机械锚固的形式和技术要求　　　　　　　　　　　　　　　　表 4-5

锚固形式	技术要求
90°弯钩	末端90°弯钩，弯钩内径 $4d$，弯后直段长度 $12d$
135°弯钩	末端135°弯钩，弯钩内径 $4d$，弯后直段长度 $5d$
一侧铁焊锚筋	末端一侧铁焊长 $5d$ 同直径钢筋
两侧铁焊锚筋	末端两侧贴焊长 $3d$ 同直径钢筋
焊端锚板	末端与厚度 d 的锚板穿孔塞焊
锚栓锚头	末端旋入螺栓锚头

注：1. 焊缝和螺纹长度应满足承载力要求；
　　2. 螺栓锚头和焊接锚板的承压净面积不应小于锚固钢筋截面积的 4 倍；
　　3. 螺栓锚头的规格应符合相关标准要求；
　　4. 螺栓锚头和焊接锚板的钢筋净间距不宜小于 $4d$，否则应考虑群锚效应的不利影响；
　　5. 截面角部的弯钩和一侧贴焊锚筋的布筋方向宜向截面内侧偏置。

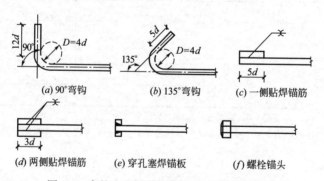

(a) 90°弯钩　　　　(b) 135°弯钩　　　　(c) 一侧贴焊锚筋

(d) 两侧贴焊锚筋　　(e) 穿孔塞焊锚板　　(f) 螺栓锚头

图 4-9　弯钩和机械锚固的形式和技术要求图

混凝土结构中的纵向受压钢筋，当计算中充分利用其抗压强度时，锚固长度不应小于相应受拉锚固长度的 70％。受压钢筋不应采用末端弯钩和一侧贴焊锚筋的锚固措施。

（8）成型钢筋连接

由于成型钢筋制品在机械连接过程中需要同时连接多根钢筋，除个别特定的机械连接外，机械连接在成型钢筋应用中适应性不强，本章主要介绍搭接连接及焊接。

纵向受拉钢筋绑扎搭接接头的搭接长度，应根据位于同一连接区段内的钢筋搭接接头面积百分率按式（4-3）计算，且不应小于 300mm。

$$l_l = \xi_l l_a \tag{4-3}$$

式中　l_l——受拉钢筋的搭接长度；

　　　ξ_l——纵向受拉钢筋搭接长度修正系数，按表 4-6 选用。

钢筋弯钩和机械锚固的形式和技术要求　　　　表 4-6

纵向搭接钢筋接头面积百分率(%)	≤25	50	100
ξ_l	1.2	1.4	1.6

由于成型钢筋钢网片及钢筋笼安装过程中，采用搭接连接时，其钢筋接头率一般大于等于 50%，甚至达到 100%，设计成型钢筋制品过程中应考虑搭接长度的修正。

构件中的纵向受压钢筋当采用搭接连接时，其受压搭接长度不应小于纵向受拉钢筋搭接长度的 70%，且不应小于 200mm。

竖向构件的纵向受力钢筋的焊接接头应相互错开。钢筋焊接接头连接区段的长度为 35d 且不小于 500mm，d 为连接钢筋的较小直径，凡接头中点位于该连接区段长度内的焊接接头均属于同一连接区段。纵向受拉钢筋的接头面积百分率不宜大于 50%。

(9) 成型钢筋制品的最小配筋率

成型钢筋制品的最小配筋率与《混凝土结构设计规范》GB 50010 一致，详表 4-7 所示，抗震构件的最小配筋率详抗震设计相关规范。

纵向受力钢筋的最小配筋百分率　　　　表 4-7

受力类型			最小配筋百分率
受压构件	全部纵向钢筋	强度等级 500MPa	0.50
		强度等级 400MPa	0.55
		强度等级 300MPa、335MPa	0.60
	一侧纵向钢筋		0.20
受弯构件、偏心受拉、轴心受拉构件一侧的受拉钢筋			0.20 和 $45f_t/f_y$ 中的较大值

注：1. 受压构件全部纵向钢筋最小配筋百分率，当采用 C60 以上强度等级的混凝土时，应按表中规定加 0.1；
　　2. 板类受弯构件(不包括悬臂板)的受拉钢筋，当采用强度等级 400MPa、500MPa 的钢筋时，其最小配筋百分率应允许采用 0.15 和 $0.4545f_t/f_y$ 中的较大值；
　　3. 偏心受拉构件的受拉钢筋，应按受压构件一侧纵向钢筋考虑；
　　4. 受压构件的全部纵向钢筋和一侧纵向钢筋的配筋率，一级轴心受压构件和小偏心一侧受拉钢筋的配筋率应按构件的全截面面积计算；
　　5. 受弯构件、大偏心受拉构件一侧受拉钢筋的配筋率应按全截面面积扣除受压翼缘面积 $(b_f'-b)h_f'$ 后的截面面积计算；
　　6. 当钢筋沿构件截面周边布置时，"一侧纵向钢筋"系沿受力方向两个对边一边布置的纵向钢筋。

4.2.3　楼板成型钢筋网片设计

(1) 楼板成型钢筋设计方法

楼板成型钢筋的设计，应考虑楼板的类型及尺寸、连接方式、成型钢筋制品的尺寸、运输及安装限制等因素，选择较优的方案。对于普通钢筋而言，楼板钢筋一般由底部受力钢筋，板支座上部钢筋两种类型组成，当无上部贯通钢筋时，则会在支座上部钢筋范围内增设分布钢筋。

根据楼板底部钢筋的受力特性，板底部钢筋受力主要为跨中受拉力，支座处受压力，故底部成型钢筋设计过程中应避免跨中搭接。板底部成型钢筋制品可分为底部支座网片/钢筋及底部成型钢筋网片，如图 4-10 所示。

根据楼板上部钢筋的受力特性，板上部钢筋受力主要为支座处受拉力，板上部钢筋应避免支座处搭接。支座处板上部钢筋可分为上部支座成型钢筋网片/拼装钢筋、上部贯通钢筋网片，如图 4-10 所示。

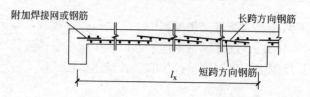

(a) 底部钢筋分类(底部支座网片/钢筋+底部网片)

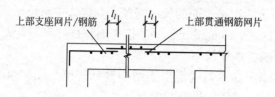

(b) 上部钢筋分类(上部支座网片/钢筋+上部网片)

图 4-10　普通楼板钢筋示意图

1) 楼板成型钢筋分块设计

钢筋混凝土板作为受弯构件，可根据楼板的长宽比分为单向板及双向板。对于两边支承的板按单向板计算。四边支承的板按如下规定计算：①当长边与短边长度之比不大于2.0时，应按双向板计算；②当长边与短边长度之比大于2.0，但小于3.0时，宜按双向板计算；③当长边与短边长度之比不小于3.0时，宜按沿短边方向受力的单向板计算，并应沿长边方向布置构造钢筋。以普通楼板作为分析对象，其弯矩受力分析图如图4-11所示。

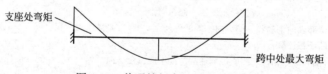

图 4-11　普通楼板弯矩受力示意图

对于两边支承的单向板而言，由于支承的条件不同，其底部钢筋网片布置的情况也不一样，当支承边为长边受力时，楼板的底部最大弯矩位于长边的跨中位置，则成型钢筋网片尽可能将钢筋网片长边往楼板长边方向通长布置，同时尽可能减少楼板长边跨中的搭接，网片底层钢筋也宜为长边布置，这样能避免由于楼板有效高度的减少带来楼板承载力的降低。同理，当支承边界变为短边受力时，楼板的最大弯矩位于短边跨中位置，则成型钢筋网片长边往楼板短边方向通长布置，同时尽可能减少楼板长边跨中的搭接，网片底层钢筋也宜为短边布置。

对于双向板而言，其底部弯矩跨中受力最大方向为短边，楼板的最大弯矩位于短边的跨中位置，底部钢筋网片尽可能将网片长边往楼板短边通长布置，网片底层钢筋也宜为短边布置，这样能避免由于楼板有效高度的减少带来楼板承载力的降低。

对上部成型钢筋网片而言，不管单向板及双向板，其支座处负弯矩最大，上部成型钢筋网片宜尽可能避免在支座进行钢筋的搭接，其上部成型钢筋网片的长边布置同底部钢筋的摆放思路一致，即往受力较大的方向布置，避免受力较大方向搭接次数较多。

2）成型钢筋网片连接设计

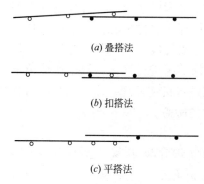

(a) 叠搭法

(b) 扣搭法

(c) 平搭法

图 4-12　成型钢筋网片搭接示意图

由于楼板成型钢筋网片需连接节点较多，焊接及机械连接成本及工时较高，所以水平钢筋连接做法宜采用搭接连接，搭接连接方式主要为叠搭法、扣搭法及平搭法，如图 4-12 所示。叠搭法就是将一张网片叠放在另一张网片上的搭接方法，一般用于单向板网片铺装。扣搭法就是将一张网片扣放在另一张网片上，使横向钢筋在同一平面内，纵向钢筋在两个不同平面内的搭接方法。平搭法就是将一张网片的钢筋镶入另一张网片，使两张网片的纵向钢筋和横向钢筋各自在同一个平面内的搭接方法，一般用于楼板、地面防裂网及负弯矩钢筋的面网分布筋。

叠搭法和扣搭法具有钢筋编号少、安装方便等优点，但搭接处钢筋层数较多，影响钢筋网片的受力。而平搭法搭接处纵横钢筋分别在同一平面内，受力较好，但搭接长度比前者大些。

故在成型钢筋网片设计过程中，宜根据结构的规则性及受力构件的重要性选取叠搭法、扣搭法及平搭法，楼板较为不规则、单向板且楼板受力跨度较小时可采用叠搭法或扣搭法；对楼板较为规则且楼板受力跨度较大时，为保证楼板有较好的受力，宜选用平搭法。

3）成型钢筋网片规格设计

成型钢筋网片的设计主要考虑因素为工厂生产、运输配送、吊运变形和结构受力要求：①工厂生产方面，国内主要钢筋网片成型机为天津华焊接设备公司的 GWC2400 和 GWC3300 两种类型，即制备最大宽度为 3300mm，可焊接钢筋直径为 2～12mm，网格纵横宽度大于 50mm，焊点数大于 24；②运输配送方面，成型钢筋网片装车运输一般采用叠层平躺的放置方式，按照《超限运输车辆行驶公路管理规定》，车货限制宽度为 2.55m，限制高度为 4m，考虑挡板及净距要求，平放的钢筋网片控制在 2.5m 宽度范围内，特殊要求需斜放的，制作宽度控制在 4m 宽度范围，如个别构件尺寸超出以上运输范围时，可向交通部门申请行政许可；③吊运变形方面，成型钢筋网片长度应考虑吊运过程中的弯矩平衡、自重和起吊瞬间动力作用下的变形；④结构受力要求方面，板类构件（楼板）网片按受力不同可分为底筋网片和面筋网片，底筋网片受正弯矩为主，面筋网片受负弯矩为主，因此底筋网片应以板间区域作为分块单元，且搭接位置应该靠近梁的负弯矩处，面筋网片应以梁周边区域作为分块单元，且搭接位置应在板中的正弯矩处。

对于成型钢筋网片在安装过程中，梁上部钢筋存在碰撞的情况，可采用多种措施来处理：①对梁钢筋的箍筋采用开口箍/闭口箍方式，采用先下放梁钢筋笼，再放梁下部连接

单方向支座
成型钢筋网片

图4-13 单方向支座成型钢筋网片示意图

钢筋，再安装成型钢筋网片，安装梁上部钢筋，封闭箍筋处理；②先设置单方向的底部支座成型钢筋网片/拼装钢筋，再进行受力方向的成型钢筋网片铺设，与成型钢筋网片连接，如图4-13所示。

对于成型钢筋网片在安装过程中与柱竖向钢筋存在碰撞情况，可采用多种措施处理：①设计成型钢筋网片过程中对柱子钢筋碰撞情况进行评估，依据评估情况设置钢筋附加拼装筋，安装网片后，可对柱子内的板钢筋进行拼装处理；②采用竖向套柱连接，即从上至下竖直安装成型钢筋网片，避免水平方向的碰撞。

（2）楼板成型钢筋构造要求

根据《混凝土结构设计规范》GB 50010及《钢筋焊接网混凝土结构构造详图》17G309，选取楼板设计措施，其他未注明措施以相应规范为准：

1）板中成型钢筋网片直径不宜小于5mm，受力钢筋的间距应满足如下：

①当楼板厚度 h 不大于150mm时，受力钢筋的间距不宜大于200mm；

②当楼板厚度 h 大于150mm时，受力钢筋的间距不宜大于1.5h，且不宜大于250mm。

2）板的钢筋成型钢筋网片宜按梁系区格布置，单向板底的纵向钢筋不宜搭接连接。

3）板底部成型钢筋网片受力钢筋，伸入支座的长度不应小于10d，且不宜小于100mm，间距不应大于400mm。

4）按简支边或非受力边设计的现浇混凝土板，当与混凝土梁或混凝土墙浇筑时，应沿周边在板上部布置成型钢筋网片或拼装钢筋，直径不小于7mm，间距不应大于200mm，并应符合下列规定：

①单向板沿周边单位宽度布置的板上部构造钢筋网片，其截面面积不宜小于跨中纵向受力钢筋面积的1/3；钢筋自梁边伸入板内的长度不宜小于计算跨度的1/4；

②双向板沿简支周边布置的上部构造钢筋面网，其截面面积不宜小于板跨中相应纵向受力钢筋单位宽度截面面积的1/3，其伸入板内长度不宜小于短跨方向的1/4。

5）按单向板设计时，单位宽度上分布钢筋的面积不宜小于单位宽度上受力钢筋面积的15%，且配筋率不宜小于0.1%；分布钢筋的间距不宜大于250mm。对于集中荷载较大的情况，分布钢筋的截面面积应适当增加，其间距不宜大于200mm。

6）现浇双向板网片的搭接及锚固宜符合下列规定：

①底网短跨方向的受力钢筋不宜在跨中搭接，在端部宜直接伸入支座锚固，也可采用伸入支座的附加网片或绑扎钢筋搭接；

②底网长跨方向的钢筋宜伸入支座锚固，也可采用与伸入支座的附加成型钢筋网片或绑扎钢筋搭接；

③附加成型钢筋网片或绑扎钢筋伸入支座的钢筋截面面积分别不应小于短跨、长跨方向跨中受力钢筋截面面积；

④附加成型钢筋网或绑扎钢筋伸入支座的锚固长度及搭接长度应符合相关规范规定；

⑤双向板底网与面网的搭接位置不宜在同一断面。

7）成型钢筋搭接可按图 4-14、图 4-15 所示。

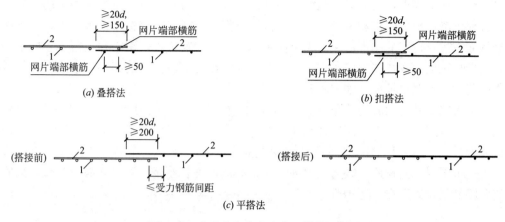

图 4-14　非受力方向支座成型搭接示意图

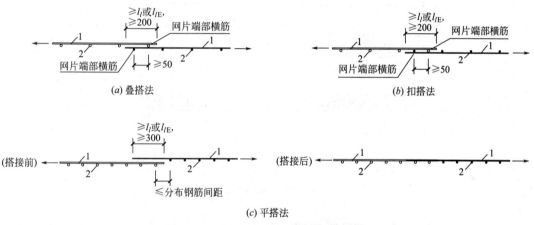

图 4-15　受力方向支座成型搭接示意图

4.2.4 梁成型钢筋笼设计

（1）梁成型钢筋设计方法

梁成型钢筋的设计，应综合考虑梁的类型、连接方式等因素，选择较优的方案，对于梁钢筋而言，梁钢筋一般由底部纵向钢筋、腰筋（梁较高时设置）、箍筋、上部支座纵向钢筋、上部纵向通长/架立钢筋组成。

根据梁底部钢筋的受力特性，梁底部钢筋受力主要为跨中受较大拉力，支座处受压力，故梁成型钢筋笼设计过程中，底部钢筋跨中受拉区域不宜搭接，支座处节点连接可为搭接或直接伸入支座。梁箍筋、腰筋及下部纵向钢筋点焊形成整体，如图 4-16 所示。

根据梁上部钢筋的受力特性，支座处为梁上部受拉钢筋较大位置，与底部跨中钢筋设计类似，在梁支座负弯矩区域的钢筋不宜搭接，但由于安装工序问题，可对梁支座上部钢筋采用拼装的方式处理。

为了简要说明梁成型钢筋设计方法，选取次梁（无次梁搭接）及框架梁（仅有次梁搭接）说明。

当次梁采用拼装式安装时，次梁成型钢筋制品深化设计主要考虑因素为初步设计、施工易建性和构造要求，次梁成型钢筋制品规格长度主要为初步设计所得到次梁的净跨，而施工过程中考虑模板底模和侧模已支设，且主梁钢筋笼已先行放置于模板上方，因此次梁成型钢筋需进行适当的减小，又考虑主次梁相交处应设置负弯矩钢筋和规范要求的搭接长度，负弯矩钢筋和搭接位置需采用绑扎的方式成型，为了便于穿筋施工，梁成型钢筋骨架的支座范围不设置梁箍筋，如图 4-16（a）所示。

对于次梁，其受力较为简单，可采用嵌入式安装方法，如图 4-16（b）所示，但由于次梁一般支承于框架梁上，当底部钢筋设有弯钩时不宜使用嵌入式安装，而需要将底部锚固钢筋调直，并留有足够的锚固长度或设置锚头。另一种节点连接处理方式为拼装式安装，支座范围对纵向钢筋、腰筋及上部支座钢筋进行拼装连接，但梁截面较高时，梁底部钢筋及腰筋搭接时存在一定困难。

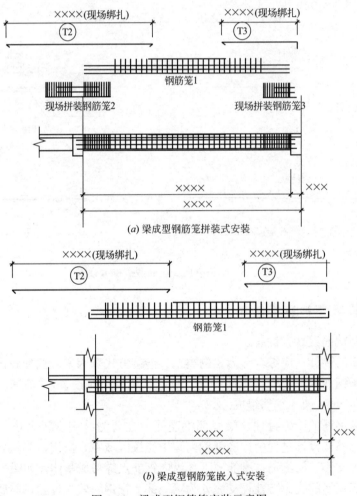

图 4-16　梁成型钢筋笼安装示意图

对于框架梁，其相关成型钢筋推广应用存在如下问题：1）框架梁一般同时支承多个次梁构件，主次梁节点及梁板节点复杂；2）框架梁支座为竖向受力构件（墙柱），其梁柱节点较为复杂；3）除工业建筑等较规则建筑外，当框架梁构件规格类型较多时，应用成型钢筋将必增加设计、生产和施工等环节的工作量。为解决以上问题，可采用以下方法：
1）梁相交位置调整施工工序：依次安装框架梁钢筋笼→次梁钢筋笼→主次梁节点→板下部钢筋→梁上部钢筋→安装完成；2）梁柱节点可调整施工工序：下放框架梁钢筋笼→在处理钢筋搭接的过程中完成梁柱节点的箍筋的安装→施工支座钢筋→安装完成；3）项目初步设计应考虑构件的"少规格，多组合"的模数化设计理念，发挥成型钢筋规模化生产和简易化施工的优势。

（2）梁成型钢筋构造要求

1）梁成型钢筋制品应符合下列规定：

①梁成型钢筋笼的长度根据梁长可采用一段或分成几段；

②可采用封闭式或开口式箍筋笼。当钢筋存在受扭所需箍筋或有抗震要求时，应采用封闭式，箍筋的末端应做成 135°弯钩，弯折后平直段长度不应小于箍筋直径的 10 倍和75mm 两者中的较大值；对非抗震的梁平直段长度不应小于 5 倍箍筋直径，并应在角部弯成稍大于 90°的弯钩。当梁与板整体浇筑不考虑抗震要求、不需计算要求的受压钢筋也需进行受扭计算时，可采用 U 形开口箍筋笼；

③梁中箍筋的间距应符合现行国家标准《混凝土结构设计规范》GB 50010 的有关规定；

④当梁高大于 800mm 时，箍筋直径不宜小于 8mm；当梁高不超过 800mm 时，箍筋直径不宜小于 6mm；当梁中配有计算需要的纵向受压钢筋时，箍筋直径尚不应小于 $d/4$，d 为纵向受压钢筋的最大直径。

2）除边梁外，整体现浇梁板结构的梁，当采用 U 形开口焊接箍筋笼时，应符合相关规定，且箍筋宜靠近构件周边位置，开口箍顶部应布置通长、连续的网片，再封闭箍筋。

3）梁成型钢筋笼的安装方式可采用搭接式或嵌入式。

4）安装施工顺序要求，成型钢筋笼安装到位后，将支座处钢筋进行绑扎牢固并架设楼板钢筋网片，进行箍筋封口处理，完成成型钢筋笼支座处钢筋的安装。根据实际情况调整相应施工工序。

5）梁成型钢筋笼的设计及构造要求尚应符合相关规范规定。

4.2.5　墙柱成型钢筋制品设计

（1）墙柱成型钢筋设计方法

墙柱成型钢筋的设计，应将连接方式作为主要考虑因素。框架柱钢筋主要为单个柱成型钢筋笼及附加拼装箍筋，剪力墙钢筋主要为暗柱及柱间的墙分布筋。其中框架柱与剪力暗柱的安装方法一致，均为钢筋笼竖向安装，而剪力墙分布筋可参考板成型钢筋网片的安装。

1）框架柱及剪力墙暗柱成型钢筋笼设计方法

对于框架柱及剪力墙暗柱的成型钢筋，主要解决的问题是竖向钢筋的连接，由于竖向构件钢筋笼吊装时占用塔吊大部分时间，因此需要解决吊机长时间占用问题。竖向构件钢筋笼主要的连接方式为搭接及焊接连接，如图 4-17 所示，由于墙柱成型钢筋骨架需要同时连接上、下多根竖向钢筋，施工精度要求高、施工难度大，常规的机械连接不能满足条件，需要对连接方式进行调整：①采用搭接的方式处理，将柱成型钢筋放置于楼面，与楼面预留柱钢筋搭接，避免吊机长时间工作，如图 4-18 所示；②采用辅助工具避免吊机长时间运转，如柱成型钢筋辅助支架，如图 4-20 所示。

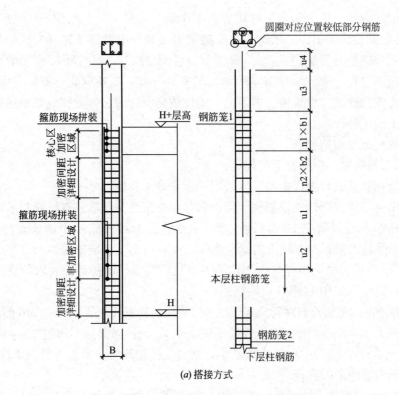

(a) 搭接方式

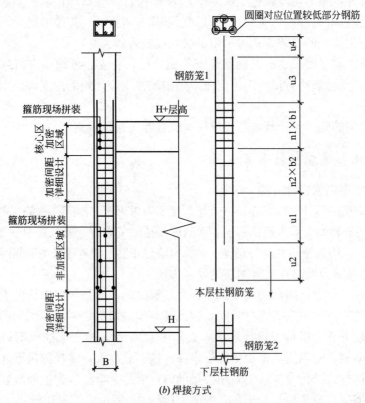

(b) 焊接方式

图 4-17 柱成型钢筋笼连接示意图

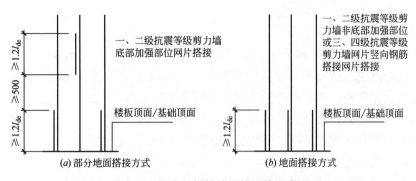

图 4-18　柱成型钢筋笼搭接连接示意图

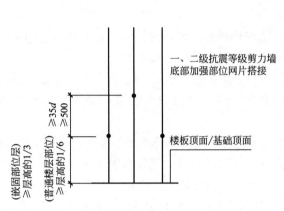

图 4-19　柱成型钢筋笼焊接连接示意图

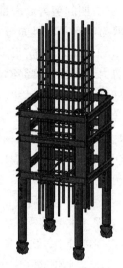

图 4-20　柱成型钢筋笼辅助支架示意图

2）剪力墙成型钢筋网片设计方法

剪力墙成型钢筋网片设计难点为竖向钢筋的连接，可采取柱成型钢筋笼的连接方法，将成型钢筋放置于楼面，在楼面采用搭接的方式处理，对于剪力墙水平长度过长的，水平方向钢筋网片可进行搭接，按相应规范锚入暗柱，在端部可设置 U 形箍（图 4-21）或其他可靠的连接，最后剪力墙两侧的网片通过拉筋进行连接，完成剪力墙分布钢筋的安装。

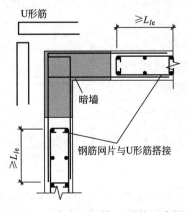

图 4-21　墙成型钢筋 U 形箍示意图

（2）墙柱成型钢筋构造要求

1）当成型钢筋网片用于剪力墙分布筋时，其适用范围应符合下列规定：

①根据设防烈度、结构类型和房屋高度，按《混凝土结构设计规范》GB 50010 的规定采用不同的抗震等级，并应符合相应的计算要求和抗震构造措施；

②适用于丙类建筑，抗震设防烈度为 6～8 度；

③热轧带肋钢筋成型钢筋网片可用于钢筋混凝土建筑中抗震等级为一、二、三、四级的分布钢筋，包括底部加强区；

④CRB550、CRB600H 成型钢筋网片不应用于抗震等级为一级结构中，可用作抗震等级为二、三、四的剪力墙底部加强部位以上的墙体分布钢筋。

2）剪力墙水平和竖向分布钢筋，其直径 6mm 时，钢筋间距不应大于 150mm；其直径不小于 8mm 时，钢筋间距不应大于 300mm。

3）剪力墙和成型钢筋网片布置原则

①根据剪力墙截面尺寸、开洞情况、边缘构件和连梁位置，确定剪力墙钢筋网片的布置形式、锚固和搭接构造要求，并进行剪力墙成型钢筋网片编号；

②剪力墙成型钢筋网片的竖向布置可按楼层为基本单元，焊接网竖向搭接宜设置在楼面板之上，宜采用平搭法，搭接长度应满足网片受力方向的搭接要求，且不应小于 400mm 和 40d；

③剪力墙成型钢筋网片布置应以相邻边缘构件之间墙段为单元，考虑运输和制造条件，并应满足锚固要求。需要搭接时，宜采用平搭法或叠搭法，搭接位置不应设置在边缘构件中，宜布置在墙段中，搭接长度应满足 L_{le}。搭接位置应错开，错开距离不小于 500mm。

4）剪力墙成型钢筋网片之间应设置拉筋连接，直径不小于 6mm，间距不应大于 600mm。

5）剪力墙安装应符合钢筋网片布置和安装顺序要求，网片安装到位后，绑扎牢固搭接处网片，再安装 U 形筋或拉筋。当为多排网片，先安装内排网片，再安装外排网片。

6）柱箍筋末端应做成 135°的弯钩，弯钩末端平直段长度不应小于 5 倍箍筋直径；当有抗震要求时，弯折后平直段长度不应小于箍筋直径的 10 倍和 75mm 两者的较大值；箍筋笼长度可根据柱高采用一段或分成多段。CBR550、CBR600H、CPB500 钢筋不应用于抗震等级为一级柱的箍筋笼。

7）柱箍筋笼的箍筋间距不应大于构件截面的短边尺寸，且不应大于 15d，d 为纵向受力钢筋最小直径。

8）柱箍筋直径不应小于 $d/4$，且不应小于 6mm，d 为纵向受力钢筋最大直径。

9）柱成型钢筋笼搭接方式可采用竖向搭接及焊接方式。

10）柱成型钢筋笼其他构造应满足相关规范要求。

4.3 加工与配送

随着成型钢筋自动化生产模式的不断成熟及相关行业规范的逐步完善，成型钢筋技术得到一定程度的发展，然而成型钢筋骨架专业化生产及配送的滞后阻碍了成型钢筋技术的应用及推广。针对成型钢筋制品加工与配送技术进行研究，有利于分析成型钢筋加工配送环节的硬件基础、技术缺陷或矛盾的内容以及存在的不足或障碍等问题，有利于推动成型钢筋加工配送有关行业标准的制定。

通过成型钢筋行业技术标准分析、地方产业研究、国外经验借鉴等方法，分析成型钢筋加工与配送环节中所涉及的生产工艺要求、关键流程、配送要求及具体技术内容，将钢筋材料、堆放、加工、配送、信息管理等方面进行系统研究，形成具有信息化生产管理系统的专业化加工配送模式。

4.3.1　原材料要求

（1）原材料性能要求

1）成型钢筋原材料的要求，与传统现浇构件的材料保持一致，钢筋应符合国家现行标准《钢筋混凝土用钢　第 1 部分：热轧光圆钢筋》GB/T 1499.1、《钢筋混凝土用钢第 2 部分：热轧带肋钢筋》GB/T 1499.2、《钢筋混凝土用余热处理钢筋》GB 13014、《冷轧带肋钢筋》GB/T 13788 和《高延性冷轧带肋钢筋》YB/T 4260 等的规定。作为构造钢筋的 CPB550 冷拔光面钢筋技术要求应符合规程相关规定。

2）常用的钢筋种类和力学性能应符合表 4-8 的规定。

常用钢筋种类和力学性能　　　　　　　　　　表 4-8

钢筋牌号	公称直径范围 (mm)	下屈服强度 f_{yk} (N/mm²)	抗拉强度 f_{stk} (N/mm²)	断后伸长率 A (%)	最大力下总伸长率 A_{gt} (%)
HPB300	6～22	300	420	25.0	10
HRB335	6～14	335	455	17.0	7.5
HRB400 HRBF400	6～50	400	540	16.0	7.5
HRB400E HRBF400E	6～50	400	540	—	9.0
HRB500 HRBF500	6～50	500	630	15.0	7.5
HRB500E HRBF500E	6～50	500	630	—	9.0
RRB400	8～50	400	540	14.0	5.0
PRB400W	8～40	430	570	16.0	7.5
RRB500	8～50	500	630	13.0	5.0
CRB550	5～12	500	550	8.0	—
CPB550	5～12	500	550	5.0	—
CRB600H	5～12	520	600	14.0	5.0

3）钢筋单位长度允许重量偏差应符合表 4-9 的规定。

钢筋单位长度允许重量偏差表 表 4-9

公称直径	公称直径范围(mm)	实际重量与理论重量的偏差(%)
热轧带肋钢筋 预热处理钢筋	6～12	±6
	14～20	±5
	22～50	±4
热轧光圆钢筋	6～12	±7
	14～22	±5
冷轧带肋钢筋	5～12	±4
冷轧光圆钢筋	5～12	±4
高延性冷轧带肋钢筋	5～12	±4

4）钢筋的工艺性能参数应符合表 4-10 的规定，弯芯直径弯曲 180°后，钢筋受弯部位表面不应产生裂纹。

钢筋的工艺性能参数表 表 4-10

牌号	公称直径范围(mm)	实际重量与理论重量的偏差(%)
热轧带肋钢筋 预热处理钢筋	6～12	±6
	14～20	±5
	22～50	±4
热轧光圆钢筋	6～12	±7
	14～22	±5
冷轧带肋钢筋	5～12	±4
冷轧光圆钢筋	5～12	±4
高延性冷轧带肋钢筋	5～12	±4

5）HRB335E、HRB400E、HRB500E，HRBF335E、HRBF400E 或 HRBF500E 钢筋应用在一、二、三级抗震等级设计的框架和斜撑构件（含梯段）中的纵向受力部位时，其强度和最大力下总伸长率的实测值应符合现行国家标准《混凝土结构工程施工质量验收规范》GB 50204 的有关规定，其中 HRB335E 和 HRBF335E 不得用于框架梁、柱的纵向受力钢筋，只可用于斜撑构件。

（2）原材料的检验要求

1）钢筋进厂时，加工配送企业应检查钢筋生产和销售单位的资质文件以及进场钢筋产品质量证明文件，无证产品严禁使用。

2）钢筋表面不应有裂纹、结疤、油污颗粒状或片状铁锈。

3）钢筋进加工厂时，加工配送企业应按照国家现行相关标准的规定抽取试件作屈服强度、抗拉强度、伸长率、弯曲性能和重量偏差检验，检验结果应符合国家现行相关标准的规定。

检查数量：按进场批次和产品的抽样检验方案确定。

检验方法：检查钢筋质量证明文件和抽样检验报告。

4）同一厂家、同一牌号、同一规格的钢筋连续三次进场检验一次检验合格时，其后的检验批量可扩大一倍。当扩大检验批后的检验出现一次不合格情况时，应按扩大前的检验批量重新验收，并应不再次扩大检验批量。

5）材料检验合格后方可使用。

4.3.2 加工要点

（1）一般规定

1）根据设计院审核的深化图进行下料、编号、分段分批焊接加工，在大批量加工生产前，必须要求试焊，待验收合格后方可大批加工生产焊接；

2）成型钢筋加工前根据工程钢筋配料单，进行分类汇总，并进行钢筋下料设计。成型钢筋加工前需对使用相同材质和规格的多个工程以及相同工程的不同部位或班组同时使用的钢筋进行综合套裁设计，综合设计后，长料和短料的搭配应充分利用原材长度，尽量减少料头损耗，废料长度控制在 300mm 以内，成型钢筋加工的钢筋废料率控制在 2% 以内；

3）成型钢筋不可加热加工，且弯折应一次完成，不得反复弯折。钢筋弯折可采用专用设备一次弯折到位，对于弯折过度的钢筋，不得回弯；

4）成型钢筋采用直螺纹连接时，如采用切断机或剪切生产线切断，钢筋的端头易产生挤压斜面，导致钢筋端面不平整，导致加工直螺纹的完整丝扣数减少，连接施工时两端面不能相互顶紧，螺纹副间隙无法有效消除，直接影响接头连接强度和残余变形指标。因此钢筋端头应采用锯切生产线、专用钢筋切断机切断，钢筋断面应平整且与钢筋轴线垂直；

5）成型钢筋采用闪光对焊连接时，要求钢筋端头应平直、端面应平整，连接的两根钢筋端头的轴线偏移不应大于钢筋直径的 0.1 倍，且不应大于 2mm，用切断机或切断生产线截断时，钢筋的端头质量很难保证。钢筋端头宜用无齿锯或锯切生产线切断，钢筋断面应平整且与钢筋轴线垂直；

6）盘卷钢筋调直应采用无延伸功能的钢筋调直切断机进行，严禁采用冷拉方式调直。数控机械设备调直是专业化加工配送规定采用的钢筋调直方式，其能够针对不同直径的钢筋设定相应的调直速度，有利于保证钢筋质量，而冷拉调直方式效率低下，冷拉率控制不严易产生瘦身钢筋问题。带肋钢筋进行机械调直时，应注意保护钢筋的表面不受严重损伤，以免表面的严重损伤使钢筋锚固性能降低和对钢筋受力性能造成影响；

7）箍筋及拉筋应采用数控钢筋弯箍机加工，可以实现规模化生产，有效保证产品质量。钢筋弯折的弯弧内直径和平直段长度应符合国家标准《混凝土结构工程施工规范》GB 50666 的规定；

8）焊接封闭箍筋的加工宜采用闪光对焊、电阻焊或其他有质量保障的焊接工艺，宜采用专用自动化加工设备进行焊接加工，便于保证加工质量。质量检验和验收应符合现行国家标准《混凝土结构工程施工规范》GB 50666 的有关规定；

9）当成型钢筋采用机械锚固时，锚固端的加工应符合国家标准《混凝土结构设计规范》GB 50010 的规定。当采用钢筋锚固板时，加工及安装应符合现行行业标准《钢筋锚固板应用技术规程》JGJ 256 的规定。

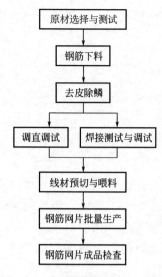

图 4-22 成型钢筋网片加工流程

（2）成型钢筋网片加工要点

成型钢筋网片是一种新型、高效、节能的建筑材料，是在工厂制造、纵向和横向钢筋分别以一定间距排列且互成直角、交叉点用电阻点焊在一起的钢筋网片，采用低电压（焊接电压 7V）、大电流（14kA）、自动控制（计算机控制）、接触时间很短（小于 5 秒）、高温（焊点中心温度达 1300℃左右、表面温度达 800℃左右）电阻熔焊而成（图 4-22）。

成型钢筋网片生产质量应符合下列规定：

1）成型钢筋网片交叉点开焊数量不应超过整张焊接网交叉点总数的 1％。且任一根钢筋上开焊点数不得超过该根钢筋上交叉点总数的 50％。焊接网最外边钢筋上的交叉点不应开焊；

2）成型钢筋网片表面不得有影响使用的缺陷，可允许有毛刺、表面浮锈和因调直造成的钢筋表面轻微损伤，对因取样产生的钢筋局部空缺必须采用相应的钢筋补上；

3）成型钢筋网片几何尺寸的允许偏差应符合表 4-11 的规定，且在一张焊接网中纵横向钢筋的根数应符合设计要求。

焊接网集合尺寸允许偏差　　　　表 4-11

项目	允许偏差
焊接网的长度、宽度	±25（mm）
网格的长度、宽度	±10（mm）
对角线差	±0.5（％）

（3）其他成型钢筋制品加工要点

梁、柱焊接箍筋笼是将梁、柱的箍筋与附加纵筋焊接连接，制作工艺为先将箍筋和附加纵筋焊成平面钢筋网片，然后用折弯机弯成设计形状尺寸的焊接箍筋笼。本节从一般指导性的加工工艺进行叙述：

1）箍筋的焊接宜采用 CO_2 气体保护焊，CO_2 气体保护焊焊接质量相对电弧焊稳定。焊丝宜采用直径 1mm 镀铜焊丝，焊丝镀铜有利于防锈和增加送丝性；

2）钢筋笼定位钢筋的焊接宜采用电弧焊焊接牢固，焊接后的定位钢筋应垂直于钢筋制品的径向断面，不得歪斜；

3）梁焊接箍筋笼采用带肋钢筋制作时应符合设计要求，宜为封闭式或开口型式的箍筋笼。当考虑抗震要求时，箍筋笼应为封闭式，箍筋的末端应做成 135°弯钩，弯钩末端平直段长度不应小于 10 倍箍筋直径且不小于 75mm；对一般结构的梁平直段长度不应小于 5 倍箍筋直径，并在角部弯成稍大于 90°的弯钩；

4）成型钢筋制品的钢筋连接应根据设计要求，结合成型钢筋制品特点并结合施工条件，采用机械连接、焊接连接或绑扎搭接等方式。机械连接接头和焊接接头的类型及质量应符合国家现行标准《钢筋机械连接技术规程》JGJ 107、《钢筋焊接及验收规程》JGJ 18

和《混凝土结构工程施工规范》GB 50666 的有关规定；

5）成型钢筋制品在连接施工时有拼装要求的应在加工厂进行试拼装，检查拼装时应对钢筋精确性以及连接接头的设置，发现问题及时调整或整改，避免现场连接拼装困难或无法拼装；

6）制品成型方式的选用：成型钢筋制品施工所考虑的结构作用效应为吊装过程（平吊、立吊、翻转等）自重和起吊瞬间动力作用，保证在钢筋不屈服、制品不发生过大变形及确保节点处接头安装精度；在考虑安全和制作便利性，宜采用绑扎与焊接共有的成型方式：吊点主受力部位、轮廓制品成型部位、易散落部位等宜采用焊接，较复杂的成型钢筋制品内部、微滑移易纠正部位、无脱落风险部位等可采用绑扎或焊接，如图 4-23、图 4-24 所示（图中圆点为焊接节点）。

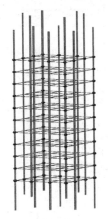

图 4-23 柱成型钢筋焊点位置示意

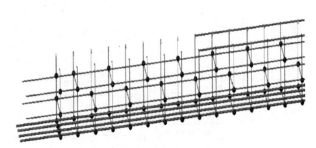

图 4-24 梁成型钢筋焊点位置示意

4.3.3 加工信息化管理

（1）BIM 技术与生产对接

传统工程中的钢筋制品钢筋规格、长度等加工数据通常采用人工输入方式，根据图纸算量进行钢筋规格与长度统计，然后依据算量结果和数据归并进行原材的采购，最后根据下料单进行下料，这种方式存在效率低、工作量大和错误率高的情况。BIM 技术可实现对成型钢筋的工厂数字化生产和信息化管理，达到对设计信息的数据化管理与操作、计划排期生产与进场安装等，同时也可导出 BIM 的钢筋明细表指导工厂物资采购，也可以充分考虑钢筋制品模台生产方案，提高生产效率。在自动加工过程中，BIM 技术根据已经优化的设计信息，智能化完成画线定位、钢筋摆放、支持设备自动下料、钢筋自动绑扎等一系列生产工序。

以 BIM 技术为基础的信息化管理软件对从钢筋原材料采购、钢筋成品设计规格与参数生成、加工任务分解、钢筋下料优化套裁、钢筋与成品加工、产品质量检验、产品捆扎包装，到成型钢筋配送、成型钢筋进场检验验收、合同结算等全过程进行管理，其工作流程如图 4-25 所示。

（2）成型钢筋信息化生产

BIM 软件可实现对钢筋图形尺寸数据按照钢筋级别、尺寸等数据归并。按照钢筋图形尺寸特征对加工工艺和工序进行优化匹配，对加工班组进行生产任务的安排调度，如图 4-26 所示。例如，将钢筋加工料单中需要套丝的钢筋汇总出来，安排到锯切、套丝和线材弯曲加工；将箍筋进行汇总，安排到数控弯箍机上加工；将板筋进行汇总，安排到数控板筋加工生产线上加工，如图 4-27 所示，进而将钢筋图形数据转化为自动化加工设备识别模式，设备读取所生成的脚本进行加工生产。

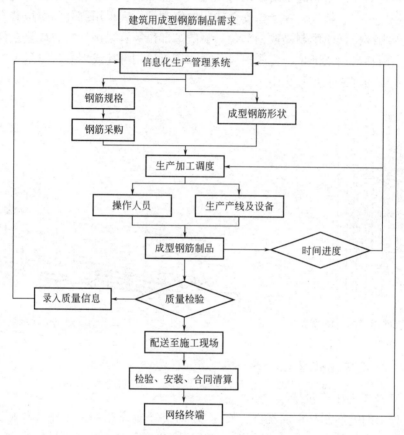

图 4-25 型钢筋信息化生产管理流程图

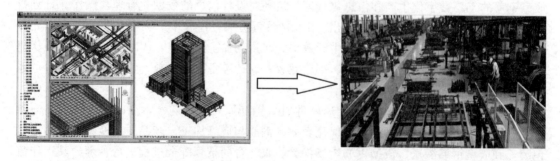

图 4-26 对接 BIM 软件获取钢筋加工数据

工程名称：2号楼32-47轴					编制日期：2013-11-28				
楼层名称：第3层（绘图输入）						钢筋总重：45919.077Kg			
筋号	级别	直径	钢筋图形	计算公式	根数	总根数	单长m	总长m	总重kg
构件名称：KZ7[141]				构件数量：2		本构件钢筋重：802.37Kg			
				构件位置：<34, C+50>;<46, C+50>					
全部纵筋.1	Φ	25	7478	7800-2147+max(5700/6,800,500)+1*max(35*d,500)	4	8	7.478	59.824	230.322
全部纵筋.2	Φ	25	7338	7800-2287+max(5700/6,800,500)+1*max(35*d,500)	4	8	7.338	58.704	226.01
全部纵筋.3	Φ	25	7583	7800-1167+max(5700/6,800,500)	8	16	7.583	121.328	467.113
箍筋.1	Φ	10	224 760	2*(760+224)+2*(11.9*d)	114	228	2.206	502.968	310.331
箍筋.2	Φ	10	760 760	2*(760+760)+2*(11.9*d)	57	114	3.278	373.692	230.568
箍筋.3	Φ	10	760	760+2*(11.9*d)	114	228	0.998	227.544	140.395

图 4-27　对接 BIM 系统获取钢筋放样图

4.3.4　加工质量检验和验收

（1）成型钢筋加工质量检验规定

成型钢筋工厂化加工区别于传统的施工现场加工模式，在工厂化加工模式下加工厂需对成型钢筋加工过程进行检验并出具质量合格证明，提高施工单位对加工过程质量控制的参与度，增加成型钢筋制品的风控水准。《混凝土结构成型钢筋应用技术规程》JGJ 366 对成型钢筋制品验收要求做出以下要求：

1）螺纹加工质量应以同一设备、同一台班、同一直径钢筋端头螺纹为一检验批，抽查数量 10% 且不少于 10 个，用螺纹环规和直尺检查螺纹直径和螺纹长度，其检查结果应符合现行行业标准《钢筋机械连接技术规程》JGJ 107 的有关规定。当抽检合格率不小于 95% 时，判定该批为合格。当抽检合格率小于 95% 时，应抽取同样数量的丝头进行重新检验。当两次检验的总合格率不小于 95% 时，该批判定合格。合格率仍小于 95% 时，则应对全部丝头进行逐个检验，剔除不合格品；

2）钢筋的弯折应进行弯折尺寸检查，应以同一台设备、同一台班加工的同一规格类型成型钢筋为一个检验批。同一检验批的首件必检，加工过程中应进行抽检，抽检次数不少于 2 次，每次抽检数量不少于 2 件，检查结果应符合相关规定。抽检合格率应为 100%，否则应全数检查，剔除不合格品；

3）箍筋、拉筋的弯钩应进行弯折尺寸检查，应以同一台设备、同一台班加工的同一规格类型成型钢筋为一个检验批。同一检验批的首件必检，加工过程中应进行抽检，抽检次数不少于 2 次，每次抽检数量不低于 2 件，检查结果应符合相关规定。抽检合格率应为 100%，否则应全数检查，剔除不合格品；

4）单件成型钢筋加工应进行形状、尺寸偏差检查，检查应按同一台设备、同一台班加工的同一规格类型成型钢筋为一个检验批。同一检验批的首件必检，加工过程中应进行抽检，抽检次数不少于 2 次，每次抽检数量不少于 2 件，检查结果应符合相关规定。当抽检合格率不为 100% 时，应全数检查，剔除不合格品；

5）组合件成型钢筋加工应进行形状、尺寸偏差检查，检查应按同一台设备、同一台班加工的同一规格类型成型钢筋为一个检验批。同一检验批的首件必检，加工过程中应进行抽检，抽检次数不少于2次，每次抽检1件，检查结果应符合相关规程规定。当抽检合格率不为100％时，应全数检查，检查出的不合格品应在不破坏单件成型钢筋质量的前提下进行修复，不合格品严禁出厂；

6）加工完成的成型钢筋制品或半成品应由专职质量检验人员检验，这是过程控制的重要环节，检验结果符合相关标准要求或规定的加工制品才能存放和待出厂使用，这样可以最大限度地避免出现不合格品配送到工程现场后造成的返工或工期延误现象。

（2）成型钢筋的验收标准

1）单件或成型钢筋制品加工形状及加工尺寸的允许偏差应符合表4-12和表4-13的要求，以保证单件或成型钢筋制品的加工质量；

单件成型钢筋加工的尺寸形状允许偏差　　表4-12

序号	项目	允许偏差
1	调直后直线度（mm/m）	±4.0
2	受力成型钢筋顺长度方向全长的净尺寸（mm）	±8
3	弯曲角度误差（°）	±1
4	弯起钢筋的弯折位置（mm）	±8
5	箍筋内径尺寸（mm）	±4
6	箍筋对角线（mm）	±5

成型钢筋制品尺寸形状允许偏差　　表4-13

序号	项目	允许偏差（mm）
1	钢筋网片纵横钢筋间距	±10和规定间距的±0.5％的较大值
2	钢筋网片长度和宽度	±25和规定长度的±0.5％的较大值
3	钢筋制品主筋间距	±5
4	箍筋间距	±5
5	钢筋制品总长度	±10
6	钢筋制品高度	+1，−3
7	钢筋制品宽度	±7

2）螺纹加工质量检验批的检验数量应符合规范要求，使用螺纹环规和直尺检查螺纹直径和螺纹长度，用于检验螺纹直径的螺纹环规包括螺纹环通规和螺纹环止规，检验是通规能顺利旋入端头螺纹，止规旋入端头螺纹的周数小于等于3圈即可判定为直径尺寸合格；

3）检验批中的同一设备是指同一钢筋成型加工设备（如同一弯曲机、同一弯箍机或同一钢筋网焊接机等），由于不同钢筋批次、不同炉号、不同生产厂家的同一规格类型钢筋弯曲回弹量等影响成品质量的指标均不相同，因此要求首件必检，通过首件检验的相关尺寸情况验证并及时调整成型钢筋加工设备的相关控制指标，避免出现成批量的不合格品；

4）现行国家标准《钢筋混凝土用钢 第3部分：钢筋焊接网》GB/T 1499.3对成型钢筋网片的重量偏差和力学性能检验有详细的规定，成型钢筋网片的重量偏差和力学性能检验应参照执行；

5）常用的钢筋机械连接接头有滚轧直螺纹接头、挤压套筒接头，常用的焊接接头有电渣压力焊接头、闪光对焊接头、搭接焊接头、帮条焊接头。这些接头用于成型钢筋制品中的检验均应按现行行业标准《钢筋机械连接技术规程》JGJ 107和《钢筋焊接及验收规程》JGJ 18的规定；

6）成品到场应先经过监理、甲方验收，验收主要是材料直径规格、炉批号、钢筋原材检测报告、钢筋原材的产品合格证及出厂检测报告。现场抽取不同直径的钢筋切割出样品进行焊接性能检测；

7）在成型钢筋进场时，施工企业对成型钢筋加工质量有争议的，检验应交由有资质的检验机构进行仲裁检验。

4.3.5 配送管理

（1）成型钢筋捆扎与组配要求

1）成型钢筋应捆扎整齐、牢固，防止运输吊装过程中成型钢筋发生变形；

2）成品在打捆时以同一规格为一组，每捆成型钢筋两端应分别在明显处悬挂使用铁片或不易撕损的料牌。料牌内容应包含工程名称、结构部位、成型钢筋制品标记、数量、示意图及主要尺寸、生产厂家与原材生产厂家名、生产日期；

3）每捆成型钢筋的重量不应超过2t，且应易于吊装和点数；每捆之间利用木枋等在捆与捆之间垫好；

4）螺纹连接丝头应加带螺纹保护帽，连接套筒的无钢筋端应有套筒保护盖，且有明显的套筒规格标记，并应分类捆绑包装、码垛存放，不应散乱堆放；

5）同一工程中同类型构件的成型钢筋制品应按施工先后顺序和规格分类打捆。

（2）成型钢筋存放要求

成型钢筋制品周转占用场地较大，如果堆放不整齐，给成型钢筋配送造成困难，运输车辆较易碾压和污染制品，因此规定存放要求：

1）焊接网吊装和运输时应捆扎整齐、牢固，每捆重量不宜超过2t，必要时应加钢性支撑或支架，以防止焊接网产生过大变形，尽量避免露天堆放，以免锈蚀；

2）对已加工的单件成型钢筋按结构部位或者作业流水段所用钢筋组配后分类捆扎存放，便于吊装配送和现场成型钢筋施工。成型钢筋制品存放变形后影响施工质量，应避免变

图4-28 成型钢筋成品存放图

形严重而导致无法施工，如图 4-29、图 4-30 所示；

图 4-29　钢筋网片出筋折弯图

图 4-30　装配式梁钢筋制品扭曲变图

3）过程质量或经常质量验收合格后，由现场叉车将成品钢筋运至现场划分的半成品钢筋堆放区内，按照不同钢筋直径及孔距分类堆放。成型钢筋在现场堆码高度不可超过 2m。

（3）成型钢筋运输要求

加工配送企业宜在经济合理的区域范围内，根据施工单位要求将成型钢筋按时运送到指定地点，并对运输过程做出以下要求：

1）成型钢筋配送车辆应符合车辆运输管理的有关规定，且满足成型钢筋制品外形尺寸和额定载重量的要求，当发生超长、超宽的特殊情况时应办理有关运输手续；

2）成型钢筋装卸应考虑车体平衡，运送应按配送计划装车运送，运输时应采取绑扎固定措施，多个部位混装运送时应采取较易区分的分离隔开措施；

图 4-31　板成型钢筋网片吊运配送图

图 4-32　梁成型钢筋吊运配送图

3）运送成型钢筋小件时，应采用具有底板和四边侧板的吊篮装车。小件堆放高度不应超出吊篮的四边侧板高度，防止在吊装过程中掉落，造成人员伤亡和财产损失；

4）成型钢筋配送时加工配送企业应提供出厂合格证和出厂检验报告、钢筋原材质量证明文件和交货验收单，当有施工或监理方的代表驻厂监督加工过程或者采用专业化加工模式时，尚应提供钢筋原材第三方检验报告。

柱和梁成型钢筋都是线性形体，适合卡车运输，因此运输效率较高，柱成型钢筋的生产和运输都是平躺，但吊装时采用竖直的方式，梁成型钢筋的运输和吊装都是平躺，但是其刚度不如柱成型钢筋。

4.4　安装及验收

从钢筋工程施工优点而言，成型钢筋制品相关应用有利于提高钢筋骨架的定型质量，转变钢筋工程施工作业环境，消除一定的安全隐患，大幅降低施工现场绑扎劳动强度和减少该环节施工时间，有效避免复杂钢筋骨架和有限操作空间的现场绑扎问题，可提前检验。质量检验信息具有较好的可追溯性，降低钢材损耗和对现场环境污染，具有良好的工程应用价值，有利于施工企业提高市场化竞争力，创造较好的经济效益和社会效益。

成型钢筋作为一种综合效益较高的新施工工艺，尚未被广泛应用，工程建设方对其施工工艺并不熟悉，施工技术及管理存在较大困难。为保证采用成型钢筋的钢筋分项工程在有效时间内完成施工任务，确保施工质量，施工组织管理科学合理，工序过程得到更优控制，本节从梁、柱、剪力墙、楼板等成型钢筋施工安装技术要点、管理方法、过程监督以及对钢筋工程验收方面都进行了研究。

4.4.1　基本规定

成型钢筋制品安装、堆放、吊运等工序应遵循以下规定：

（1）成型钢筋配送到工地现场后在堆存过程中，为避免混用和堆压变形，应按进场批次和工程应用部位或者流水作业段堆放整齐，且应做好料牌保护；

（2）为避免配送过程装车卸货或检验相关环节出现差错给施工带来质量隐患，应根据设计文件对成型钢筋的外观、尺寸、钢筋类型和直径、接头位置及质量要求等进行确认，确认无误后方可进行安装作业；

（3）钢筋表面要求洁净，油渍、漆污和铁锈在施工前应清洗干净，除锈方法可采用专用除锈剂进行喷洒除锈，并用水将残余除锈剂冲洗干净。在除锈过程中发现钢筋表面氧化皮鳞落现象严重并已损蚀钢筋截面，或除锈后钢筋表面有严重麻坑、斑点伤蚀截面时将其剔除不用或降级使用；

图 4-33　成型钢筋施工前堆放图

（4）测量根据平面控制网，在垫层上放出相关轴线和基础梁、墙、柱位置定位线；底板上层钢筋绑扎完成后工地测量人员必须组织墙、柱插筋定位放线。顶板混凝土浇筑完成，支设竖向模板前，在板上放出该层平面控制轴线；待竖向钢筋绑扎完成后，在每层竖向钢筋上部标出标高控制点；

（5）成型钢筋施工顺序为先进行墙柱成型钢筋安装，等墙柱、梁与板模板铺设完成后再安装梁成型钢筋，最后进行板成型钢筋网片的安装；

（6）对于成型钢筋局部需要绑扎作业，落实钢筋"七不绑"制度：1）楼板面（钢筋下面混凝土顶面）浮浆不清掉不绑；2）钢筋未清理干净不绑；3）未弹四线（2条墙、柱外皮线，2条模板控制线）不绑；4）没有根据弹线检查钢筋是否偏位的不绑；5）偏位钢筋未按1：6斜度调到正确位置的不绑；6）从楼板上升出的钢筋未检查它错开的位置及高度的情况下的不绑；7）钢筋接头质量不合格的不绑；

（7）混凝土浇筑时，应采取防止钢筋移位的措施，以保证钢筋位置的准确，应安排专人随时修整偏位的钢筋，确保施工质量；

（8）做好成型钢筋安装后的成型防护，避免踩踏、置物、攀爬、集中堆放施工重物，确实无法避免时要采取临时保护措施，防止钢筋变位和弯折；安装电线管、暖卫管线或其他设施时，严禁任意切断和移动钢筋；避免油污、模板隔离剂等污染钢筋，对于已受污染的钢筋要清理干净才能浇筑混凝土；

（9）马凳钢筋根据楼层板厚度、钢筋规格以及保护层厚度算出其架空尺寸，马凳钢筋必须支撑在垫块上，严禁直接支撑在垫层或模板上，其制作应采用加工半成型剩余的短钢筋焊接或加工；

（10）成型钢筋保护层厚度垫块的使用如表4-14所示，因承受来自钢筋自重、施工荷载等压力，垫块必须具备一定强度才能用于现场施工，所以保护层垫块必须提前至少半个月制作，并得到有效养护（图4-34～图4-36）；

马凳、混凝土垫块材料、规格和使用部位　　　　　　　　　　　表4-14

使用部位		材质	规格（长×宽×厚）（mm）	放置间距（mm）
地上部分	墙	成型水泥撑子	墙厚两侧保护层厚度	500×500
	柱	塑料垫块	50×50×20	阳角部位，中间间距不超过500
	梁底、梁侧	1：2水泥砂浆	50×50×20	1000
	板底钢筋网片	1：2水泥砂浆	50×50×15	1000
	板面筋	600长成型钢丝马凳	板厚-板面保护层厚度-面钢筋直径	1000

图4-34　水泥砂浆垫块

图4-35　成型水泥撑子

图4-36　楼板马凳

（11）混凝土浇筑前，混凝土输送泵管沿梁布设，如需设在板筋之上，应在泵管下方架设支架将泵管与板筋隔离，避免浇筑混凝土时泵管窜动而造成钢筋偏位。混凝土布料机布设位置必须采取一定的保护措施，防止布料机基座对模板及钢筋造成损坏；

（12）成型钢筋施工过程检验和成品验收应符合《混凝土结构成型钢筋应用技术规程》JGJ 366 的规定，相关质量要求见表 4-15。

成型钢筋施工成品验收质量要求 表 4-15

项次	项目		允许偏差（mm）	检验方法
1	网眼尺寸	焊接绑扎	±10	尽量连续三档,取其最大值
2	制品宽度、高度		±5	尽量检查
3	制品的长度		±10	尽量连续三档,取其最大值
4	箍筋构造筋间距	焊接绑扎	±10 ±20	尽量两端、中间各一点,取其最大值
5	受力钢筋	间距	±10	尺寸两端、中间各一点,取其最大值
		排距	±5	
6	弯起钢筋位置		20	钢尺检查
7	焊接预埋件	中心线位移	5	钢尺检查
		水平高差	+3,0	钢尺和塞尺检查
8	受力钢筋保护层	梁、柱	±5	钢尺检查
		墙、板	±3	钢尺检查

4.4.2 板成型钢筋网片安装技术要点

板钢筋按结构受力和安装顺序的不同，可分为板底钢筋网片和板面钢筋网片，板底钢筋网片受正弯矩为主，板面钢筋网片受负弯矩为主，因此底筋网片应以板间区域作为分块单元，且搭接位置应该靠近梁的负弯矩处；面筋网片应以梁周边区域作为分块单元，且搭接位置应在板中的较小受力处。楼板成型钢筋安装顺序流程如图 4-37 所示。

（1）成型钢筋网片的吊装

为提高成型钢筋网片安装的速度和降低施工现场堆场的占用，成型钢筋配送装车时应提前考虑堆放顺序的策划并进行材料标识及使用部位编号标注，现场安装人员只需按编号分类安装即可。

吊运变形控制方面，网片本身吊点位置考虑弯矩平衡、自重和起吊瞬间动力作用下的变形作为控制因素。成型钢筋网片需设置 4 个或 4 个以上吊点进行吊运，其位置位于成型钢筋网片的四

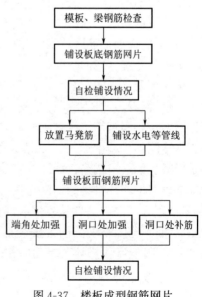

图 4-37　楼板成型钢筋网片安装顺序流程图

75

端且应考虑弯矩平衡，即如以 4 个吊点为例，每个吊点距网片两侧边缘的距离宜为网片边长的四分之一长度，若挠度过大则需要增加吊点或在网片上固定型钢，减少变形挠曲（图 4-38）。

图 4-38　楼板成型钢筋网片运输图

　　吊运组织管理方面，成型钢筋网片在现场堆放高度不可超过 2m。当网片在塔吊覆盖半径外可利用叉车进行水平方向的运输，再由塔吊以捆为单位使用可靠的吊装工具调运至工作面。人工搬运成型钢筋网片，应根据工程规模的大小，组织若干个安装小组。安装前，按照图纸要求对施工人员进行详细交底，大的网片可由 4 人一组进行安装，小的网片由 2 人一组进行安装。

　　（2）成型钢筋网片施工

　　楼板钢筋采用双面钢筋时，应加足够的钢筋支撑件以保护板底、面钢筋网片的间距，并在钢筋面铺设临时通道，施工人员应沿临时通道行走。

　　板底钢筋网片底部按保护层厚要求设置垫块，以每平方米为一个单元设置垫块，垫在下层底筋的钢筋交叉点处，特别是承台、墙柱、梁等结构四角应根据需要加设垫块。根据设计保护层的要求领取垫块，严禁不同厚度的垫块混用。

　　1）板底成型钢筋网片安装方法

　　①单层布置（底网＋联接网）安装方法

　　单层布置（底网＋联接网）安装方法，首先根据网片布置图找到相应板块编号的网片（编号习惯设置为"B"），网片安装时，横向钢筋插入梁内，对两端需插入梁内锚固的成型钢筋网片，当钢筋直径较细时，可先后将两端插入梁内锚固；当网片不能自然弯曲时，可将焊接网的一端少焊（1～2 根）横向钢筋（网片布置时已考虑），插入后采用绑扎方法补足所减少的横向钢筋，如图 4-39、图 4-40 所示。纵向钢筋安装到梁边，如一个板块有 2 块或 2 块以上网片搭接的，网片从一边向另一边安装或从两边向中间安装，再安装联接网（编号设置为"L"），联接网安装时架立筋在上，如图 4-41、图 4-42 所示。网片与网片的搭接满足搭接要求。网片安装后自检网片的搭接是否满足搭接要求，如不满足则进行调整，调整后在搭接处每 600mm 绑扎一道。柱角钢筋的处理方法如图 4-43 所示，由于设置附加网片，顶板在主、次受铺设板面钢筋网片力方向上钢筋仍成为一个整体。

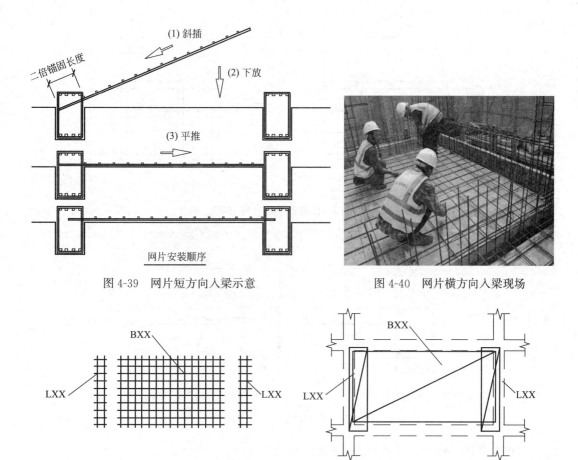

图 4-39　网片短方向入梁示意

图 4-40　网片横方向入梁现场

BXX–横向入梁单层网 LXX–纵向入梁网(联接网)

图 4-41　单层布置安装示意

图 4-42　单层布置联接网安装现场

对于钢筋的水平搭接及锚固，需要满足搭接要求及支座处的锚固要求，如底网伸入支座时，如图 4-44 所示，钢筋伸入长度不小于 100mm 及 10 倍钢筋直径。当采用联接网处理的话，联接网片的锚固长度与底网伸入支座的锚固长度相同，如底网与联接网片的搭接应满足搭接长度要求，底网的边钢筋至支座边的距离不大于 100mm 及钢筋间距的二分之一。

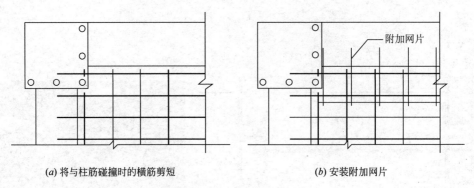

(a) 将与柱筋碰撞时的横筋剪短　　　　　　(b) 安装附加网片

图 4-43　柱角钢筋的处理方法

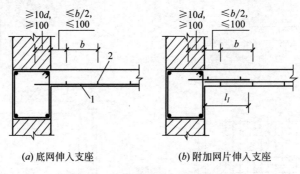

(a) 底网伸入支座　　　　　(b) 附加网片伸入支座

图 4-44　成型钢筋支座处构造图

②双层布置（纵向单向网＋横向单向网）安装方法

双层布置（纵向单向网＋横向单向网）安装方法，首先根据网片布置图找到相应板块编号的网片，先安装图中标示带箭头"B"编号的网片，受力筋在下，架立筋在上，使受力两端入梁，架立筋不需要搭接，两层网受力筋的间距为设计受力筋间距；以同样的安装方法安装另一个方向的网片。安装好的网片按一平方米一个绑扎进行固定，以保证两层网不分离，双层布置底网安装见图 4-45、图 4-46。

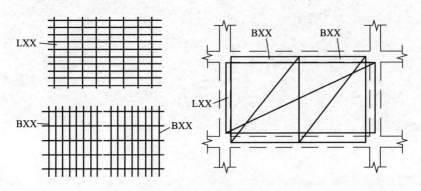

BXX–横向单向网 LXX–纵向单向网

图 4-45　双层网布置示意

图 4-46　双层布置安装现场图

③单层布置（底网＋搭接钢筋）安装方法

　　本安装方法将板底钢筋分为板底钢筋网片及现场拼装筋两部分，通过人工搬运板底成型钢筋网片，且于楼板板间放置，现场绑扎拼装筋应在网片与网片之间进行搭接，如图 4-47、图 4-48 所示。与上述单层布置（底网＋联接网）安装方法不同的是，本安装方法避免将板底成型钢筋网片插入梁内而造成安装困难，设置散件搭接钢筋替代联接网，安装灵活，但是增加一定的绑扎工作量，而且网片整体性较差。

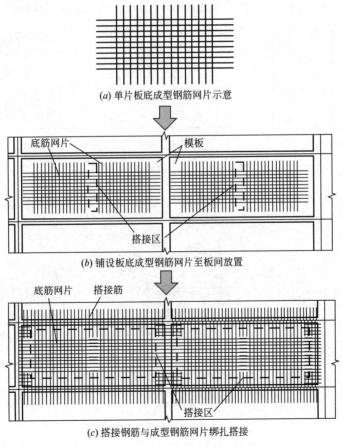

(a) 单片板底成型钢筋网片示意

(b) 铺设板底成型钢筋网片至板间放置

(c) 搭接钢筋与成型钢筋网片绑扎搭接

图 4-47　单层布置安装方法示意

图 4-48　单层布置安装现场

④其他类型底网布置

对于 L 形板,可采用双层布置方式进行安装,布置如图 4-49 所示,设置两个不同尺寸的横向单向网及两个不同尺寸的纵向单向网,跨度较大的板适宜在底网双层布置,受力钢筋分别伸入梁中,不设搭接,先安装好横向单向网,再安装纵向单向网。

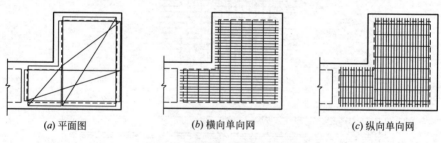

(a) 平面图　　　　　　　　(b) 横向单向网　　　　　　　(c) 纵向单向网

图 4-49　L 形板底网双层布置

对于斜交梁的板底部钢筋布置,也是采用双层布置方法,但对横向单向网不能覆盖的区域,应采用钢筋绑扎的方式进行补足,如图 4-50 所示。

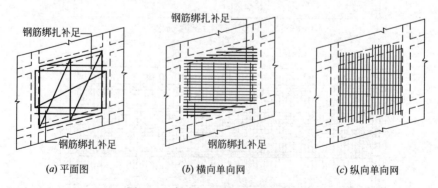

(a) 平面图　　　　　　　　(b) 横向单向网　　　　　　　(c) 纵向单向网

图 4-50　斜交梁系板底网双层布置图

对于扇形梁系的板底部钢筋布置,同斜交梁的板底部方法一样,采用绑扎的方式进行补足，如图 4-51 所示。

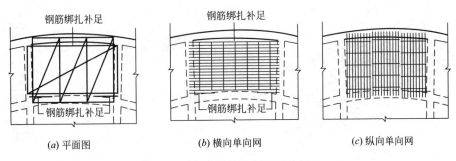

(a) 平面图　　　　　(b) 横向单向网　　　　　(c) 纵向单向网

图 4-51　扇形梁系板底网双层布置

对于梯形梁系板底网的板底部钢筋布置，可在梯形梁的位置进行单向网布置处理，另外一方向进行绑扎处理，如图 4-52 所示。也可采用梯形梁系板的单层布置，在梯形梁处进行绑扎处理，非梯形梁部分采用钢筋网片布置处理，如图 4-53 所示。

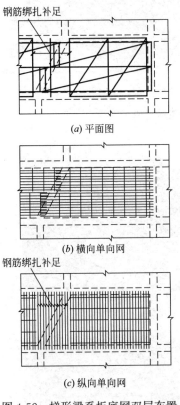

(a) 平面图

(b) 横向单向网

(c) 纵向单向网

图 4-52　梯形梁系板底网双层布置

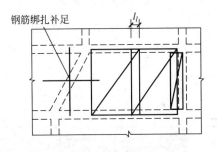

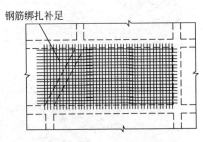

图 4-53　梯形梁系板底网单层布置

2）板面成型钢筋网片安装方法

①板面成型钢筋网片安装方法，如图 4-54 所示，首先根据网片布置图找到相应板块编号的网片，依据预设的铺装顺序，人工搬运成型钢筋网片，并于梁位置处铺放网片，网片间采用绑扎搭接，端跨板钢筋网片应作弯钩处理入梁，最后布设安装附加面筋，最终完成板上部钢筋施工。端跨板钢筋网片入梁出筋亦可不设弯钩，应在接近短向钢筋两端，沿

长向钢筋方向每隔 600~900mm 设一钢筋支架，如图 4-56 所示。

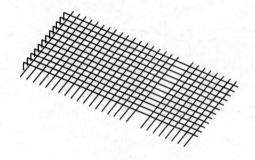

(a) 成型钢筋网片示意

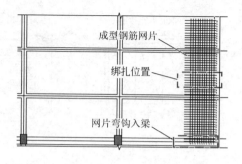

(b) 工序1：网片初始铺设

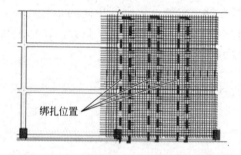

(c) 工序2：网片向同一方向铺设

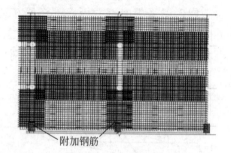

(d) 工序3：布设板上部附加钢筋

图 4-54　板面成型钢筋网片安装示意图

(a) 单层布置人工运输

(b) 单层布置安装现场

(c) 绑扎拼装筋与搭接筋

(d) 面筋铺设摆放

图 4-55　板面成型钢筋网片安装现场图

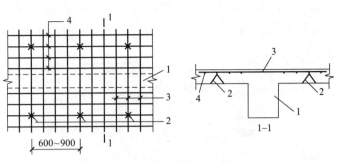

图 4-56　上部成型钢筋网片的支架

1—梁；2—支架；3—短向钢筋；4—长向钢筋

当端跨板与混凝土梁连接处按要求设置弯钩时，其钢筋伸入梁内的长度不应小于 $25d$，当梁宽小于 $25d$ 时，应将上部钢筋伸至梁的箍筋内再弯折，如图 4-57 所示。有高差板的板面钢筋网片，当高差大于 30mm 时，面网宜在有高差处断开，分别锚入梁中，如图 4-58 所示，钢筋伸入梁中的锚固长度应符合《钢筋焊接网混凝土结构技术规程》JGJ 114 的规定。

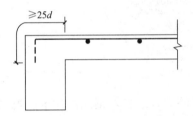

图 4-57　端跨板钢筋网片与边跨梁连接

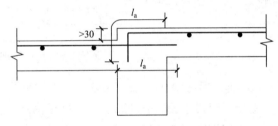

图 4-58　高差板的板面成型钢筋网片连接

板面成型钢筋与柱的连接可采用整张焊接网套在柱上，再与其他网片搭接，如图 4-59（a）所示；也可将面网在两个方向铺至柱边，其余部分按等强度设计原则用附加钢筋补足，如图 4-59（b）所示；亦可将单向网或附加钢筋直接插入柱内。

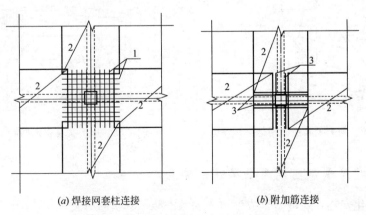

(a) 焊接网套柱连接　　　　(b) 附加筋连接

图 4-59　楼板焊接网与柱的连接

1—套柱网片；2—焊接网的面网；3—附加钢筋

楼板面筋与柱的连接可采用两片 L 形网分片拼装，先拼装一侧 L 形的钢筋网片，再安置另外一侧 L 形钢筋网片,未焊接的交叉点应绑扎牢固,如图 4-60 所示。也可采用 U 形网加绑扎的形式,从 U 形网一侧套入柱,另一侧用附加单个钢筋补足,如图 4-61 所示。

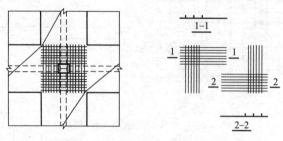

图 4-60 L 形网拼装示意图

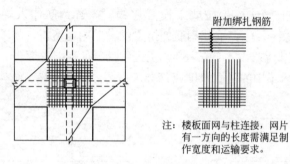

注:楼板面网与柱连接,网片有一方向的长度需满足制作宽度和运输要求。

图 4-61 U 形网附加绑扎示意图

②其他类型板面筋的施工方法

对于斜交梁系板面筋的布置,可采用网片+钢筋绑扎的方式进行,钢筋网片未能覆盖的部分采用钢筋绑扎补足。成形钢筋网片布置时,受力钢筋垂直于梁,如斜角较大时,成形钢筋可按内梁尺寸布置,补足处用单条钢筋绑扎,如图 4-62 所示。

扇形梁系板面钢筋的布置,当梁的弧度不大时,可按最大范围布置成形钢筋网片。当梁弧度较大时,成形钢筋网片可分开多片布置,分布筋需进行搭接,如图 4-63 所示。

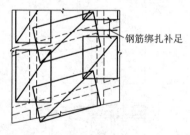

钢筋绑扎补足

图 4-62 斜交梁系板面网跨梁布置图

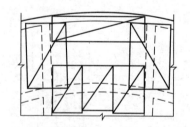

图 4-63 扇形梁系板面网跨梁布置图

4.4.3 梁成型钢筋制品安装技术要点

通过装配化安装方式进行梁成型钢筋制品安装,其实施方式如下:

(1)根据初步设计的钢筋排布,对梁成型钢筋制品进行深化设计,根据结构施工图的标注按照规范设计钢筋制品及其支座面筋及搭接筋,如图 4-64、图 4-65 所示,其主要要求如下:

1）成型钢筋底筋及腰筋与支座边缘之间保持 50～100mm 的间距，便于吊运过程中梁成型钢筋制品能放置于预定位置的模板中；

2）将钢筋制品上部通长筋与支座面筋进行搭接，搭接长度不少于规范最小要求，以支座面筋的长度来控制上部钢筋制品通长筋长度，梁成型钢筋制品节点处连接亦可以采用带墩头可调节钢筋进行连接；

3）支座面筋至与钢筋制品上部搭接范围内，其箍筋为现场拼装，便于支座面筋的摆放，成型钢筋制品的箍筋与其他钢筋的连接方式均为电阻压焊，能加强钢筋笼的刚度及整体稳定性，梁成型钢筋制品示意如图 4-64、图 4-65 所示。

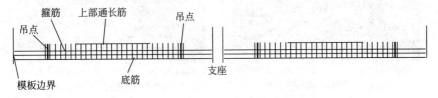

图 4-64　梁成型钢筋制品立面示意图

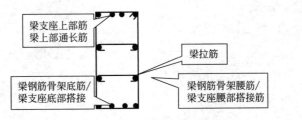

图 4-65　梁成型钢筋制品截面示意图

（2）成型钢筋制品需设置 2 个或 2 个以上吊钩进行吊运，采用平躺方式起吊，吊点位置位于梁成型钢两端且应考虑弯矩平衡，简化算为 $\frac{1}{2}qx^2=\frac{1}{8}q\ (l-2x)^2$，其中 q 为梁均布自重，l 为梁长，得 $x=\frac{l}{4}$，即吊点宜为距梁端部四分之一长度位置。

（3）通过吊运机械将梁成型钢筋制品吊运至施工场地指定位置，吊运过程中可增加辅助设施增强梁成型钢筋制品刚度，防止在吊运过程中梁成型钢筋制品发生较大变形。

（4）施工现场架设梁板模板，在模板安装过程中对其进行定位校核，在安装梁成型钢筋制品前现场应完成框架柱成型钢筋制品的安装。

（5）从施工场地指定位置进行梁成型钢筋制品吊运，吊车通过钢绳索与梁成型钢筋制品的吊点连接，吊车吊运梁成型钢筋笼及其余成型钢筋制品至施工作业平台后，再将单根梁成型钢筋笼吊运至已架设好的梁模板区域，继续精确吊运至梁模板指定位置。

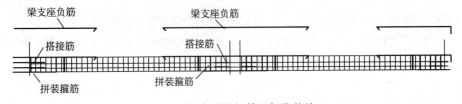

图 4-66　梁支座处钢筋现场绑扎施工

（6）如图 4-67 所示，将梁成型钢筋制品支座位置的腰部和底部位置伸出的钢筋与搭接筋在预留位置绑扎连接，待搭接筋完成绑扎后开始将一端放置的拼装箍筋捋至合适位置，并安装梁拉筋，最后在梁支座处绑扎连接梁支座负筋，完成梁成型钢筋制品的装配。

(*a*) 梁成型钢筋制品扶正调整

(*b*) 梁成型钢筋制品吊装就位

(*c*) 绑扎支座筋和箍筋捋至设计位置

(*d*) 绑扎安装支座负筋

图 4-67　绑扎支座筋和箍筋捋至设计位置

4.4.4　墙柱成型钢筋制品安装技术要点

（1）柱成型钢筋制品技术要点

在传统钢筋与模板工程中，需先行绑扎施工墙柱钢筋笼，后封闭墙柱构件模板，此过程不存在与水平构件钢筋制品发生碰撞问题，因此，如能解决纵向钢筋连接问题，竖向构件应用成型钢筋制品技术较水平构件有优势。

从柱成型钢筋制品连接方式分析，竖向构件成型钢筋主要的连接方式为搭接、焊接连接及机械连接。

当采用搭接连接时，为解决柱成型钢筋占用塔吊时间过长的问题，可通过设计将柱成型钢筋搭接起始区域设置在楼面板位置，让柱成型钢筋直接竖立在地面上，再进行绑扎。

对于其他连接，灌浆套筒连接并不适用于柱成型钢筋制品的连接且造价成本过高，挤压套筒连接施工器械和工艺的可靠性仍有待提高，而直螺纹套筒及焊接连接成熟可靠，适合作为成型钢筋制品的连接方式。但上述连接方式都存在塔吊长时间维持吊装状态，不符合实际施工适用性与经济性的要求。为解决上述问题，可采用一种柱成型钢筋制品的辅助安装架，相关施工过程如图 4-68 所示，可概括为以下几点：

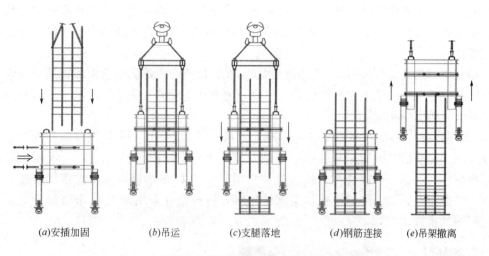

| (a)安插加固 | (b)吊运 | (c)支腿落地 | (d)钢筋连接 | (e)吊架撤离 |

图 4-68   柱成型钢筋制品与辅助安装架施工过程图

1）预制加工。按照设计与生产工艺要求，对钢筋制品进行加工成型，成品必须保证间距定位与长度加工误差在允许误差内，可考虑装配式建筑中预制柱加设定位钢板的做法；

2）安插加固。将成型钢筋制品成品放置于辅助安装支架内部，插入并安装扁担梁部件，使得扁担梁与箍筋焊网形成稳固的结构体系；

3）吊运着地。把上述结构体系通过平衡梁吊具吊往连接安装部位，操作辅助安装支架的可调支腿部件，使其着地后方可撤离吊具；

4）对中定位。人工牵引辅助安装支架以驱动底部万向轮进行连接钢筋的平面对中，人工操作设有螺纹调节支腿，可进行连接钢筋长度方向的微调定位；

5）安装连接。采用直螺纹连接或焊接的方式进行接续作业，连接完成后把箍筋调整至相应位置并进行绑扎，此时已完成接续的柱成型钢筋制品具备独立受力条件；

6）重复使用。操作调节支腿使得扁担梁与箍筋焊网分离，然后抽出扁担梁并将该支架吊重复运用于其他竖向构件的成型钢筋制品的装配作业中。

与成型钢筋制品直接吊装相比，上述所提及的辅助安装架具有如下优点：①在保证钢筋制品生产精度的前提下，可移动和可调节功能实现钢筋制品在现场装配时定位准确；②使用操作方便；③避免在连接安装过程中吊具长时间占用的情况，且提高连接质量；④起保护作用，避免在吊运过程中发生意外碰撞而散落。

（2）剪力墙成型钢筋网片施工技术要点

大部分剪力墙成型钢筋网片平面尺寸较大，一整张网片难以施工，因此进行剪力墙成型钢筋网片施工前，应对该网片进行深化设计，即剪力墙分布筋构件以少规格的原则划分成几张网片进行分段安装绑扎。

剪力墙成型钢筋网片的施工顺序，首先进行柱成型钢筋的安装工作，再以每堵墙为单位先完成每一排剪力墙竖向钢筋网片的安装及固定，再安装剪力墙水平向钢筋网片，搭接方式采用平搭法。在剪力墙竖向及水平向钢筋网片采用受力筋朝墙内侧，分布筋向外侧的方式进行安装，如图 4-69 所示，然后利用竖向网片的水平向分布筋临时固定水平网片的受力筋，安装时利用竖向钢筋网片的水平分布筋作为临时架立点，将每片水平向钢筋网片的水平受力筋逐片挂在上面，再用扎丝进行绑扎固定，不断重复此动作直至该堵墙钢筋绑扎完成。

剪力墙钢筋安装模板时，不应由于钢筋绑扎偏位或埋管件而随意割除钢筋，应经设计人员同意并采取相应的加强措施后方可进行。剪力墙钢筋绑扎完毕后，施工人员不应从墙筋穿过或者上下攀爬钢筋。

因钢筋网片水平筋影响到约束边缘暗柱的箍筋施工，故成型钢筋网片需在约束边缘暗柱箍筋施工完毕后再进行网片的吊运安装及绑扎工作，如图 4-70、图 4-71 所示；当墙端有矩形暗柱时，钢筋网铺装至暗柱边缘，利用暗柱的 U 形箍筋与水平焊接网搭接；当墙端部为异型暗柱时，焊接网也伸长至暗柱边缘，转角暗柱采用两根 U 形箍筋分别于两端的钢筋网片搭接。

图 4-69 剪力墙成型钢筋网片安装现场图

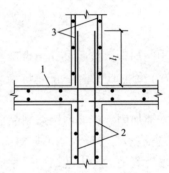

图 4-70 剪力墙钢筋网片的竖向搭接
1—楼板；2—下层剪力墙网片；3—上层剪力墙网片

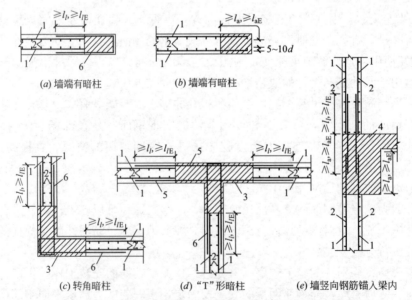

(a) 墙端有暗柱　　(b) 墙端有暗柱

(c) 转角暗柱　　(d) "T" 形暗柱　　(e) 墙竖向钢筋锚入梁内

图 4-71 剪力墙成型钢筋网片在墙体端部及交叉处的构造图
1—水平钢筋网片；2—竖向钢筋网片；3—暗柱；4—暗梁；5—连接钢筋；6—U 形筋

对于变截面的剪力墙构件，其锚固长度应满足规范要求，与下层成型钢筋网片的搭接，可在下层墙身及所在楼层底面进行搭接，如图 4-72 所示。墙体成型钢筋网片可按一层为一个竖向单元，其竖向搭接可设在楼板之上，搭接范围内下层网不设水平分布筋，后续拼装处理，下层网竖向钢筋与上层网竖向钢筋应绑扎牢固。当钢筋直径大于等于 10mm 时，搭接长度增加 5d。

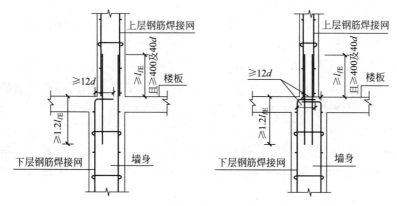

图 4-72　剪力墙变截面处竖向成型钢筋网构造图

对于剪力墙开洞，需要对成型钢筋网片进行剪切处理，同时在洞口周边加强加固措施，如图 4-73 所示。

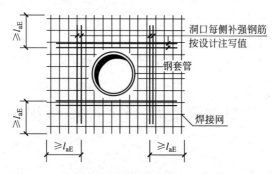

图 4-73　剪力墙局部开洞加固图（D 小于 800mm）

4.4.5　成型钢筋制品的安全文明施工管理

成型钢筋技术是一种新的施工工艺，在工程中未广泛使用，工程建设各方对其施工安全控制要点并不熟悉，梳理成型钢筋现场安全文明施工要点是必要的：

（1）设备操作人员和现场安装施工人员在进入成型钢筋安装施工现场前，应进行安全技术和安全操作技术规程等方面的培训，技术培训的主要内容包括电气安全技术培训（如漏电保护、接零接地保护、安全电压等）机械设备安全技术培训（如安全防护、限制过载等）；

（2）成型钢筋加工配送企业应对主要生产及生活区道路、作业场地进行硬化处理；对可能产生强光的焊接作业，应采取防护和遮挡措施；对成型钢筋加工设备和机具作业时产生的超限值噪声应采取降噪措施；

（3）为确保成型钢筋施工安全开展，需进行样板引路和试吊装，以检验成型钢筋的吊装与安装流程是否合理、提升现场施工工人操作水平，希望通过试安装工作找出工程隐患，确保施工的连续安全；

（4）起吊半成品钢筋或钢筋制品时，下方严禁站人，待起吊物降落至距安装标高1m内方准靠近，并等就位支撑好后，方可摘钩。起吊细长的成型钢筋时严禁一点吊装；

（5）搬运或者吊装成型钢筋时，应提前检查作业区域附近有无障碍物、架空电线和其他临时电气设备，防止钢筋在回转时碰撞电线或发生触电事故；

（6）运送钢筋时，起落转停动作要一致，人工上下传递不得在同一条直线上。脚手架上严禁堆放钢筋，以免高空坠落造成人员伤害。在高空、深坑绑扎钢筋和安装制品时，必须搭设脚手架和马道，无操作爬梯应拴好安全带；

（7）为减少对工地周围居民的噪声污染，严禁在 22：00 至次日 6：00 在现场卸钢筋。堆料场钢筋由分包单位按计划用塔吊将钢筋运至施工作业面，尽可能减少噪声污染。夜间作业时要求作业区域有足够的照明设备和亮度，主要是防止视线不好造成设备误操作和磕碰等事故发生；

（8）雷雨天气时应停止露天钢筋加工与安装作业，以防雷击伤人；

（9）高处作业应执行现行行业标准《建筑施工高处作业安全技术规范》JGJ 80 的规定，并应符合下列规定：1）不应将成型钢筋集中堆在高处的模板和脚手板上；2）搭脚手架和工作平台时，四周应设防护栏杆；3）安装 4m 以上独立柱钢筋时，应搭设临时脚手架，严禁依附主筋安装或攀登上下；4）安装高层建筑的圈梁挑筋、外墙边等钢筋时，应搭设外挂架和安全网，并系好安全带；

（10）随时收集加工后的钢筋头，并运至现场设立的废弃物临时贮存场地。

4.5　成型钢筋制品与定型模板组合应用

4.5.1　模板分类及适用范围

（1）定型模板产品分类

建筑工程施工模板体系根据不同的分类标准有不同的分类方法，依照采用模板的形状可以划分为弯曲模板和平面模板；依照模板的组合形式可分为定型模板与非定型模板，常用的定型模板包括组合钢模板、大钢模板、铝合金模板、免拆模板、混凝土模板等体系；按材料来分类，有木模板、砖模、木、竹胶合板模板、钢模板、塑料模板、玻璃钢模板、铝合金模板、混凝土模板等；按用途和工艺来分类，有组合式模板、大模板、台模、免拆模板、带框模板、桥梁模、隧道模、爬模、滑模、顶模等。

（2）常用类型模板适用范围

由于不同类型模板具有各自的经济性、适用范围，使用过程中应综合考虑并选择，不同的模板应用于不同土木工程的各个领域，常见模板的适用范围如表 4-16 所示。

常见类型模板适用部位或范围　　　　　　　　　　　　　　　表 4-16

序号	模板类型	工程适用部位或范围
1	木模板	独立小型预制构件,如门窗过梁、沉淀池、盖板
2	砖模	基础工程,如基础梁、承台
3	胶合板模板	适用范围最广,如房屋建筑工程、港口码头结构、铁路道路市政工程
4	大钢模板	大体积混凝土构件,如筒仓、箱涵、桥隧、水坝等工程;清水混凝土
5	塑料模板	房屋建筑工程楼板;清水混凝土
6	玻璃钢模板	房屋建筑工程梁、墙、柱构件
7	铝合金模板	房屋建筑工程梁、板、柱、墙构件
8	免拆模板	轻钢楼面(压型钢模板)、房屋建筑工程梁板柱墙构件(混凝土模板)

4.5.2　常见模板特点

（1）竹胶合板模板：竹胶合板是我国自主研制的模板，经过多年发展，产能已达到一定规模，竹胶合板产品类型有竹编胶合板、竹帘竹编胶合板、竹片胶合板、覆木面胶合板、覆塑料面胶合板、覆浸胶纸面胶合板等。该模板产品是以竹材为主材，经过分片编织加工成单片后，涂以相应的酚醛树脂胶，并通过高温、高压固化胶合多层薄片，表面覆膜而成的胶合板，竹胶合板各项力学性能优于木胶合板，其伸缩率、吸水率又都低于木材，价格略高于覆膜木胶合板，是用作建筑模板的理想材料。

竹胶合板模板特点是自重小、单人便可操作、面积大、模板拼缝少，可根据现场实际情况灵活切割，对制作异形构造模板有独到的优势。然而，经过大量工程实践暴露出它的一些较严重的质量问题，如：竹胶合板的使用寿命短，一般约 15 次左右，质量不稳定，竹胶合板厚度公差过大，制作过程繁琐，加工制作过程中所需的化工原料对环境有一定影响。

（2）木胶合板模板：木胶合板模板是以松木、杨木等木材为原材料，其中杨木原材料占 70%，杨木原材料已成为我国木胶合板生产用材的主要资源。木胶合板分为素面木胶合板和覆膜木胶合板，木材经开片机切成薄片，干燥后，经过与竹胶合板相似的工艺加工而成。由于木材资源缺乏、污染环境等问题，多年来木胶合板模板的应用存在较大分歧。木胶合板模板优点是自重轻、力学性能好、表面光滑平整、易脱模、耐磨性好、可钉、可裁切、耐低温、热缩性好，能在昼夜温差大的地区及冬季施工，操作简单，施工速度快，适合于楼板、墙体等各类结构模板工程的快速施工。现在的木胶合板模板已能达到清水饰面效果的要求，可做成曲面模板，也能加工成整体模板，充分适应施工需求。适应各种建筑结构造型复杂的需要，是用作建筑模板的理想材料。

（3）组合钢模板：中华人民共和国成立初期使用较多的一种通用性模板（图 4-74），以一定模数尺寸为基础，通过不同规格模块化的组合，通过连接件组装成各种尺寸和形状，适用于各种结构形式，有完善的模板体系。组合钢模板的应用发展，不仅节约木资源，也是混凝土施工工艺的重大改革。随着高层建筑和大型公共设施建设的发展，组合钢模板块小、拼缝多、自重较大、易锈蚀等缺点逐渐显现，已经很难适应混凝土工程高质量的施工要求。

组合钢模板优点是刚度和强度高、周转次数多、装拆灵活、人工可操作、通用性强等，可根据需要组合成大块模板，配合吊装施工，适用于梁、板、墙、柱等各种结构，也能基本满足剪力墙结构施工的需要。

（4）大钢模板：大钢模板目前大量应用于大体积混凝土和清水混凝土构件的浇筑工程中，是常用的一种工具式模板（图4-75），需配以相应的起重吊装设备，通过合理的施工组织安排，以机械化施工方式完成大体积结构的浇筑。大钢模板通过建筑物尺寸轮廓定制加工成为整体模板系统，大钢模板具有整体刚度大、浇筑品质高等优点，但自重大，对大型吊装设备依赖性强，均需吊车辅助运输，才能实现周转使用，且很难适用于对曲率变化要求较高的建筑结构。

图4-74　组合钢模板　　　　　　　　　　图4-75　隧道台车大钢模板

大钢模板优点是刚度和强度高、周转次数多、模板面积大、模板系统工厂化生成、工程适应性好、模板加工精度和生产工艺好。浇筑产品成型尺寸准确，表面平整光滑，免抹灰，减少施工湿作业，保持现场的干净、整齐和美观，满足安全文明施工要求。

（5）塑料模板：塑料模板（图4-76）是一个新兴模板产品，塑料模板按材料和结构形式可分为夹芯塑料模板、带肋塑料模板和空腹型塑料模板3大类。我国塑料模板的品种和规格也越来越多，并已大量应用在建筑工程和桥梁工程中，取得良好的应用效果，但塑料模板刚度和强度较小，耐热性和抗老化性差，所回收制作的塑料模板会影响新模板产品的性能。塑料模板受温度影响大，夏天温度高，拼缝易造成胀模现象，冬天温度低，模板脆性提高。

塑料模板优点是面板光滑，无需隔离剂，可塑性强，易清理，耐水、酸、碱性好，周转次数50次或以上，还可全部回收利用。施工现场整洁有序，有利于提高工程整体形象。现场操作方便，拆卸容易。

（6）铝合金模板：铝合金模板（图4-77）是采用硬质铝合金材料加工成带肋面板、端板、主次肋，通过专用焊接设备组焊成一体。铝合金模板适用性、工程可操作性和经济性良好，已在国内房屋建筑工程中大量应用，但该类模板目前存在装拆易损等问题，模板性能和施工技术水平有待进一步的提高。

铝合金模板优点是质量轻，模板刚度较大，混凝土成型后表面平整、光洁、成型质量好。模板质量轻，单人即可搬运、组拼和拆卸方便，可广泛应用于墙顶同时施工的工程。周转次数可达约200次，模板不用喷漆防锈。

图 4-76　塑料模板

图 4-77　铝合金模板

（7）免拆模板：免拆模板通常是指现在工程中广泛应用的压型钢板混凝土组合楼板中的压型钢板（图 4-78），采用热镀锌钢板或彩色镀锌钢板，经辊压冷弯成各种波形。结合目前的实际情况，国内外压型钢板-混凝土组合楼板组合研究较多，国内的设计、施工水平在近些年的发展也有较大提高。虽然压型钢板的材料价格偏高，但免拆模板的出现推进建筑工业化进程，不论从模板行业还是建筑节能上讲，都有着良好的经济效益和广阔的市场前景。

图 4-78　免拆模板（压型钢板）

免拆模板的特点是与后浇混凝土共同受力，协调变形和延性优越，改善结构的受力性能；免拆模板安装便利，免去搭设脚手架、支模等费用，减少施工工作量，缩短工期，降低工程造价。

4.5.3　成型钢筋制品和定型模板组合应用现状

工厂化生产的成型钢筋制品具有高功效、高精度、低污染、低耗材等优点，也越来越符合绿色环保的理念。进入 21 世纪后，铝合金模板在房屋建筑工程中得到广泛应用，逐渐成为房屋建筑模板工程的主要方式。如何考虑将成型钢筋及定型模板结合应用也逐渐成为建筑生产行业的热点。

成型钢筋制品与定型模板的组合应用相对较少，主要集中在桥梁工程承台、桥墩、盖梁等施工领域，其涵盖钢筋网片、成型钢筋笼或钢筋制品和大面积钢模板的组合应用（图 4-79～图 4-81）。目前成型钢筋制品和定型模板组合（图 4-82）的应用范围较少，制约成型钢筋制品和定型模板组合应用发展的原因，主要归纳为：（1）钢筋连接对位易出现错位；（2）定型模板配套对拉构件易和成型钢筋制品碰撞；（3）若成型钢筋制品重量偏大，则吊装施工困难；（4）现场施工人员技术力量薄弱，仍偏向传统施工方式建造。

图 4-79　钢筋网片、钢筋笼应用图

图 4-80　钢筋笼和大面积钢模的组合应用图

图 4-81　盖梁钢筋笼和大面积钢模的组合应用图

图 4-82　钢筋网片和铝合金模板组合应用图

4.5.4　成型钢筋制品与定型模板结合的展望

　　装配式建筑技术推广需立足行业实际，在鼓励装配式建筑发展的同时需循序渐进，逐步提高评价要求指标，并鼓励将本地区符合装配式建筑理念的技术进行推广应用。定型模板和成型钢筋制品按规定形状、尺寸通过机械加工成型的钢筋和模板，经过组合形成空间的钢筋和模板制品，符合装配式建筑工厂化定制加工和现场安装作业的内涵。成型钢筋制品和定型模板组合应用技术契合目前工程项目运用的先进营造技术，而且不失装配式建筑技术的内在要求，适宜作为装配式建筑评价的考量技术内容，符合建筑行业推广应用装配式技术的要求。但是从技术层面上进行分析，目前国内很少针对成型钢筋制品和定型模板结合在工程中的研究和应用，成型钢筋制品与定型模板结合相关基础研究内容，具有较大的研究价值，相关研究成果是不可估量的，本节将在房屋建筑工程成型钢筋制品与定型模板结合的研究中，对成型钢筋与定型模板组合应用方向进行合理的展望。

　　（1）在大面积钢筋混凝土剪力墙模板工程中，需对定型模板进行水平方向的刚度加强，如钢模板和铝合金模板中在一定高度间隔加设对拉杆和对拉片。在传统剪力墙钢筋和模板工程中，首先是现场绑扎固定墙体的钢筋，然后安装铝合金模板和插对拉片或对拉杆，当成型钢筋（竖向或箍筋）与对拉片或对拉杆发生空间位置的冲突时，可通过人工掰撬的方式来解决。成型钢筋主要是通过焊接方式加工定型，但成型钢筋骨架具有较大刚度，无法通过传统现场掰撬钢筋的方式解决上述问题。因此，为实现剪力墙成型钢筋制品与定型模板的结合，一方面，可通过改变模板对拉孔洞的尺寸，使得对拉杆或拉片具有可空间调节的能力；另一方面，可通过减小对拉杆或对拉片的截面尺寸，使得对拉杆或拉片在保证一定强度的前提下可实现人工掰撬，可从钢丝钢绞线的方向去考虑。

　　（2）现行房屋建筑工程中梁和楼板的模板工程，首先架设梁和楼板的模板系统，包括梁模板底板、侧板和楼板模板底板，然后在此形成的工作面上进行梁和楼板的钢筋工程施工作业。所架设完成的模板系统，是不具备空间的可调节性，即钢筋施工作业的空间是有限的。因此，梁和楼板成型钢筋制品与定型模板的结合，可从以下方面进行考虑：1）改变模板和钢筋的安装顺序，通过先铺设梁模板底板，然后进行梁钢筋骨架的定位安装，最后再安装闭合梁侧模和进行板模板和钢筋工程的作业；2）改变模板系统的组合装配，针对成型钢筋制品有一定空间运作要求的，可对模板进行分块和可装配化；3）改变成型钢筋的构造，使得成型钢筋在节点位置处具有可伸缩变形的能力。

（3）传统形式的定型模板在其强度、刚度和相关辅助设施方面有可能不能满足成型钢筋制品的安装要求，如成型钢筋制品下放瞬间可能存在碰撞造成模板破损、相关辅助设施设备不配套等。因此有必要对定型模板材料强度属性和模板结构形式进行相应优化，而且对相关辅助设施设备进行相应的配套设计。

参考文献

[1] 刘笑天，2008.建筑模板技术的发展与展望.太原城市职业技术学院学报［J］：136-137.

[2] 王永合，赵辉，谢厚礼，等.2014.建筑钢筋加工配送技术优势与应用浅析.价值工程［J］，33：136-137.

[3] 董孟能，郑河清，杨修明.建筑钢筋部品产业化现状与发展对策［J］.重庆建筑，2008（04）：34-36.

[4] 张军军.基于装配式刚性钢筋笼技术的工业化建筑设计方法初探［D］.2017.

[5] 中国建筑科学研究院.混凝土结构成型钢筋应用技术规程JGJ366-2015［M］.中国建筑工业出版社，2016.

[6] 刘子金，赵红学，翟小东.建筑用成型钢筋制品加工与配送技术研究［J］.建筑机械化，2018，39（10）：18-23.

[7] 茅洪斌.商品钢筋加工配送的利与弊［J］.建筑施工，2010，32（1）.

[8] 中华人民共和国建设部编写.混凝土结构设计规范［M］.中国建筑工业出版社，2002.

[9] 陈金安等起草，陈金安.钢筋焊接及验收规程［M］.中国建筑工业出版社，2003.

[10] 牛慧杰.混凝土墙体钢制大模板施工技术［J］.太原城市职业技术学院学报，2019（01）：166-168.

[11] 马玉峰，刘兵.铝合金模板深化设计和应用［J］.建筑技术开发，2018，45（24）：38-39.

[12] 孙雨东.铝合金模板在高层住宅工程施工中的应用［J］.工程技术研究，2018（13）：235-236.

[13] 冉隆位.混凝土建筑结构中模板施工技术的应用［J］.建材与装饰，2018（38）：36-37.

[14] 万嘉鑫，刘海栋，沈水涛，王军恒，燕雪骋.铝合金模板施工的特点及质量控制措施［J］.建筑科技，2018，2（03）：75-76.

[15] 陆前峰.铝合金模板在建筑行业的现状及发展优势［J］.上海建设科技，2018（03）：98＋114.

[16] 许崇浩.免拆模板混凝土梁受力性能研究［D］.哈尔滨工业大学，2018.

[17] 陈康健，秦培成.铝合金模板技术在装配式混凝土剪力墙结构中的应用［J］.河南科技大学学报（自然科学版），2018，39（04）：63-66＋72＋8.

[18] 艾卫红，朱玉芳.建筑工程清水混凝土模板施工技术探究［J］.中国高新区，2018（10）：199-200.

[19] 吴方伯，左瑞，文俊，刘彪，周绪红.免拆模混凝土梁受弯性能试验［J］.建筑科学与工程学报，2018，35（02）：8-15.

[20] 王冬冬.新型组合式塑料模板试验研究与数值模拟计算分析［D］.青岛理工大学，2018.

[21] 张贺鹏，赵新铭，王喆，胡少伟.压型钢板-轻骨料混凝土组合楼板纵向剪切承载力试验研究[J].南京航空航天大学学报，2017，49（04）：554-560.

[22] 高峰，石亚明.我国建筑模板产品现状与展望［J］.施工技术，2017，46（02）：98-101.

[23] 蔡晓彬.超高层建筑施工中模板工程施工方式评价研究［D］.天津大学，2017.

[24] 李三庆，张明亮．我国建筑模板的发展概况［J］．四川建材，2016，42（03）：63-64.

[25] 罗兴财．铝合金模板体系早拆技术研究及工程应用［D］．广州大学，2016.

[26] 张召勇．建筑模板的应用现状分析及新型模板研发前瞻［A］.2014：4.

[27] 程腾．轻钢结构无支撑免拆模楼面施工技术［J］．科技经济市场，2013（06）：19-21.

[28] 糜嘉平．我国塑料模板发展概况及存在主要问题［J］．建筑技术，2012，43（08）：681-684.

[29] 马梁．压型钢板-混凝土组合楼板剪切粘结试验研究及性能分析［D］．合肥工业大学，2012.

[30] 糜嘉平．积极推进组合钢模板的技术创新和应用［J］．建筑技术，2011，42（08）：683-685.

[31] 田克勇，卢奇．国内外模板技术研究现状综述［J］．科技风，2011（04）：4.

[32] 钟小平．玻璃钢模板在房屋建筑施工中的应用研究［D］．西南大学，2010.

[33] 陆云．上海模板脚手架技术发展的轨迹和现状［J］．施工技术，2005（03）：5-6.

[34] 郑强．钢筋工业化的发展与应用［J］．中国建材科技，2016，25（03）：79-81.

[35] 国家建筑设计标准图集 16G101-1，混凝土结构施工图平面整体表示方法制图规则和构造详图（现浇混凝土框架、剪力墙、梁、板）［S］.

[36] 崔立巍．关于成型钢筋进场检验与复试的探讨［J］．工程质量，2017，35（12）：42-45.

[37] 鲁海，张苏鸿，周杰．基于定型模架钢筋笼整体成型的预制箱梁施工［J］．山西建筑，2017，43（11）：175-176.

[38] 蔡小萍．BIM 技术在装配式建筑中的应用［J］．黑龙江科学，2018，9（20）：102-103.

[39] 李贝，袁齐，杨嘉伟．BIM 技术在装配式建筑深化设计中的应用［J］．城市住宅，2018，（8）：40-43.

[40] 曾少林，张佳盛，李玉峰，卢云祥，李东旭．BIM 技术在装配式建筑施工中的应用分析［J］．绿色建筑，2018，（2）：48-49.

[41] 星联钢网（深圳）有限公司．钢筋焊接网应用报告［R］．深圳：星联钢网，2019.

[42] 岳著文．成型钢筋制品钢筋连接技术研究［A］.《工业建筑》编委会、工业建筑杂志社有限公司.《工业建筑》2018 年全国学术年会论文集（中册）［C］.《工业建筑》编委会、工业建筑杂志社有限公司：工业建筑杂志社，2018：4.

[43] 中华人民共和国住房和城乡建设部．JGJ114-2014 钢筋焊接网混凝土结构设计规程［M］．中国建筑工业出版社，2014.

[44] 于明，任霞，刘兴刚，边野．钢筋成型系统在混凝土预制构件生产中的应用［J］．中国高新技术企业，2015（15）：50-51.

[45] 邱荣祖，林雄．我国成型钢筋加工配送现状与发展对策［J］．物流技术，2010，29（20）：33-35＋48.

[46] 中华人民共和国国家质量监督检验检疫总局，中国国家标准化管理委员会．混凝土结构用成型钢筋制品：GBT29733-2013［S］.

[47] 中华人民共和国住房和城乡建设部．钢筋焊接网混凝土结构技术规程：JGJ114-2014［S］．北京：中国建筑工业出版社，2014.

[48] 张德财，阴光华，岳著文．基于钢筋制品专业化生产的施工技术［J］．施工技术，2018，47（10）：11-15.

第 5 章 装配式混凝土建筑设计与施工

5.1 常用类型及适用范围

5.1.1 常用类型

装配式混凝土结构是以预制构件为主要受力构件，经装配或连接而成的混凝土结构。按常用类型分类，可分为装配整体式框架结构、装配整体式框架-剪力墙结构、装配整体式剪力墙结构。当主要受力预制构件之间的连接，如柱与柱、墙与墙、梁和柱等预制构件之间，通过后浇混凝土和钢筋套筒灌浆等技术连接，可足以保证装配式结构的整体性能，使其结构性能与现浇混凝土结构基本相当，才称其为装配整体式结构，以下对装配整体式混凝土结构类型进行初步介绍。

（1）装配整体式混凝土框架结构

装配整体式框架结构中梁、柱等主要受力构件部分或全部由预制混凝土构件（预制柱、预制梁）组成的装配整体式混凝土结构，其安装方式主要为两种：节点预制安装法及节点现浇安装法。节点预制安装法主要为节点区域为预制，通过与梁柱现场安装的方式，避免梁柱交叉节点区域钢筋的交叉问题，但要求预制构件的精度高和施工要求高。节点现浇安装法主要为梁柱交叉节点处采用混凝土现浇的方式处理，该方法对施工的精度相对较低，可根据现场的施工情况对装配式构件及钢筋进行处理，但节点区域处的钢筋的碰撞现象较为严重，考虑到我国构件厂及施工单位的工艺水平，目前主要的做法为节点区域现浇法。

（2）装配整体式混凝土剪力墙结构

装配整体式混凝土剪力墙结构与装配整体式混凝土框架结构的不同之处在于剪力墙的做法不同，主要有三种：部分或全部预制剪力墙安装法、叠合式剪力墙安装法、预制剪力墙外墙模板安装法。

部分或全部预制剪力墙安装法，主要通过横向竖向节点区域现浇的方式实现整体的连接，竖向钢筋采用灌浆套筒或锚栓的方式连接，从而实现结构的整体连接。叠合式剪力墙安装方式，主要将剪力墙分为外预制墙及内预制墙，内外墙通过桁架钢筋进行连接，中间采用混凝土现浇方式完成安装。预制剪力墙外墙模板安装法，利用预制的剪力墙外墙模板将桁架钢筋与现浇部分连接，外墙模板部分参与结构受力。

（3）装配整体式混凝土框架-剪力墙结构

按《装配式混凝土结构技术规程》JGJ 1 对装配整体式混凝土框架-剪力墙类型的概念，对于均采用装配式安装方法的框架与剪力墙结构，仍有待在得到充分的研究结果后再给出规定，故规程中提出的装配整体式框架-剪力墙结构暂以剪力墙采用现浇、框架柱为

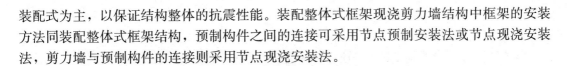

装配式为主，以保证结构整体的抗震性能。装配整体式框架现浇剪力墙结构中框架的安装方法同装配整体式框架结构，预制构件之间的连接可采用节点预制安装法或节点现浇安装法，剪力墙与预制构件的连接则采用节点现浇安装法。

5.1.2　适用范围

由于装配式建筑采用工业化生产理念，批量化、工业化是装配式建筑的主要特征，故装配式建筑的规模不宜太小且建筑造型需要规则，如住宅、公寓、标准厂房等。装配式建筑构件的模具周转次数越多，其经济效益越明显，特别是高层建筑或大范围规则建筑适宜采用装配式建筑，其经济效益相当明显。

5.2　结构设计

5.2.1　设计原则

区别于装配式混凝土结构与全现浇混凝土结构的设计和施工，装配式建筑生产及施工过程中主要采取工业化、标准化的生产理念，重点是可进行批量化生产及施工，这与传统现浇混凝土结构的思路大有不同，如装配式建筑直接采用传统混凝土的建造技术则会产生较多问题，装配式混凝土结构需要相关配套技术支撑，在设计过程中应遵循以下原则：

（1）设计前置原则

传统现浇混凝土结构设计需要施工二次深化设计，这样会增加相应工作量，但对于现浇混凝土结构施工来说，这个工作量仍可接受。但在装配式结构设计中，设计应当遵循设计前置原则，设计过程中提前考虑后期施工因素，方便施工安装，同时协调建筑、结构、设备和内装等专业，制定相互协同的施工组织方案，并应采用装配式施工，保证工程质量，提高劳动效率，引入 BIM 技术，实现全专业、全过程的信息化管理，去掉后期施工二次深化的工作量，提高装配式安装效率。

（2）模块化、标准化设计原则

装配式在设计过程中遵循模块化、标准化设计原则，模块化设计是将建筑户型或者房间设为一个模块单元，通过不同模块单元的选择及组合构成不同的建筑，以满足建筑需要。通过模块化设计，可以实现缩短装配式建筑设计周期，提高产品质量，以少规格、多组合方式，实现建筑及部品部件的系列化和多样化。标准化设计是对装配式混凝土结构的构件成型方式、连接方法、材料等工艺进行统一化、系列化处理，通过对装配式混凝土结构的标准化设计，可保证构件及施工的质量，提高装配式建筑的安全性。尽量减少梁、板、墙、柱等预制结构构件的种类，保证模板能够多次重复使用，以降低造价。

（3）安全可靠原则

传统混凝土结构采用现浇方式成形，构件及其节点连接区域能够保持完好及稳固连接。装配式建筑是通过特定连接方式将各个预制构件组装形成整体，无论在理论或实际应用中，连接区域是装配式混凝土结构的薄弱环节，需要采用安全可靠的技术保证装配式结构的安全，设计过程中应遵循安全可靠原则，采用成熟且安全的设计或施工技术保证建筑物的安全。

（4）绿色节能原则

装配式建筑设计及施工过程中应遵循绿色节能要求，满足适用性能、环境性能、经济性能、安全性能、耐久性能等要求，并应采用绿色建材和性能优良的部品部件。在构件生产及安装过程应控制建筑垃圾、工地扬尘产生。同时通过批量化生产，增加模板生产周转次数，降低产品制造能耗、物耗和水耗，提升构件的产品能效、水效，最后达到绿色节能目的。

5.2.2　基本设计要求

（1）装配式结构的整体计算

装配整体式结构可采用与现浇混凝土相同的方法进行结构分析。当同一层内既有预制又有现浇抗侧构件时，由于现浇构件的整体性要比预制构件的整体性强，地震设计状况下宜对现浇抗侧力构件在地震作用下的弯矩和剪力进行适当放大。

（2）装配式结构的适用高度

装配式结构的使用高度如表 5-1 所示。

装配整体式结构房屋的最大使用高度（m）　　　　　　　　　　　　表 5-1

结构类型	非抗震设计	抗震设防烈度			
		6 度	7 度	8 度(0.2g)	8 度(0.3g)
装配整体式框架结构	70	60	50	40	30
装配整体式框架-现浇剪力墙结构	150	130	120	100	80
装配整体式剪力墙结构	140(130)	130(120)	110(100)	90(80)	70(60)
装配整体式部分框支剪力墙结构	120(110)	110(100)	90(80)	70(60)	40(30)

1）当结构中竖向构件全部为现浇且楼盖采用叠合梁板时，房屋的最大适用高度可按现行行业标准《高层建筑混凝土结构技术规程》JGJ 3 中的规定采用。

2）装配整体式剪力墙结构和装配整体式部分框支剪力墙结构，在规定的水平力作用下，当预制剪力墙构件底部承担的总剪力大于该层总剪力的 50％时，其最大适用高度应适当降低；当预制剪力墙构件底部承担的总剪力大于该层总剪力的 80％时，最大适用高度应取表 5-1 中括号内的数值。

3）装配整体式剪力墙结构和装配整体式部分框支剪力墙结构，当剪力墙边缘构件竖向钢筋采用浆锚搭接连接时，房屋最大适用高度应比表中数值降低 10m。

4）超过表内高度的房屋，应进行专门研究和论证，采取有效的加强措施。

根据《装配式混凝土结构技术规程》JGJ 1 条文说明，装配混凝土结构的适用高度参考现行行业标准《高层建筑混凝土结构技术规程》JGJ 3 中的规定并适当调整。

对于装配式整体框架结构，当节点及接缝采用适当的构造并满足相关条文要求时，可认为其性能与现浇结构基本一致，其最大使用高度和现浇结构相同，如装配式框架结构中节点及接缝构造措施的性能达不到现浇结构的要求时，其最大使用高度应适当降低。

对于装配整体式剪力墙结构，由于墙体之间的接缝数量较多且构造复杂，其整个结构的抗震性能很难完全等同现浇剪力墙结构，故规程对装配式剪力墙结构采取从严要求的态度，与现浇结构相比，适当降低最大使用高度。当预制剪力数量较多时，对其最大使用高

度的限制应更加严格。

装配式框架-剪力墙在规程的定义为现浇剪力墙＋装配式框架，因此在表格中其整体结构的适用高度与现浇的框架-剪力墙结构相同，对装配式剪力墙-装配式框架结构，根据后续研究再规定。

（3）装配式结构的高宽比

高层装配整体式结构的高宽比不宜超过表 5-2 所示。

高层装配整体式结构适用的最大高宽比　　　　　　　　　　　　表 5-2

结构类型	非抗震设计	抗震设防烈度	
		6 度、7 度	8 度
装配整体式框架结构	5	4	3
装配整体式框架-现浇剪力墙结构	6	6	5
装配整体式剪力墙结构	6	6	5

（4）装配式结构的抗震等级

装配式混凝土结构的抗震等级（如丙类装配整体式结构）应根据《建筑抗震设计规范》GB 50011 和《高层建筑混凝土设计规程》JGJ 3 中的规定并适当调整。对于装配式框架结构和装配整体式框架-现浇剪力墙结构的抗震等级与现浇结构相同。由于装配整体式剪力墙结构及部分框支剪力墙结构在国内外的工程实践数量不多，从严考虑，高度比现浇结构适当降低。

乙类装配整体式结构应按本地区抗震设防烈度提高一度的要求加强其抗震措施；当本地区抗震设防烈度为 8 度且抗震等级为一级时，应采取比一级更高的抗震措施；当建筑场地为 I 类时，仍可按本地区抗震设防烈度要求采取抗震构造措施。

丙类装配整体式接头的抗震等级　　　　　　　　　　　　　　表 5-3

结构类型		抗震设防烈度					
		6 度		7 度		8 度	
装配整体式框架结构	高度（m）	≤24	>24	≤24	>24	≤24	>24
	框架	四	三	三	二	二	一
	大跨度框架	三		二		一	
装配整体式框架-现浇剪力墙结构	高度（m）	≤60	>60	≤24	>24 且≤60	>60	≤24	>24 且≤60	>60
	框架	四	三	四	三	二	三	二	一
	剪力墙	三	三	三	三	二	二	二	一
装配整体式剪力墙结构	高度（m）	≤70	>70	≤24	>24 且≤70	>70	≤24	>24 且≤70	>70
	剪力墙	四	三	四	三	二	三	二	一
装配整体式部分框支剪力墙结构	高度（m）	≤70	>70	≤24	>24 且≤70	>70	≤24	>24 且≤70	
	现浇框支框架	二	二	二	二	一	一	一	
	底部加强部位剪力墙	三	二	三	二	一	二	一	
	其他区域剪力墙	四	三	四	三	二	三	二	

注：大跨度框架指跨度不小于 18m 的框架。

（5）装配式结构的抗震调整系数

装配式结构的承载力抗震调整系数与现浇结构相同，如表 5-4 所示。

构件及节点承载力抗震调整系数 γ_{Re} 表 5-4

结构构件类别	正截面承载力计算					斜截面承载力计算	受冲切承载力计算、接缝受剪承载力计算
	受弯构件	偏心受压柱		偏心受拉构件	剪力墙	各类构件及框架节点	
		轴压比小于 0.15	轴压比不小于 0.15				
γ_{Re}	0.75	0.75	0.8	0.85	0.85	0.85	0.85

（6）连接节点处混凝土强度

预制构件节点及接缝处后浇混凝土强度等级不应低于预制构件的混凝土强度等级；多层剪力墙结构中墙板水平接缝用坐浆材料的强度等级值应大于被连接构件的混凝土强度等级值。

（7）模数协调

装配式混凝土建筑设计应符合现行国家标准《建筑模数协调标准》GB/T 50002 的有关规定，梁、柱、墙等部件的截面尺寸宜采用竖向扩大模数数列 nM。

构造节点和部件的接口尺寸值采用分模数数列 nM/2、nM/5、nM/10。

（8）材料要求

用于钢筋机械连接的挤压套筒，其原材料及实测力学性能应符合现行行业标准《钢筋机械连接用套筒》JG/T 163 的有关规定。用于水平钢筋锚环灌浆连接的水泥基灌浆材料应符合现行国家标准《水泥基灌浆材料应用技术规范》GB/T 50448 的有关规定。

（9）节点和接缝的验算

在弹性分析过程中，在规程列入的各种现浇连接接缝构造，已经有了很充分的试验研究，其构造及承载力满足标准的相应要求，基本上等同现浇的要求，当预制构件之间采用后浇带连接且接缝构造及承载力满足相关标准中的相应要求时，可按现浇混凝土结构进行模拟；对于本标准中未包含的连接节点及接缝形式，应按照实际情况模拟。

在弹塑性分析时，宜根据节点和接缝在受力全过程中的特性进行节点和接缝的模拟。材料的非线性行为可根据现行国家标准《混凝土结构设计规范》GB 50010 确定，节点和接缝的非线性行为可根据试验研究确定。

节点及接缝处的纵向钢筋连接宜根据接头受力、施工工艺等要求选用套筒灌浆连接、机械连接、浆锚搭接连接、焊接连接、绑扎搭接连接等连接方式。直径大于 20mm 的钢筋不宜采用浆锚搭接连接，直接承受动力荷载的构件，其纵向钢筋不应采用浆锚搭接连接。

（10）截面承载力验算

装配整体式混凝土结构中，接缝的正截面承载力应符合现行国家标准《混凝土结构设计规范》GB 50010 的规定。接缝的受剪承载力应符合下列规定：

持久设计状况、短暂设计状况，如式（5-1）：

$$\gamma_0 V_{jd} \leqslant V_u \tag{5-1}$$

地震设计状况，如式（5-2）：

$$V_{jdE} \leqslant V_{uE}/\gamma_{RE} \tag{5-2}$$

在梁、柱端部箍筋加密区及剪力墙底部加强部位，尚应符合式（5-3）要求：

$$\eta_j V_{mua} \leqslant V_{uE} \tag{5-3}$$

γ_0——结构重要性系数，安全等级为一级时不应小于 1.1，安全等级为二级时不应小于 1.0；

V_{jd}——持久设计状况和短暂设计状况下接缝剪力设计值（N）；

V_{jdE}——地震设计状况下接缝剪力设计值（N）；

V_u——持久设计状况和短暂设计状况下梁端、柱端、剪力墙底部接缝受剪承载力设计值（N）；

V_{uE}——地震设计状况下梁端、柱端、剪力墙底部接缝受剪承载力设计值（N）；

V_{mua}——被连接构件端部按实配钢筋面积计算的斜截面受剪承载力设计值（N）；

γ_{RE}——接缝受剪承载力抗震调整系数，取 0.85；

η_j——接缝受剪承载力增大系数，抗震等级为一、二级取 1.2，抗震等级为三、四级取 1.1。

5.2.3　楼盖设计

装配式楼盖的设计内容包括叠合楼板及叠合梁的设计，其中叠合楼板包括桁架钢筋混凝土叠合板、预制平板底板混凝土叠合板、预制带肋底板混凝土叠合板、叠合空心楼板等。叠合梁可分为叠合主梁和叠合次梁，一般叠合梁为减少结构所占的高度，增加建筑净空，梁截面常为十字形或花篮形，在装配整体式框架结构中，常将预制梁做成 T 形截面，在预制板安装就位后，再现浇部分混凝土，即形成所谓的叠合梁。

（1）叠合楼板设计

1）适用范围

叠合楼板适用于一般楼层的楼板，但对于高层建筑而言，结构转换层和作为上部结构嵌固部位的受力较为复杂且屋面层防水质量较难控制，屋面层和平面受力复杂的楼层宜采用现浇楼盖，当采用叠合楼盖时，楼板的后浇混凝土叠合层厚度不应小于 100mm，且后浇层内应采用双向通长配筋，钢筋直径不宜小于 8mm，间距不宜大于 200mm。

2）叠合板的布置

叠合板可根据预制板的接缝构造、支座构造、长宽比按单向板或双向板设计。但预制板之间采用分离式接缝时，宜采用单向板设计，对长宽比不大于 3 的四边支承叠合板，当预制板之间采用整体式接缝或无缝接缝时，可按双向板设置，如图 5-1 所示。

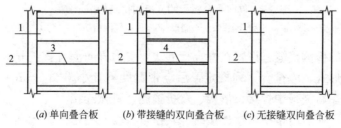

(a) 单向叠合板　　(b) 带接缝的双向叠合板　　(c) 无接缝双向叠合板

图 5-1　叠合板的预制板布置形式

1—预制板；2—梁或墙；3—板侧分离式接缝；4—板侧整体式接缝

3）叠合板的支座处连接设计

板端支座处，预制板内的纵向受力钢筋宜从板端伸出并锚入支承梁或墙的后浇混凝土中，锚固长度不应小于 5d（d 为纵向受力钢筋直径）。对于单向叠合板的侧支座，当预制板的板底分布钢筋伸入支承梁或墙的后浇混凝土中时，也要满足锚固长度不小于 5d 的要求，当板底分布钢筋不伸入支座时，宜在紧邻预制板顶面设置附加钢筋，钢筋截面面积不宜小于预制板内的同向分布钢筋面积，间距不宜大于 600mm，在板的后浇混凝土叠合层内锚固长度不应小于 15d（d 为附加钢筋直径），在支座内锚固长度不应小于 15d（d 为附加钢筋直径），如图 5-2 所示。

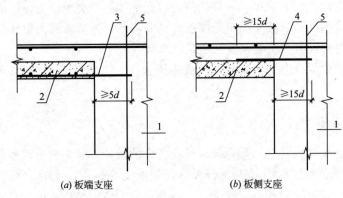

(a) 板端支座   (b) 板侧支座

图 5-2　叠合板板端及板侧支座构造示意图

1—支承梁或墙；2—预制板；3—纵向受力钢筋；4—附加钢筋；5—支座中心线

4）叠合板的接缝处连接设计

接缝处紧邻预制板顶面宜垂直于板缝的附加钢筋，附加钢筋伸入两侧后浇混凝土叠合层的锚固长度不应小于 15d（d 为附加钢筋直径）；附加钢筋截面面积不宜小于预制板中该方向钢筋面积，钢筋直径不宜小于 6mm、间距不宜大于 250mm，如图 5-3 所示。

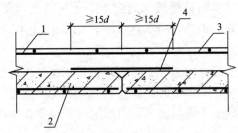

图 5-3　单向叠合板板侧分离式拼缝构造示意图

1—后浇混凝土叠合层；2—预制板；3—后浇层内钢筋；4—附加钢筋

双向叠合板的板侧接缝宜设置在叠合板的次要受力方向上且宜避开最大弯矩截面。接缝可采用后浇带形式，应符合下列规定：后浇带宽度不宜小于 200mm；后浇带两侧板底纵向受力钢筋可在后浇带中焊接、搭接、弯折锚固、机械连接。

纵向受力钢筋在后浇带中搭接连接时，其搭接长度应满足国家标准《混凝土结构设计规范》GB 50010 中有关钢筋锚固长度的规定，如图 5-4 所示。

当双向叠合板在后浇带中弯折锚固时，其叠合板厚度不应小于 10d，且不应小于

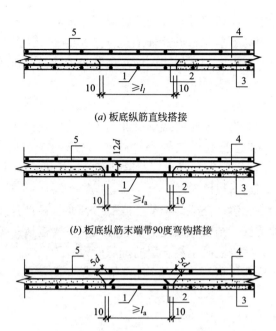

(a) 板底纵筋直线搭接

(b) 板底纵筋末端带90度弯钩搭接

(c) 板底纵筋末端带135度弯钩搭接

图 5-4　双向叠合板整体式接缝构造示意图

1—通长钢筋；2—纵向受力钢筋；3—预制板；4—后浇混凝土；5—后浇层内钢筋

120mm（d 为弯折钢筋直径的较大值）；接缝处预制板侧伸出的纵向受力钢筋应在后浇混凝土叠合层内锚固，且锚固长度不应小于 l_a；两侧钢筋在接缝处重叠的长度不应小于 $10d$，钢筋弯折角度不应大于 $30°$，弯折处沿接缝方向配置不少于两根通长构造筋，且直径不应小于该方向预制板内钢筋直径，如图 5-5 所示。

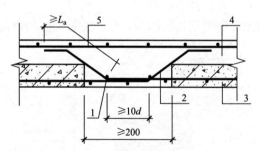

图 5-5　双向叠合板整体式接缝钢筋弯折构造示意图

1—通长构造钢筋；2—纵向受力钢筋；3—预制板；4—后浇混凝土叠合层；5—后浇层内钢筋

5）抗剪构造钢筋设置

预制板可采用桁架钢筋混凝土叠合板及非桁架钢筋叠合板。当采用桁架钢筋叠合板时，桁架钢筋叠合应沿主要受力方向布置；桁架钢筋距板边不应大于 300mm，间距不宜大于 600mm；钢筋直径不宜小于 8mm，腹杆直径不应小于 4mm。

当叠合板未设置桁架钢筋时，在下列情况下，叠合板的预制板与后浇混凝土叠合层之间应设置抗剪构造钢筋，板跨大于 4m 时，在支座 1/4 跨范围内设置抗剪构造钢筋；双向叠合板短向跨度大于 4m 时，在四边支座 1/4 短跨范围内设置；悬挑叠合板全范围设置；

悬挑板的上部纵向受力钢筋在相邻叠合板的后浇混凝土锚固范围内。

抗剪构造钢筋宜采用马镫形状，间距不宜大于 400mm，钢筋直径 d 不应小于 6mm；马镫钢筋宜伸到叠合板上下纵向钢筋处，预埋在预制板内的总长度不应小于 $15d$，水平段长度不应小于 50mm。

（2）叠合梁设计

叠合梁的设计难度主要为梁端竖向接缝设计及梁钢筋的连接。预制梁的计算配筋及构造同现浇混凝土结构，以《混凝土结构设计规范》GB 50010 和《抗震设计规范》GB 50011 为准。本节主要对梁端竖向接缝设计及梁钢筋的连接进行阐述。

1）梁端竖向接缝承载力设计

叠合梁端的结合面主要包括框架梁与节点区的结合面、梁自身连接的结合面以及次梁和主梁的结合面等几种类型。结合面的受剪承载力组成主要包括：新旧混凝土结合面的粘结力、键槽的抗剪能力、后浇混凝土叠合层的抗剪能力、梁纵向钢筋的销栓抗剪作用。对于《装配式混凝土结构技术规程》JGJ 1 对叠合梁段的竖向承载力按式（5-4）、式（5-5）计算：

持久设计状况，如式（5-4）所示：

$$V_{u}=0.07 f_{c} A_{c1}+0.10 f_{c} A_{k}+1.65 A_{sd}\sqrt{f_{c}f_{y}} \tag{5-4}$$

地震设计状况，如式（5-5）所示：

$$V_{uE}=0.04 f_{c} A_{c1}+0.06 f_{c} A_{k}+1.65 A_{sd}\sqrt{f_{c}f_{y}} \tag{5-5}$$

式中　A_{c1}——叠合梁段截面后浇混凝叠合层截面面积；

　　　f_{c}——预制构件混凝土轴心抗压强度设计值；

　　　f_{y}——垂直穿过结合面钢筋抗拉强度设计值；

　　　A_{k}——各槽键的根部截面面积之和，按后浇槽根部截面和预制键槽根部截面分别计算，并取二者的较小值；

　　　A_{sd}——垂直穿过截面所有钢筋的面积，包括叠合层内的纵向钢筋。

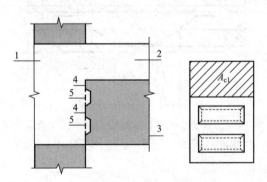

图 5-6　叠合梁端受剪承载力计算参数示意

1—后浇节点；2—后浇混凝土叠合层；3—预制梁；4—预制键槽根部截面；5—后浇键槽根部截面

为偏安全处理，规程不考虑混凝土的自然粘结作用，取键槽的抗剪能力、后浇混凝土叠合层的抗剪能力、梁纵向钢筋的销栓抗剪作用之和作为结合面的受剪承载力。同时在地震作用下，对后浇层混凝土部分的受剪承载力进行折减，折减系数取 0.6。

研究表明，混凝土抗剪键槽的受剪承载力一般为 $0.15\sim0.2 f_{c} A_{k}$，但由于混凝土抗剪键槽的受剪承载力和钢筋的销栓抗剪作用一般不会同时达到最大值，因此在计算公式中，混凝土抗剪键槽的受剪承载力进行折减，取 $0.1f_cA_k$。抗剪键槽的受剪承载力取各抗剪键槽根部受剪承载力之和；梁端抗剪键槽数量一般较少，沿高度方向一般不会超过 3 个，不考虑群键作用。抗剪键槽破坏时，可能沿现浇键槽或预制键槽的根部破坏，因此计算抗剪键槽受剪承载力时应按现浇键槽和预制键槽根部剪切面分别计算，并取二者的较小值。设计中，应尽量使现浇键槽和预制键槽根部剪切面面积相等。

2）叠合梁的叠合层厚度取值

装配整体式框架结构中，当采用叠合梁时，框架梁的后浇混凝土叠合层厚度不宜小于 150mm，次梁的后浇混凝土叠合层厚度不宜小于 120mm；当采用凹口截面预制梁时，凹口深度不宜小于 50mm，凹口边厚度不宜小于 60mm，如图 5-7 所示。

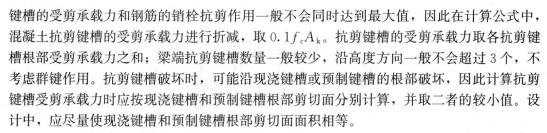

(a) 矩形截面预制梁　　　　　　　　　　　(b) 凹口截面预制梁

图 5-7　叠合框架梁示意图

1—后浇混凝土叠合层；2—预制梁；3—预制板

3）叠合梁的箍筋配置

对于叠合梁箍筋的配置，采用叠合梁时，在施工条件允许的情况下，箍筋宜采用整体封闭箍筋。当采用整体封闭箍筋无法安装上部纵筋时，可采用组合封闭箍筋，即开口箍筋加箍筋帽的形式。

受扭的叠合梁在扭矩作用下，带开口箍的叠合梁其受扭承载力相较于闭合箍筋的承载力略有降低，不宜采用。同时在受到往复荷载且采用组合封闭箍筋的叠合梁，当构件发生破坏时箍筋对混凝土及纵筋的约束作用略弱于整体封闭箍筋，因此在叠合框架梁的梁端加密区中也不建议采用组合封闭箍。

故规程对箍筋的配置有如下要求：抗震等级为一、二级的叠合框架梁的梁端箍筋加密区宜采用整体封闭箍筋。采用组合封闭箍筋的形式时，开口箍筋上方应做成 135°弯钩；非抗震设计时，弯钩端头平直段长度不应小于 5d（d 为箍筋直径）；抗震设计时，平直段长度不应小于 10d。现场应采用箍筋帽封闭开口箍，箍筋帽末端应做成 135°弯钩；非抗震设计时，弯钩端头平直段长度不应小于 5d；抗震设计时，平直段长度不应小于 10d。

框架梁箍筋加密区长度内的箍筋肢距：一级抗震等级，不宜大于 200mm 和 20 倍箍筋直径的较大值，且不应大于 300mm；二、三级抗震等级，不宜大于 250mm 和 20 倍箍筋直径的较大值，且不应大于 350mm；四级抗震等级，不宜大于 300mm，且不应大于 400mm。

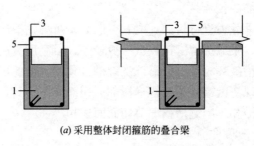

(a) 采用整体封闭箍筋的叠合梁

(b) 采用组合封闭箍筋的叠合梁

图 5-8　叠合梁箍筋构造示意图

1—预制梁；2—开口箍筋；3—上部纵向钢筋；4—箍筋帽；5—封闭箍筋

4）叠合梁的刚性连接

①预制柱及叠合梁的装配整体式框架刚性节点，梁纵向受力钢筋应伸入后浇节点区内锚固或连接，相应构造同现浇混凝土结构，并应符合下列规定：

a. 框架梁预制部分的腰筋不承受扭矩时，可不伸入梁柱节点核心区；

b. 对框架中间层中节点，节点两侧的梁下部纵向受力钢筋宜锚固在后浇节点核心区内，也可采用机械连接或焊接的方式连接；梁的上部纵向受力钢筋应贯穿后浇节点核心区，如图 5-9 所示；

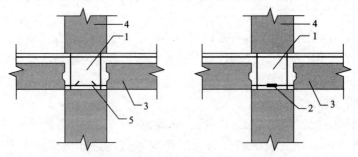

图 5-9　预制柱及叠合梁框架中间层中节点构造示意图

1—后浇区；2—梁下部纵向受力钢筋连接；3—预制梁；4—预制柱；5—梁下部纵向受力钢筋锚固

c. 对框架中间层端节点，当柱截面尺寸不满足梁纵向受力钢筋的直线锚固要求时，宜采用锚固板锚固；也可采用 90°弯折锚固，如图 5-10 所示；

d. 对框架顶层中节点，柱纵向受力钢筋宜采用直线锚固；当梁截面尺寸不满足直线锚固要求时，宜采用锚固板锚固，如图 5-11 所示；

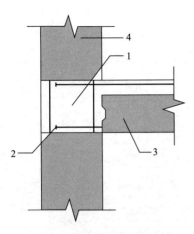

图 5-10　预制柱及叠合梁框架中间
层端节点构造示意图
1—后浇区；2—梁纵向受力钢筋
连接；3—预制梁；4—预制柱

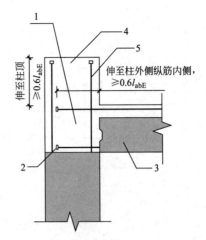

图 5-11　预制柱及叠合梁框架中间
层端节点构造示意图
1—后浇区；2—梁下部纵向受力钢筋锚固；
3—预制梁；4—柱延伸段；5—柱纵向受力钢筋

e. 对框架顶层端节点，柱宜伸出屋面并将柱纵向受力钢筋锚固在伸出段内，柱纵向受力钢筋宜采用锚固板的锚固方式，此时锚固长度不应小于 $0.6L_{abE}$。伸出段内箍筋直径不应小于 $d/4$。(d 为柱纵向受力钢筋的最大直径)，伸出段内箍筋间距不应大于 $5d$ (d 为柱纵向受力钢筋的最小直径) 且不应大于 100mm；梁纵向受力钢筋应锚固在后浇节点区内，且宜采用锚固板的锚固方式，此时锚间长度不应小于 $0.6L_{abE}$，如图 5-12 所示。

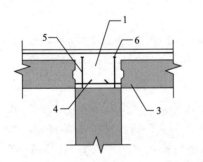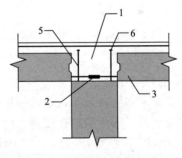

图 5-12　预制柱及叠合梁框架顶层中节点构造示意图
1—后浇图；2—梁下部纵向受力钢筋连接；3—预制梁；
4—梁下部纵向受力钢筋锚固；5—柱纵向受力钢筋；6—锚固板

②采用预制柱及叠合梁的装配整体式框架结构节点，两侧叠合梁底部水平钢筋挤压套筒连接时，可在核心区外一侧梁端后浇段内连接 (图 5-13)，也可在核心区外两侧梁端后浇段内连接 (图 5-14)，连接接头距柱边不小于 $0.5h_b$，(h_b 为叠合梁截面高度) 且不小于 300mm，叠合梁后浇叠合层顶部的水平钢筋应贯穿后浇核心区。梁端后浇段的箍筋尚应满足下列要求：

a. 箍筋间距不宜大于 75mm；

b. 抗震等级为一、二级时，箍筋直径不应小于 10mm，抗震等级为三、四级时，箍筋直径不应小于 8mm。

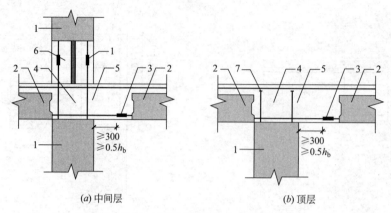

(a) 中间层 (b) 顶层

图 5-13　叠合梁底部水平钢筋在节点一侧采用挤压套筒连接示意图
1—预制柱；2—叠合梁预制部分；3—挤压套筒；4—后浇区；5—梁端后浇段；6—柱底后浇段；7—锚固板

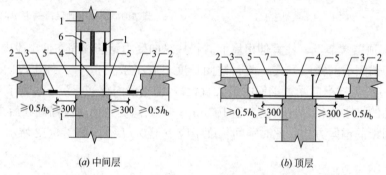

(a) 中间层 (b) 顶层

图 5-14　叠合梁底部水平钢筋在节点两侧采用挤压套筒连接示意图
1—预制柱；2—叠合梁预制部分；3—挤压套筒；4—后浇区；5—梁端后浇段；6—柱底后浇段；7—锚固板

5) 叠合梁的铰接连接

次梁与主梁宜采用铰接连接，也可采用刚接连接。当采用铰接连接时，可采用企口连接或钢企口连接形式。采用企口连接时，应符合国家现行标准的有关规定，当次梁不直接承受动力荷载且跨度不大于 9m 时，可采用钢企口连接（图 5-15），并应符合下列规定：

①钢企口两侧应对称布置抗剪栓钉，钢板厚度不应小于栓钉直径的 0.6 倍；预制主梁与钢企口连接处应设置预埋件；次梁端部 1.5 倍梁高范围内，箍筋间距不应大于 100mm。

②钢企口接头的承载力验算（图 5-16），除应符合现行国家标准《混凝土结构设计规范》GB 50010、《钢结构设计规范》GB 50017 的有关规定外，尚应符合下列规定：

a. 钢企口接头应能够承受施工及使用阶段的荷载；

b. 应验算钢企口截面 A-A 处在施工及使用阶段的抗弯、抗剪强度；

c. 应验算钢企口截面 B-B 处在施工钢企口示意及使用阶段的抗弯强度；

d. 凹槽内灌浆料未达到设计强度前，应验算钢企口外挑部分的稳定性；

e. 应验算栓钉的抗剪强度；

f. 应验算钢企口搁置处的局部受压承载力。

③抗剪栓钉的布置，应符合下列规定：

a. 栓钉杆直径不宜大于 19mm，单侧抗剪栓钉排数及列数均不应小于 2；

b. 栓钉间距不应小于杆径的 6 倍且不宜大于 300mm；

c. 栓钉至钢板边缘的距离不宜小于 50mm，至混凝土构件边缘的距离不应小于 200mm；

d. 栓钉钉头内表面至连接钢板的净距不宜小于 30mm；

e. 栓钉顶面的保护层厚度不应小于 25mm。

④主梁与钢企口连接处应设置附加横向钢筋，相关计算及构造要求应符合现行国家标准《混凝土结构设计规范》GB 50010 的有关规定。

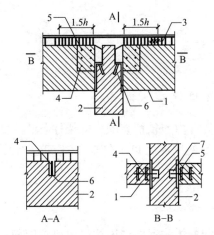

图 5-15 钢企口示意图

1—预制次梁；2—预制主梁；3—次梁端部加密箍筋；
4—钢板；5—栓钉；6—预埋件；7—灌浆料

6）粗糙面、槽键构造要求

预制构件与后浇混凝土、灌浆料、坐浆材料的结合面应设置粗糙面、键槽，并应符合下列规定：

①预制板与后浇混凝土叠合层之间的结合面应设置粗糙面；

②预制梁与后浇混凝土叠合层之间的结合面应设置粗糙面；预制梁端面应设置键槽（图 5-17）且宜设置粗糙面。键槽的尺寸和数量应按竖向接缝的受剪承载力计算确定；键槽的深度 t 不宜小于 30mm，宽度 w 不宜小于深度的 3 倍且不宜大于

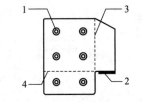

图 5-16 钢企口接头示意图

1—栓钉；2—预埋件；3—图 5-15
A-A 剖面；4—图 5-15 B-B 剖面

深度的 10 倍；键槽可贯通截面，当不贯通时槽口距离截面边缘不宜小于 50mm；键槽间距宜等于键槽宽度；键槽端部斜面倾角不宜大于 30°；

③预制剪力墙的顶部和底部与后浇混凝土的结合面应设置粗糙面；侧面与后浇混凝土的结合面应设置粗糙面，也可设置键槽；键槽深度 t 不宜小于 20mm，宽度 w 不宜小于深度的 3 倍且不宜大于深度的 10 倍，键槽间距宜等于键槽宽度，键槽端部斜面倾角不宜大于 30°；

④预制柱的底部应设置键槽且宜设置粗糙面，键槽应均匀布置，键槽深度不宜小于 30mm，键槽端部斜面倾角不宜大于 30°。柱顶应设置粗糙面；

⑤粗糙面的面积不宜小于结合面的 80%，预制板的粗糙面凹凸深度不应小于 4mm，

预制梁端、预制柱端、预制墙端的粗糙面凹凸深度不应小于6mm。

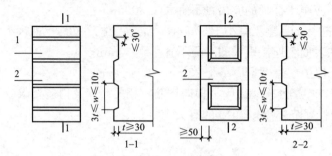

图 5-17　梁端键槽构造示意图
1—键槽；2—梁端面

5.2.4　竖向承重构件设计

装配式竖向承重构件的设计内容包括装配式框架柱及装配式剪力墙的设计，其设计难点主要是竖向连接及节点区域的问题，以下针对上述问题对装配式框架柱及剪力墙进行分析。

（1）装配式框架柱设计

1）适用范围

对于高层结构，高层装配整体式框架结构首层建议采用现浇结构，主要是因为底部加强区对结构整体的抗震性能很重要，尤其在高烈度区，因此建议底部加强区采用现浇结构。并且，结构底部或首层往往由于建筑功能的需要，不太规则，不适合采用预制构件；且底部加强区构件截面大且配筋较多，也不利于预制构件的连接，同时考虑一般首层层高非标准层层高，其装配式构件无法进行大批量生产，故框架结构首层柱宜采用现浇混凝土。

2）装配式框架截面要求

对于装配式竖向构件而言，宜采用大直径和大间距的钢筋布置形式，采用较大直径钢筋及较大的柱截面，可减少钢筋根数，增大间距，便于柱钢筋连接及节点区钢筋布置。要求柱截面宽度大于同方向梁宽的1.5倍，有利于避免节点区梁钢筋和柱纵向钢筋的位置冲突，便于安装施工。矩形柱截面边长不宜小于400mm，圆形柱截面直径不宜小于450mm，且不宜小于同方向梁宽的1.5倍。

3）装配式框架箍筋配置

中国建筑科学研究院、同济大学等单位的试验研究表明，套筒连接区域柱截面刚度及承载力较大，柱的塑性铰区可能会上移至套筒连接区域以上，因此需将套筒连接区域以上至少500mm高度范围内的柱箍筋加密，同时保证柱的延性，箍筋可采用复合箍筋。故柱纵向受力钢筋在柱底连接时，柱箍筋加密区长度不应小于纵向受力钢筋连接区域长度与500mm之和，如图5-18所示；当采用套筒灌浆连接或浆锚搭接连接等方式时，套筒或搭接段上端第一道箍筋距离套筒或搭接段顶部不应大于50mm。预制柱箍筋可采用连续复合箍筋。

上、下层相邻预制柱纵向受力钢筋采用挤压套筒连接时（图5-19），柱底后浇段的箍筋应满足下列要求：

套筒上端第一道箍筋距离套筒顶部不应大于 20mm，柱底部第一道箍筋距柱底面不应大于 50mm，箍筋间距不宜大于 75mm；

抗震等级为一、二级时，箍筋直径不应小于 10mm，抗震等级为三、四级时，箍筋直径不应小于 8mm。

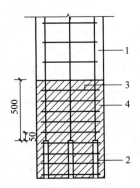

图 5-18 柱底箍筋加密区域构造示意图
1—预制柱；2—连接接头（或钢筋连接区域）；
3—加密区箍筋；4—箍筋加密区（阴影部分）

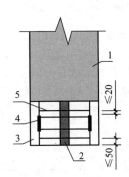

图 5-19 柱底后浇段箍筋配置示意图
1—预制柱；2—支腿；3—柱底后
浇段；4—挤压套筒；5—箍筋

4）装配式框架柱纵向钢筋配置

纵向受力钢筋直径不宜小于 20mm，纵向受力钢筋的间距不宜大于 200mm 且不应大于 400mm。柱的纵向受力钢筋可集中于四角配置且宜对称布置。柱中可设置纵向辅助钢筋且直径不宜小于 12mm 和箍筋直径；当正截面承载力计算不计入纵向辅助钢筋时，纵向辅助钢筋可不伸入框架节点。

中国建筑科学研究院进行较大间距纵筋的框架柱抗震性能试验，以及装配式框架梁柱节点的试验。试验结果表明，当柱纵向钢筋面积相同时，纵向钢筋间距 480mm 和 160mm 的柱，其承载力和延性基本一致，均可采用现行规范中的方法进行设计。因此，为了提高装配式框架梁柱节点的安装效率和施工质量，当梁的纵筋和柱的纵筋在节点区位置有冲突时，柱可采用较大的纵筋间距，并将钢筋集中在角部布置。当纵筋间距较大导致箍筋肢距不满足现行规范要求时，可在受力纵筋之间设置辅助纵筋，并设置箍筋箍住辅助纵筋，可采用拉筋、菱形箍筋等形式。为了保证对混凝土的约束作用，纵向辅助钢筋直径不宜过小。辅助纵筋可不伸入节点。

（2）预制剪力墙设计

1）适用范围

与装配式框架柱类似，预制剪力墙适用于标准层位置，剪力墙结构中的底部加强部位的剪力墙宜采用现浇混凝土。

2）不同竖向连接区域构造设置

预制剪力墙的基本构造需符合《混凝土结构设计规范》GB 50010、《高层建筑混凝土结构技术规程》JGJ 3、《建筑抗震设计规范》GB 50011 相关要求。

预制剪力墙的竖向连接一般做法为套管灌浆连接及浆锚搭接连接，剪力墙底部竖向钢筋连接区域，裂缝较多且较为集中，因此，对该区域的水平分布筋应加强，以提高墙板的

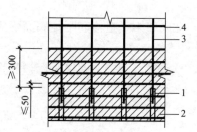

图 5-20　套筒灌浆连接部位水平
分布钢筋加密示意图

1—灌浆套筒；2—水平加密区域；
3—竖向钢筋；4—水平分布钢筋

抗剪能力和变形能力，并使该区域的塑性铰可以充分发展提高墙板的抗震性能。不同的连接方式对连接区域的分布筋要求不同，以下对套管灌浆连接及浆锚搭接连接对应的剪力墙分布筋进行分析。

①套管灌浆连接的剪力墙做法

预制剪力墙竖向钢筋采用套筒灌浆连接时，自套筒底部至套筒顶部并向上延伸 300mm 范围内，预制剪力墙的水平分布钢筋应加密（图 5-20），加密区水平分布钢筋的最大间距及最小直径应符合表 5-5 的规定，套筒上端第一道水平分布钢筋距离套筒顶部不应大于 50mm。

加密区水平分布钢筋的要求 表 5-5

抗震等级	最大间距(mm)	最小直径(mm)
一、二级	100	8
三、四级	150	8

②套管灌浆连接区域的剪力墙做法

a. 墙体底部预留灌浆孔道直线段长度应大于下层预制剪力墙连接钢筋伸入孔道内的长度 30mm，孔道上部应根据灌浆要求设置合理弧度。孔道直径不宜小于 40mm 和 2.5d（d 为伸入孔道的连接钢筋直径）的较大值，孔道之间的水平净间距不宜小于 50mm；孔道外壁至剪力墙外表面的净间距不宜小于 30mm；

b. 竖向钢筋连接长度范围内的水平分布钢筋应加密，加密范围自剪力墙底部至预留灌浆孔道顶部（图 5-21），且不应小于 300mm。加密区水平分布钢筋的最大间距及最小直径应符合表 5-5 的规定，最下层水平分布钢筋距离墙身底部不应大于 50mm。剪力墙竖向分布钢筋连接长度范围内未采取有效横向约束措施时，水平分布钢筋加密范围内的拉筋应加密；拉筋沿竖向的间距不宜大于 300mm 且不少于 2 排；拉筋沿水平方向的间距不宜大于竖向分布钢筋间距，直径不应小于 6mm；拉筋应紧靠被连接钢筋，并钩住最外层分布钢筋；

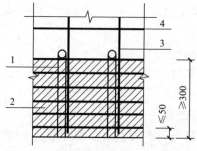

图 5-21　浆锚连接部位水平分布钢筋加密示意图

1—预留灌浆孔道；2—水平加密区域（阴影部分）；3—竖向钢筋；4—水平分布钢筋

c. 边缘构件竖向钢筋连接长度范围内应采取加密水平封闭箍筋的横向约束措施或其他可靠措施。当采用加密水平封闭箍筋约束时，应沿预留孔道直线段全高 1m 内。箍筋沿竖向的间距，一级不应大于 75mm，二、三级不应大于 100mm，四级不应大于 150mm；箍筋沿水平方向的肢距不应大于竖向钢筋间距，且不宜大于 200mm；箍筋直径一、二级不应小于 10mm，三、四级不应小于 8mm，宜采用焊接封闭箍筋（图 5-22）；

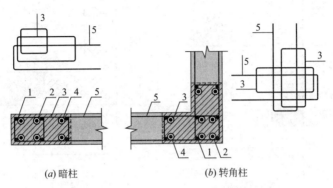

(a) 暗柱　　　　　　　　　　(b) 转角柱

图 5-22　钢筋浆锚搭接连接长度范围内约束构件封闭箍筋示意图

1—上层剪力墙竖向钢筋；2—下层剪力墙边缘构件竖向钢筋；

3—封闭箍筋；4—预留灌浆孔道；5—水平分布钢筋

3）相邻剪力墙的连接设计

对于一字形约束边缘构件，位于墙肢端部的通常与墙板一起预制，不存在接缝问题。纵横墙交接部位一般存在接缝，一般进行后浇，纵向钢筋主要配置在后浇段内，且在后浇段内应配置封闭箍筋及拉筋，预制墙板中的水平分布筋在后浇段内锚固。预制约束边缘构件的配筋构造要求与现浇结构一致。

墙肢端部的构造边缘构件通常全部预制；当采用 L 形、T 形或者 U 形墙板时，拐角处的构造边缘构件也可全部在预制剪力墙中。当采用一字形构件时，纵横墙交接处的构造边缘构件可全部后浇；为了满足构件的设计要求或施工方便也可部分后浇部分预制。当构造边缘构件部分后浇部分预制时，需要合理布置预制构件及后浇段中的钢筋，在边缘构件内形成封闭箍筋。

故《装配式混凝土建筑技术标准》GB/T 51231 指出，纵横墙交接部位一般存在接缝楼层内相邻预制剪力墙之间应采用整体式接缝连接，且应符合下列规定：

①当接缝位于纵横墙交接处的约束边缘构件区域时，约束边缘构件的阴影区域（图 5-23）宜全部采用后浇混凝土，并应在后浇段内设置封闭箍筋；

②当接缝位于纵横墙交接处的构造边缘构件区域时，构造边缘构件宜全部采用后浇混凝土（图 5-24），当仅在一面墙上设置后浇段时，后浇段的长度不宜小于 300mm（图 5-25）；

③边缘构件内的配筋及构造要求应符合现行国家标准《建筑抗震设计规范》GB 50011 的有关规定；预制剪力墙的水平分布钢筋在后浇段内的锚固、连接应符合现行国家标准《混凝土结构设计规范》GB 50010 的有关规定；

④非边缘构件位置，相邻预制剪力墙之间应设置后浇段，后浇段的宽度不应小于墙厚且不宜小于 200mm；后浇段内应设置不少于 4 根竖向钢筋，钢筋直径不应小于墙体竖向分布钢筋直径且不应小于 8mm；两侧墙体的水平分布钢筋在后浇段内的连接应符合现行

国家标准《混凝土结构设计规范》GB 50010 的有关规定。

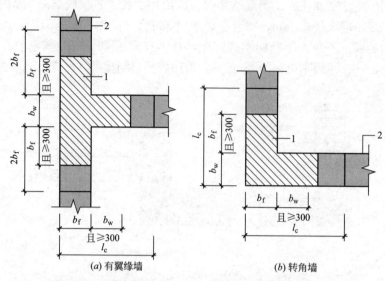

(a) 有翼缘墙   *(b)* 转角墙

图 5-23　约束边缘构件阴影区域后浇示意图（阴影区域为斜线填充范围）

1—后浇段；2—预制剪力墙

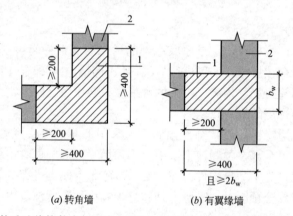

(a) 转角墙   *(b)* 有翼缘墙

图 5-24　构造边缘构件全部后浇示意图（阴影区域为构造边缘构件填充范围）

1—后浇段；2—预制剪力墙

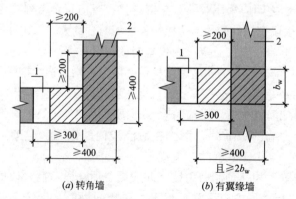

(a) 转角墙   *(b)* 有翼缘墙

图 5-25　构造边缘构件局部后浇示意图（阴影区域为构造边缘构件范围）

1—后浇段；2—预制剪力墙

4）剪力墙底缝设置作法

当采用套筒灌浆连接或浆锚搭接连接时，预制剪力墙底部接缝宜设置在楼面标高处。由于灌浆料强度较高且流动性好，有利于保证接缝承载力。当接缝高度不宜小于 20mm，宜采用灌浆料填实，接缝处后浇混凝土上表面应设置粗糙面。

5）预制剪力墙圈梁设置

①屋面及立面收进的楼层，应在预制剪力墙顶部设置封闭的后浇钢筋混凝土圈梁，如图 5-26 所示，并应符合下列规定：

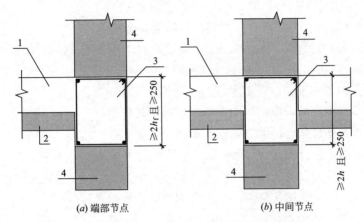

(a) 端部节点　　　　　　　(b) 中间节点

图 5-26　后浇钢筋混凝土圈梁构造示意图

1—后浇混凝土叠合层；2—预制板；3—后浇圈梁；4—预制剪力墙

圈梁截面宽度不应小于剪力墙的厚度，截面高度不宜小于楼板厚度及 250mm 的较大值；圈梁应与现浇或者叠合楼、屋盖浇筑成整体。

圈梁内配置的纵向钢筋不应少于 $4\phi12$，且按全截面计算的配筋率不应小于 0.5% 和水平分布筋配筋率的较大值，纵向钢筋竖向间距不应大于 200mm；箍筋间距不应大于 200mm，且直径不应小于 8mm。

②各层楼面位置，预制剪力墙顶部无后浇圈梁时，应设置连续的水平后浇带（图 5-27）；水平后浇带应符合下列规定：

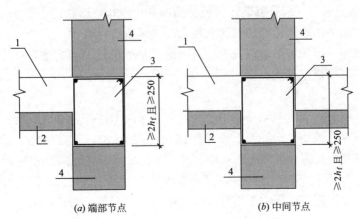

(a) 端部节点　　　　　　　(b) 中间节点

图 5-27　后浇钢筋混凝土圈梁构造示意图

1—后浇混凝土叠合层；2—预制板；3—水平后浇带；4—预制剪力墙；5—纵向钢筋

水平后浇带宽度应取剪力墙的厚度，高度不应小于楼板厚度；水平后浇带应与现浇或者叠合楼、屋盖浇筑成整体。

水平后浇带内应配置不少于 2 根连续纵向钢筋，其直径不宜小于 12mm。

6）水平缝地震验算

预制剪力墙水平接缝受剪承载力设计值的计算公式，主要采用剪摩擦的原理，考虑了钢筋和轴力的共同作用。进行预制剪力墙底部水平接缝受剪承载力计算时，计算单元的选取分以下三种情况，并按下式计算。

①不开洞或者开小洞口整体墙，作为一个计算单元；

②小开口整体墙可作为一个计算单元，各墙肢联合抗剪；

③开口较大的双肢及多肢墙，各墙肢作为单独的计算单元，如式（5-6）所示。

$$V_{uE}=0.6f_yA_{sd}+0.8N \tag{5-6}$$

式中　V_{uE}——剪力墙水平接缝受剪承载力设计值（N）；

　　　f_y——垂直穿过结合面的竖向钢筋抗拉强度设计值（N/mm²）；

　　　A_{sd}——垂直穿过结合面的竖向钢筋面积（mm²）；

　　　N——与剪力设计值 V 相应的垂直于结合面的轴向力设计值（N），压力时取正值，拉力时取负值；当大于 $0.6f_cbh_0$；此处 f_c 为混凝土轴心抗压强度设计值，b 为剪力墙厚度，h_0 为剪力墙截面有效高度。

7）上下层预制剪力墙连接设计

①边缘构件的竖向钢筋应逐根连接。

②预制剪力墙的竖向分布钢筋宜采用双排连接，当采用"梅花形"部分连接时，应符合套筒灌浆连接、挤压套筒连接及浆锚搭接相关规定。

③除下列情况外，墙体厚度不大于 200mm 的丙类建筑预制剪力墙的竖向分布钢筋可采用单排连接，采用单排连接时，应符合套筒灌浆连接及挤压套筒连接的规定，且在计算分析时不应考虑剪力墙平面外刚度及承载力。

a. 抗震等级为一级的剪力墙；

b. 轴压比大于 0.3 的抗震等级为二、三、四级的剪力墙；

c. 一侧无楼板的剪力墙；

d. 一字形剪力墙、一端有翼墙连接但剪力墙非边缘构件区长度大于 3m 的剪力墙以及两端有翼墙连接但剪力墙非边缘构件区长度大于 6m 的剪力墙。

④抗震等级为一级的剪力墙以及二、三级底部加强部位的剪力墙，剪力墙的边缘构件竖向钢筋宜采用套筒灌浆连接。

8）套筒灌浆连接设计规定

当上下层预制剪力墙竖向钢筋采用套筒灌浆连接时，应符合下列规定：

当竖向分布钢筋采用"梅花形"部分连接时（图 5-28），连接钢筋的配筋率不应小于现行国家标准《建筑抗震设计规范》GB 50011 规定的剪力墙竖向分布钢筋最小配筋率要求，连接钢筋的直径不应小于 12mm，同侧间距不应大于 600mm，且在剪力墙构件承载力设计和分布钢筋配筋率计算中不得计入未连接的分布钢筋；未连接的竖向分布钢筋直径不应小于 6mm。

当竖向分布钢筋采用单排连接时（图 5-29），应符合各种工况承载力规定；剪力墙两

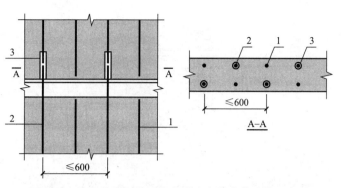

图 5-28　竖向分布钢筋"梅花形"套筒灌浆连接示意图

1—未连接的竖向分布钢筋；2—连接的竖向分布钢筋；3—灌浆套筒

侧竖向分布钢筋与配置于墙体厚度中部的连接钢筋搭接连接，连接钢筋位于内、外侧被连接钢筋的中间；连接钢筋受拉承载力不应小于上下层被连接钢筋受拉承载力较大值的 1.1 倍，间距不宜大于 300mm。下层剪力墙连接钢筋自下层预制墙顶算起的埋置长度不应小于 $1.2l_{aE}+b_w/2$（b_w 为墙体厚度），上层剪力墙连接钢筋自套筒顶面算起的埋置长度不应小于 l_{aE}，上层连接钢筋顶部至套筒底部的长度尚不应小于 $1.2l_{aE}+b_w/2$，l_{aE} 按连接钢筋直径计算。钢筋连接长度范围内应配置拉筋，同一连接接头内的拉筋配筋面积不应小于连接钢筋的面积；拉筋沿竖向的间距不应大于水平分布钢筋间距，且不宜大于 150mm；拉筋沿水平方向的间距不应大于竖向分布钢筋间距，直径不应小于 6mm；拉筋应紧靠连接钢筋，并钩住最外层分布钢筋。

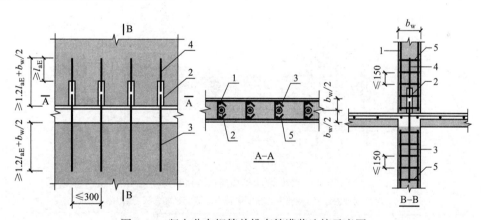

图 5-29　竖向分布钢筋单排套筒灌浆连接示意图

1—上层预制剪力墙竖向分布钢筋；2—灌浆套筒；3—下层剪力墙连接钢筋；4—上层剪力墙连接钢筋；5—拉筋

9）挤压套筒连接规定

当上下层预制剪力墙竖向钢筋采用挤压套筒连接时，应符合下列规定：

预制剪力墙底后浇段内的水平钢筋直径不应小于 10mm 和预制剪力墙水平分布钢筋直径的较大值，间距不宜大于 100mm；楼板顶面以上第一道水平钢筋距楼板顶面不宜大于 50mm，套筒上端第一道水平钢筋距套筒顶部不宜大于 20mm（图 5-30）。

当竖向分布钢筋采用"梅花形"部分连接时（图 5-31），技术要求同"梅花形"套筒灌浆连接相关规定。

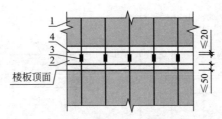

图 5-30　预制剪力墙底后浇水平钢筋配置示意图

1—预制剪力墙；2—墙底后浇段；3—挤压套筒；4—水平钢筋

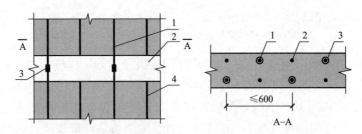

图 5-31　预制剪力墙底后浇水平钢筋配置示意图

1—预制剪力墙；2—墙底后浇段；3—挤压套筒；4—水平钢筋

10）浆锚搭接连接规定

当竖向钢筋非单排连接时，下层预制剪力墙连接钢筋伸入预留灌浆孔道内的长度不应小于 $1.2l_{aE}$（图 5-32）。

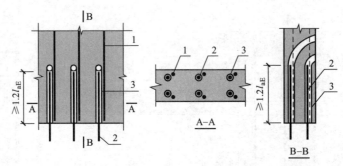

图 5-32　竖向钢筋浆锚搭接连接构造示意

1—上层预制剪力墙竖向钢筋；2—下层剪力墙竖向钢筋；3—预留灌浆孔道

当竖向分布钢筋采用"梅花形"部分连接时（图 5-33），要求同"梅花形"套筒灌浆连接相关规定。

当竖向分布钢筋采用单排连接时（图 5-34），竖向分布钢筋应符合相关承载力规定；剪力墙两侧竖向分布钢筋与配置于墙体厚度中部的连接钢筋搭接连接，连接钢筋位于内、外侧被连接钢筋的中间；连接钢筋受拉承载力不应小于上下层被连接钢筋受拉承载力较大值的 1.1 倍，间距不宜大于 300mm。连接钢筋自下层剪力墙顶算起的埋置长度不应小于 $1.2l_{aE}+b_w/2$（b_w 为墙体厚度）自上层预制墙体底部伸入预留灌浆孔道内的长度不应小于 $1.2l_{aE}+b_w/2$，l_{aE} 按连接钢筋直径计算。钢筋连接长度范围内应配置拉筋，同一连接接头内的拉筋配筋面积不应小于连接钢筋的面积；拉筋沿竖向的间距不应大于水平分布钢筋间

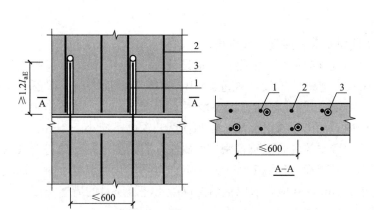

图 5-33　竖向分布钢筋"梅花形"浆锚搭接连接构造示意图

1—连接的竖向分布钢筋；2—未连接的竖向分布钢筋；3—预留灌浆通道

距，且不宜大于 150mm；拉筋沿水平方向的肢距不应大于竖向分布钢筋间距，直径不应小于 6mm；拉筋应紧靠连接钢筋，并钩住最外层分布钢筋。

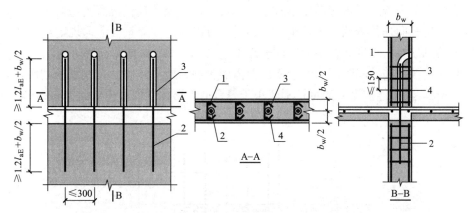

图 5-34　竖向分布钢筋单排浆锚搭接连接构造示意图

1—连接的竖向分布钢筋；2—未连接的竖向分布钢筋；3—预留灌浆通道；4—拉筋

（3）双面叠合墙设计

双面叠合墙综合预制结构施工进度快及现浇结构整体性好的优点，预制部分不仅大范围地取代了现浇部分的模板，而且还为剪力墙结构提供了一定的结构强度，还能为结构施工提供了操作平台，减轻支撑体系的压力。

1）适用高度

双面叠合剪力墙房屋的最大适用高度应符合表 5-6 的规定。

双面叠合剪力墙房屋最大适用高度（m）　　　　　　　　　　　表 5-6

结构类型	抗震设防烈度			
	6 度	7 度	8 度(0.20g)	8 度(0.30g)
双面叠合剪力墙结构	90	80	60	50

2）适用范围

双面叠合剪力墙结构底部加强部位的剪力墙宜采用现浇混凝土，标准层部位才采用双面叠合剪力墙。

3）叠合墙截面要求及混凝土规格规定

叠合墙的截面设计应符合《混凝土结构设计规范》GB 50010、《高层建筑混凝土结构技术规程》JGJ 3、《建筑抗震设计规范》GB 50011 等截面要求。双面叠合剪力墙的墙肢厚度不宜小于 200mm，单叶预制墙板厚度不宜小于 50mm，空腔净距不宜小于 100mm。预制墙板内外叶内表面应设置粗糙面，粗糙面凹凸深度不应小于 4mm。

双面叠合剪力墙空腔内宜浇筑自密实混凝土，自密实混凝土应符合现行行业标准《自密实混凝土应用技术规程》JGJ/T 283 的规定；当采用普通混凝土时，混凝土粗骨料的最大粒径不宜大于 20mm，并应采取保证后浇混凝土浇筑质量的措施。

4）接缝基本要求

楼层内相邻双面叠合剪力墙之间应采用整体式接缝连接；后浇混凝土与预制墙板应通过水平连接钢筋连接，水平连接钢筋的间距宜与预制墙板中水平分布钢筋的间距相同，且不宜大于 200mm；水平连接钢筋的直径不应小于叠合剪力墙预制板中水平分布钢筋的直径。

双面叠合剪力墙水平接缝高度不宜小于 50mm，接缝处现浇混凝土应浇筑密实。水平接缝处应设置竖向连接钢筋，连接钢筋应通过计算确定，并应符合下列规定：

①连接钢筋在上下层墙板中的锚固长度不应小于 $1.2l_{aE}$，如图 5-35 所示；

②竖向连接钢筋的间距不应大于叠合剪力墙预制墙板中竖向分布钢筋的间距，且不宜大于 200mm；竖向连接钢筋的直径不应小于叠合剪力墙预制墙板中竖向分布钢筋的直径。

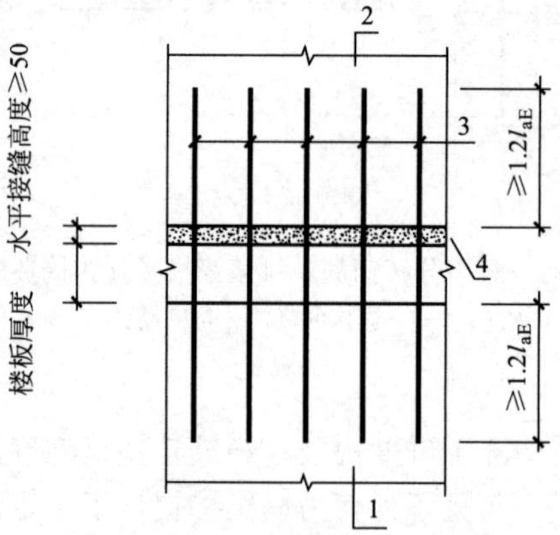

图 5-35　竖向连接钢筋搭接构造图

1—下层叠合剪力墙；2—上层叠合剪力墙；3—竖向连接钢筋；4—楼层水平接缝

5）约束边缘构件配筋及构造要求

双面叠合剪力墙结构约束边缘构件内的配筋及构造要求应符合国家现行标准《建筑抗震设计规范》GB 50011 和《高层建筑混凝土结构技术规程》JGJ 3 的有关规定，并应符合下列规定：

①约束边缘构件（图 5-36）阴影区域宜全部采用后浇混凝土，并在后浇段内设置封闭箍筋；其中暗柱阴影区域可采用叠合暗柱或现浇暗柱；

②约束边缘构件非阴影区的拉筋可由叠合墙板内的桁架钢筋代替，桁架钢筋的面积、

直径、间距应满足拉筋的相关规定。

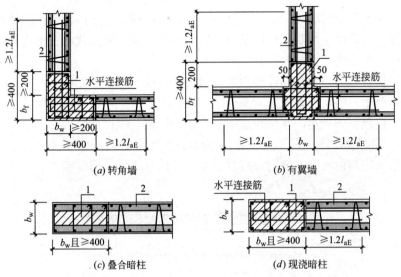

(a) 转角墙　　　　　　　　　　*(b)* 有翼墙

(c) 叠合暗柱　　　　　　　　　*(d)* 现浇暗柱

图 5-36　双面叠合墙约束边缘构件示意图

l_{aE}—约束边缘构件沿墙肢的长度；1—后浇段；2—双面叠合剪力墙

6）约束边缘构件配筋及构造要求

预制双面叠合剪力墙构造边缘构件内的配筋及构造要求应符合国家现行标准《建筑抗震设计规范》GB 50011 和《高层建筑混凝土结构技术规程》JGJ 3 的有关规定。构造边缘构件（图 5-37）宜全部采用后浇混凝土，并在后浇段内设置封闭箍筋；其中暗柱可采用叠合暗柱或现浇暗柱。

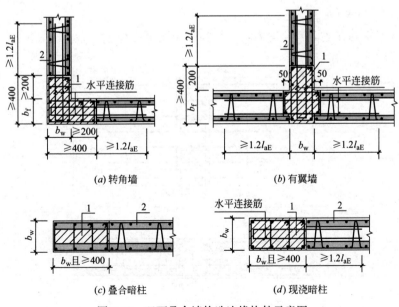

(a) 转角墙　　　　　　　　　　*(b)* 有翼墙

(c) 叠合暗柱　　　　　　　　　*(d)* 现浇暗柱

图 5-37　双面叠合墙构造边缘构件示意图

1—后浇段；2—双面叠合剪力墙

7）叠合墙的吊运设计加强措施

双面叠合剪力墙中内外叶预制墙板通过钢筋桁架连接形成整体，增强了预制构件的刚度，避免运输和安装期间墙板产生较大变形和开裂。现场在空腔内浇筑混凝土时，钢筋桁架应能承受施工荷载以及混凝土的侧压力产生的作用。钢筋桁架代替拉筋作用，保证其与两层分布钢筋可靠连接。

①钢筋桁架宜竖向设置，单片预制叠合剪力墙墙肢不应少于2榀；

②钢筋桁架中心间距不宜大于400mm，且不宜大于竖向分布筋间距的2倍；钢筋桁架距叠合剪力墙预制墙板边的水平距离不宜大于150mm（图5-38）；

③钢筋桁架的上弦钢筋直径不宜小于10mm，下弦钢筋及腹杆钢筋直径不宜小于6mm；

④钢筋桁架应与两层分布筋网片可靠连接，连接方式可采用焊接。

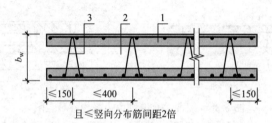

图5-38 双面叠合墙中钢筋桁架的预制布置图

1—预制部分；2—现浇部分；3—钢筋桁架部分

8）非边缘构件区域接缝设计

非边缘构件位置，相邻双面叠合剪力墙之间应设置后浇段，后浇段的宽度不应小于墙厚且不宜小于200mm，后浇段内应设置不少于4根竖向钢筋，钢筋直径不应小于墙体竖向分布筋直径且不应小于8mm；两侧墙体与后浇段之间应采用水平连接钢筋连接，水平连接钢筋应符合下列规定：

①水平连接钢筋在双面叠合剪力墙中的锚固长度不应小于$1.2l_{aE}$（图5-39）；

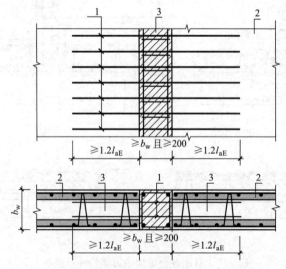

图5-39 双面叠合墙中钢筋桁架的预制布置图

1—预制部分；2—现浇部分；3—钢筋桁架部分

②水平连接钢筋的间距宜与叠合剪力墙预制墙板中水平分布钢筋的间距相同，且不宜大于 200mm；水平连接钢筋的直径不应小于叠合剪力墙预制墙板中水平分布钢筋的直径。

5.2.5　外挂墙板构件设计

外挂墙板有许多种类型，有梁式外挂墙板、柱式外挂墙板和墙式外挂墙板，由于挂板在建筑物所处的位置不同，其设计计算及连接节点有许多不同的特点，本小节主要阐述墙式预制外挂墙板。墙式预制外挂墙板可分为混凝土墙板和夹心墙板两种，预制外挂墙板不属于主体结构构件而作为装配式结构的非承重外围围护构件。预制墙板可预先将外墙装饰或隔热层与外挂墙板融于一体，形成复合外挂墙板，减少现场施工工序，同时外挂墙板采用工业批量化生产，具有施工效率高、质量好、维修费低等优点。

（1）一般规定

1）在正常使用状态下，外挂墙板应具有良好的工作性能。外挂墙板在多遇地震作用下应能正常使用；在设防烈度地震作用下经修理后仍可使用；在预估的罕遇地震作用下不应整体脱落。

支撑外挂墙板的结构构件应具有足够的承载力和刚度。

外挂墙板是建筑物的外围护结构，其本身不分担主体结构承受的荷载和地震作用。作为建筑物的外围护结构，绝大多数外挂墙板均附着于主体结构，必须具备适应主体结构变形的能力。外挂墙板适应变形的能力，可以通过多种可靠的构造措施来保证，比如足够的胶缝宽度、构件之间的活动连接等。

2）外挂墙板与主体结构宜采用柔性连接，连接节点应具有足够的承载力和适应主体结构变形的能力，并应采取可靠的防腐、防锈和防火措施。

目前，美国、日本和我国的台湾地区，外挂墙板与主体结构的连接节点主要采用柔性连接的点支承的方式。一边固定的线支承方式在我国部分地区有所应用。鉴于目前我国有关线支承的科研成果还偏少，规程优先推荐了柔性连接的点支承做法。

点支承的外挂墙板可区分为平移式外挂墙板如（图 5-40a）和旋转式外挂墙板（图 5-40b）两种形式。它们与主体结构的连接节点，又可以分为承重节点和非承重节点两类。一般情况下，外墙挂板与主体结构的连接宜设置 4 个支承点；当下部两个为承重节点时，上部两个宜为非承重节点；相反，当上部两个为承重节点时，下部两个宜为非承重节点。应注意，平移式外挂墙板与旋转式外挂墙板的承重节点和非承重节点的受力状态和构造要求是不同的，因此设计要求也是不同的。

根据相关研究成果，当外挂墙板与主体结构采用线支承连接时，连接节点的抗震性能应满足：①多遇地震和设防地震作用下连接节点保持弹性；②罕遇地震作用下外挂墙板顶部剪力键不破坏，连接钢筋不屈服。

连接节点的构造应满足：

①外挂墙板上端与楼面梁连接时，连接区段应避开楼面梁塑性铰区域；

②外挂墙板与梁的结合面应做成粗糙面并宜设置键槽，外挂墙板中应预留连接用钢筋。连接用钢筋一端应可靠地锚固在外挂墙板中，另一端应可靠地锚固在楼面梁（或板）后浇混凝土中；

③外挂墙板下端应设置 2 个非承重节点，此节点仅承受平面外水平荷载；其构造应能

保证外挂墙板具有随动性，以适应主体结构的变形。

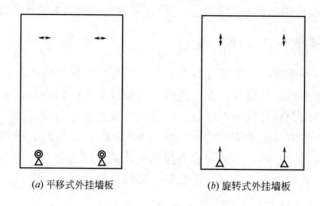

(a) 平移式外挂墙板　　　　　　(b) 旋转式外挂墙板

←→一可水平滑动；　⚙一承重铰支节点；　↕一可竖向滑动；　△一承重可向上滑动

图 5-40　外挂墙板及其连接节点形式示意图

（2）外挂墙板承载力计算

1）验算项目

外挂墙板在承载力计算过程中应考虑如下计算：

①对外挂墙板进行持久设计状况下的承载力验算时，应计算外挂墙板在平面外的风荷载效应；当进行地震设计状况下的承载力验算时，除应计算外挂墙板平面外水平地震作用效应外，尚应分别计算平面内水平和竖向地震作用效应，特别是对开有洞口的外挂墙板，更不能忽略后者；

②承重节点应能承受重力荷载、外挂墙板平面外风荷载和地震作用、平面内的水平和竖向地震作用；非承重节点仅承受上述各种荷载与作用中除重力荷载外的各项荷载与作用；

③在一定的条件下，旋转式外挂墙板可能产生重力荷载仅由一个承重节点承担的工况，应特别注意分析；

④计算重力荷载效应值时，除应计入外挂墙板自重外，尚应计入依附于外挂墙板的其他部件和材料的自重；

⑤计算风荷载效应标准值时，应分别计算风吸力和风压力在外挂墙板及其连接节点中引起的效应；

⑥对重力荷载、风荷载和地震作用，均不应忽略由于各种荷载和作用对连接节点的偏心在外挂墙板中产生的效应；

⑦外挂墙板和连接节点的截面和配筋设计应根据各种荷载和作用组合效应设计值中的最不利组合考虑。

2）设计值计算

计算外挂墙板及连接节点的承载力时，荷载组合的效应设计值应符合下列规定：

①持久设计状况

当风荷载效应起控制作用时，如式（5-7）所示：

$$S = \gamma_G S_{Gk} + \gamma_w S_{wk} \tag{5-7}$$

当永久荷载效应起控制作用时，如式（5-8）所示：

$$S = \gamma_G S_{Gk} + \psi_w \gamma_w S_{wk} \qquad (5\text{-}8)$$

②地震设计状况

在水平地震作用下，如式（5-9）所示：

$$S_{Eh} = \gamma_G S_{Gk} + \gamma_{Eh} S_{Ehk} + \psi_w \gamma_w S_{wk} \qquad (5\text{-}9)$$

竖向地震作用下，如式（5-10）所示：

$$S_{Ev} = \gamma_G S_{Gk} + \gamma_{Ev} S_{Evk} \qquad (5\text{-}10)$$

式中　S——基本组合的效应设计值；

S_{Eh}——水平地震作用组合的效应设计值；

S_{Ev}——竖向地震作用组合的效应设计值；

S_{Gk}——永久荷载的效应标准值；

S_{wk}——风荷载的效应标准值；

S_{Ehk}——水平地震作用效应标准值；

S_{Evk}——竖向地震作用的效应标准值；

γ_G——永久荷载分项系数。主要从两方面，第一方面当进行外挂墙板平面外承载力设计时，γ_G 应取为 0；进行外挂墙板平面内承载力设计时，γ_G 应取为 1.2。第二方面当进行连接节点承载力设计时，在持久设计状况下，当风荷载效应起控制作用时，γ_G 应取为 1.2，当永久荷载效应起控制作用时，γ_G 应取为 1.35；在地震设计状况下，γ_G 应取为 1.2。当永久荷载效应对连接节点承载力有利时，γ_G 应取为 1.0；

γ_w——风荷载分项系数，取 1.4；

γ_{Eh}——水平地震作用分项系数，取 1.3；

ψ_w——风荷载组合系数。在持久设计状况下取 0.6，地震设计状况下取 0.2。

③地震作用标准计算

计算水平地震作用标准值时，可采用等效侧力法，并应按下式计算，如式（5-11）所示：

$$F_{Ehk} = \beta_E \alpha_{max} G_k \qquad (5\text{-}11)$$

式中　F_{Ehk}——施加于外挂墙板重心处的水平地震作用标准值；

β_E——动力放大系数，可取 5.0；

α_{max}——地震水平影响系数最大值，按表 5-7 采用；

G_k——外挂墙板的重力荷载标准值。

水平地震影响系数最大值 α_{max}　　　　　　　　表 5-7

抗震设防烈度	6 度	7 度	8 度
α_{max}	0.04	0.08(0.12)	0.16(0.24)

注：抗震设防烈度 7 度、8 度时括号内数值分别用于设计基本地震加速度为 0.15g 和 0.30g 的地区。

计算竖向地震作用标准值可取水平地震作用标准值的 0.65 倍。

（3）外挂墙板的截面及钢筋要求

1）外挂墙板高度及厚度要求

如果将外挂墙板构件做得过大，构件尺度过长或过高，而跨越两个层高后，其主体结构层间位移对外墙挂板内力的影响较大，有时甚至需要考虑构件的 $P\text{-}\Delta$ 效应。从安全角度出发，规程规定外挂墙板的高度不宜大于一个层高，厚度不宜小于 100mm。

2）配筋要求

由于外挂墙板受到平面外风荷载和地震作用的双向作用，因此应双层、双向配筋，且应满足最小配筋率的要求。外挂墙板宜采用双层、双向配筋，竖向和水平钢筋的配筋率均不应小于 0.15%，且钢筋直径不宜小于 5mm，间距不宜大于 200mm。

3）接缝要求

外挂墙板间的接缝构造应满足防水、防火、隔声等建筑功能要求，并考虑接缝宽度应满足主体结构的层间位移、密封材料的变形能力、施工误差、温差引起变形等要求，且不应小于 15mm。

（4）外挂墙板的连接

1）点支承连接

一般情况下，外挂墙板与主体结构的连接宜设置 4 个支承点；当下部两个为承重节点时，上部两个宜为非承重节点；相反，当上部两个为承重节点时，下部两个宜为非承重节点。应注意，平移式外挂墙板与旋转式外挂墙板的承重节点和非承重节点的受力状态和构造要求是不同的，因此设计要求也是不同的。

外挂墙板与主体结构采用点支承连接时，节点构造应符合下列规定：

①连接点数量和位置应根据外挂墙板形状、尺寸确定，连接点不应少于 4 个，承重连接点不应多于 2 个；

②在外力作用下，外挂墙板相对主体结构在墙板平面内应能水平滑动或转动；

③连接件的滑动孔尺寸应根据穿孔螺栓直径、变形能力需求和施工允许偏差等因素确定。

2）线支承连接

外挂墙板与主体结构采用线支承连接时（图 5-41），节点构造应符合下列规定：

①外挂墙板顶部与梁连接，且固定连接区段应避开梁端 1.5 倍梁高长度范围；

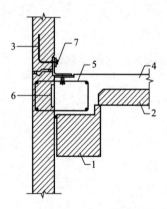

图 5-41 外挂墙板线支撑连接示意图
1—预制梁；2—预制板；3—预制外挂墙板；
4—后浇混凝土；5—连接钢筋；
6—剪力键槽；7—面外限位连接件

②外挂墙板与梁的结合面应采用粗糙面并设置键槽；接缝处应设置连接钢筋，连接钢筋数量应经过计算确定且钢筋直径不宜小于 10mm，间距不宜大于 200mm；连接钢筋在外挂墙板和楼面梁后浇混凝土中的锚固应符合现行国家标准《混凝土结构设计规范》GB 50010 的有关规定；

③外挂墙板的底端应设置不少于 2 个仅对墙板有平面外约束的连接节点；

④外挂墙板的侧边不应与主体结构连接。

5.3 预制构件的生产与运输

5.3.1 材料及检验

预制构件用原材料的种类繁多，其优劣度对预制构件的质量起决定性作用，因此应认真做好原材料的进货检验工作，相关主要材料及检验重点见表5-8。

预制构件主要材料及检验重点   表 5-8

主材	内容		检验重点	检验方法相关规范
结构主材	混凝土	水泥	强度、安定性和凝结时间	GB/T 51231(9.2.6)
		骨料	颗粒级配、细度模数、含泥量、泥块含量、针片状颗粒含量	GB/T 51231(9.2.9)、JGJ 52
		轻集料	颗粒级配、堆积密度、粒形系数、强度和吸水率、细度模数等	GB/T 51231(9.2.10)、GB/T 17431.1
		减水剂	减水率、ld抗压强度比、固体含量、含水率、pH值和密度试验	GB/T 51231(9.2.8)、GB 8076、GB 50119、JG/T 223
		掺合料	细度、需水量比和烧失量	GB/T 51231(9.2.7)、GB/T 1596、GB/T 18046、GB/T 27690
		水	饮用水可不检验、成分检测	GB/T 51231(9.2.11)、JGJ 63
	钢材	钢筋	外观质量、屈服强度、抗拉强度、伸长率、弯曲性能和重量偏差检验	GB/T 1499.1、GB/T 1499.2
		成型钢筋	屈服强度、抗拉强度、伸长率、外观质量、尺寸偏差和重量偏差检验	GB/T 51231(9.2.3、9.4.3)、GB/T 29733、JGJ 366、JGJ 114
		预应力筋	外观质量、尺寸偏差和静载锚固性能；有硬度要求的进行硬度检验	GB/T 51231(9.2.5、9.5)
连接材料	灌浆套筒		实测尺寸和偏差、外观质量、标识	GB/T 51231(9.4.2)、JGJ 355、JG/T 398
	金属波纹管		外观质量、径向刚度和抗渗漏性能	GB/T 51231(9.2.18、9.4.2)、JG 225
	焊材		外观质量、焊接性能	GB/T 51231(9.2.18、9.4.4)、JGJ 18
	夹芯保温构件拉结件		外观尺寸、材料性能、力学性能	GB/T 51231(9.2.16)
	灌浆料		抗压强度、截锥（流锥）流动度、竖向膨胀率、氯离子含量、泌水率	JGJ 355、GB/T 50448
辅助材料	预埋件、吊件、螺栓、螺母		外观尺寸、材料性能、抗拉拔性能等	GB/T 51231(9.2.15、9.4.4)
饰材与门窗	面砖、石材、装饰板、表面涂料、门窗		完整性、外观尺寸、颜色、质感、偏差、有害物质限量等	GB 50210、JGJ 367、GB 8478

5.3.2 工序及加工

（1）预制构件制作工序

构件制作的一般工序为（图 5-42）：模具组装→安放钢筋→安放灌浆套筒、浆锚孔内模、波纹管→安放窗框、预埋件→隐蔽验收→混凝土浇捣→蒸养、脱模→起吊存放→成品初检→修补→出厂检验→出厂运输。

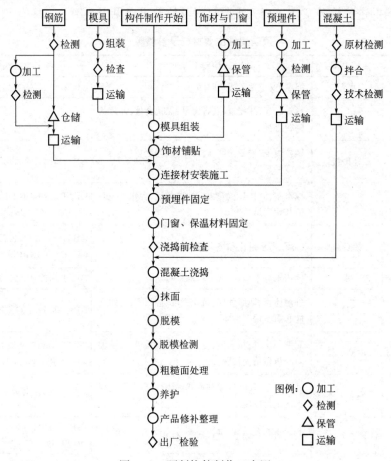

图 5-42   预制构件制作工序图

（2）预制构件的加工要点

1）模具制作技术要求

模具是专门用来生产预制构件的各种模板系统，模具应具有足够的强度、刚度和整体稳固性，并应符合下列规定：

①模具应装拆方便，并应满足预制构件质量、生产工艺和周转次数等要求；

②模具各部件之间应连接牢固，接缝应紧密，附带的埋件或工装应定位准确，安装牢固；

图 5-43　出筋尺寸的精细控制　　　　　　图 5-44　预制外墙板模具

③用作底模的台座、胎模、地坪及铺设的底板等应平整光洁，不得有下沉、裂缝、起砂和起鼓；

④模具应保持清洁，表面涂刷隔离剂、缓凝剂时应均匀、无漏刷、无堆积，且不得沾污钢筋；

图 5-45　预制楼梯模具　　　　　　图 5-46　预制柱模具

⑤模具应定期检查，检查内容包括侧模、预埋件和预留孔洞定位措施的有效性；

⑥模具与模台间的螺栓、定位销、磁盒等固定方式应可靠，防止混凝土振捣成型时造成模具偏移和漏浆。

除特殊要求外，预制构件模具尺寸偏差和检验方法应符合表 5-9 规定。

预制构件模具尺寸允许偏差和检验方法　　　　　　　　表 5-9

检验项目、内容		允许偏差(mm)	检验方法
长度	≤6m	1，−2	用尺量平行构件高度方向，取其中偏差绝对值较大处
	>6m 且≤12m	2，−4	
	>12m	3，−5	
宽度、高(厚)度	墙板	1，−2	用尺测量两端或中部，取其中偏差绝对值较大处
	其他构件	2，−4	

续表

检验项目、内容	允许偏差(mm)	检验方法
底模表面平整度	2	用2m靠尺和塞尺量
对角线差	3	用尺量对角线
侧向弯曲	$L/1500$ 且≤5	拉线,用钢尺量测侧向弯曲最大处
翘曲	$L/1500$	对角拉线测量交点间距离值的两倍
组装缝隙	1	用塞片或塞尺量测,取最大值
端模与侧模高低差	1	用钢尺量

2）预埋件和预留孔洞的安装留置要求

构件上的预埋件和预留孔洞宜通过模具进行定位，并安装牢固，其安装偏差应符合表 5-10 的规定。

模具上预埋件、预留孔洞安装允许偏差   表 5-10

检验项目		允许偏差（mm）	检验方法
预埋钢板、建筑幕墙用槽式预埋组件	中心线位置	3	用尺量测纵横两个方向的中心线位置，取其中较大值
	平面高差	±2	钢直尺和塞尺检查
预埋管、电线盒、电线管水平和垂直方向的中心线位置偏移、预留孔按预量留孔		2	用尺量测纵横两个方向的中心线位置，取其中较大值
插筋	中心线位置	3	用尺量测纵横两个方向的中心线位置，取其中较大值
	外露长度	+10,0	用尺量测
吊环	中心线位置	3	用尺量测纵横两个方向的中心线位置，取其中较大值
	外露长度	0,−5	用尺量测
预埋螺栓	中心线位置	2	用尺量测纵横两个方向的中心线位置，取中较大值
	外露长度	+5,0	用尺量测
预埋螺母	中心线位置	2	用尺量测纵横两个方向的中心线位置，取中较大值
	平面高差	±1	钢直尺和塞尺检查
预留洞	中心线位置	3	用尺量测纵横两个方向的中心线位置，取其中较大值
	尺寸	±3,0	用尺量测纵横两个方向尺寸,取其中较大值
灌浆套筒及连接钢筋	灌浆套筒中心线位置	1	用尺量测纵横两个方向的中心线位置，取其中较大值
	连接钢筋中心线位置	1	用尺量测纵横两个方向的中心线位置，取其中较大值
	连接钢筋外露长度	+5,0	用尺量测

3）钢筋与成型钢筋加工技术要求

钢筋对混凝土结构的承载能力至关重要，对其制作质量应从严要求，钢筋与成型钢筋的加工，宜采用自动化机械设备加工，技术要求应符合下列规定：

①钢筋接头的方式、位置、同一截面受力钢筋的接头百分率、钢筋的搭接长度及锚固长度等应符合设计要求或国家现行有关标准的规定。

②螺纹接头和半灌浆套筒接头应使用专用扭力扳手拧紧至规定扭力值。

③钢筋表面不得有油污，不应严重锈蚀。

④钢筋网片和钢筋骨架宜采用专用吊架进行吊运。

⑤保护层垫块宜与钢筋骨架或网片绑扎牢固，按梅花状布置，间距满足钢筋限位及控制变形要求，钢筋绑扎丝甩扣应弯向构件内侧。

4）构件成型与养护

①隐蔽工程检查。浇筑混凝土前应进行钢筋的隐蔽工程检查，是保证构件满足结构性能的关键质量控制环节，应严格执行，隐蔽工程检查项目应包括：

a. 钢筋的牌号、规格、数量、位置和间距；

b. 纵向受力钢筋的连接方式、接头位置、接头质量、接头面积百分率、搭接长度、锚固方式及锚固长度；

c. 箍筋弯钩的弯折角度及平直段长度；

d. 钢筋的混凝土保护层厚度；

e. 预埋件、吊环、插筋、灌浆套筒、预留孔洞、金属波纹管的规格、数量、位置及固定措施；

f. 预埋线盒和管线的规格、数量、位置及固定措施；

g. 夹芯外墙板的保温层位置和厚度，拉结件的规格、数量和位置；

h. 预应力筋及其锚具、连接器和锚垫板的品种、规格、数量、位置；

i. 预留孔道的规格、数量、位置，灌浆孔、排气孔、锚固区局部加强构造。

②混凝土浇筑，应符合下列规定：

a. 混凝土浇筑前，预埋件及预留钢筋的外露部分宜采取防止污染的措施；

b. 混凝土倾落高度不宜大于 600mm，并应均匀摊铺；

c. 混凝土浇筑应连续进行；

d. 混凝土从出机到浇筑完毕的延续时间，气温高于 25℃时不宜超过 60min，气温不高于 25℃时不宜超过 90min。

③混凝土振捣，应符合下列规定：

a. 混凝土宜采用机械振捣方式成型。振捣设备应根据混凝土的品种、工作性能、预制构件的规格和形状等因素确定；

b. 当采用振捣棒时，混凝土振捣过程中不应碰触钢筋骨架、面砖和预埋件；

c. 混凝土振捣过程中应随时检查模具有无漏浆、变形或预埋件有无移位等。

④粗糙面成型，应符合下列规定：

a. 预制构件粗糙面成型优先选用模板面预涂缓凝剂工艺，在模板面预涂缓凝剂，脱模后采用高压水冲洗露出骨料（图 5-49）；

图 5-47　混凝土布料机自动浇筑布料

图 5-48　振动台振捣

b. 叠合面粗糙面可在混凝土初凝前进行拉毛处理（图 5-51）。

图 5-49　高压水冲洗骨料

图 5-50　水洗露骨料粗糙面

图 5-51　拉毛粗糙面

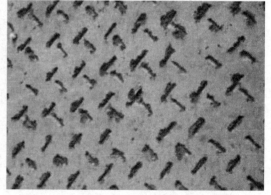

图 5-52　刻花粗糙面

⑤构件养护，应符合下列规定：

a. 根据预制构件特点和生产任务量选择自然养护、养护剂或加热养护方式；

b. 混凝土浇筑完毕或压面工序完成后应及时覆盖保湿，脱模前不得揭开；

c. 涂刷养护剂应在混凝土终凝后进行；

d. 加热养护可选择蒸汽加热、电加热或模具加热等方式；

e. 加热养护制度应通过试验确定，宜采用加热养护温度自动控制装置。宜在常温下预养护 2～6h，升、降温速度不宜超过 20℃/h，最高养护温度不宜超过 70 度。预制构件脱模时的表面温度与环境温度的差值不宜超过 25℃。

5.3.3　构件允许偏差及检验

预制构件生产时应采取措施避免出现外观质量缺陷，外观质量缺陷影响结构性能、安装和使用功能的严重程度，可按《装配式混凝土建筑技术标准》GB/T 51231-2016 的 9.7.1 条规定划分为严重缺陷和一般缺陷，该环节常见技术问题及预防措施，见 5.2.2 节的表 5-20。

（1）预制楼板类构件尺寸允许偏差及检验方法（表 5-11）

预制楼板类构件尺寸允许偏差及检验方法　　　　表 5-11

检查项目			允许偏差(mm)	检验方法
规格尺寸	长度	<12m	±5	用尺量两端及中间部，取其中偏差绝对值较大值
		≥12m 且<18m	±10	
		≥18m	±20	
	宽度		±5	用尺量两端及中间部，取其中偏差绝对值较大值
	厚度		±5	用尺量板四角和四边中部位置共 8 处，取其中偏差绝对值较大值
	对角线差		6	在构件表面，用尺量测两对角钱的长度，取其绝对值的差值
外形	表面平整度	内表面	4	用 2m 靠尺安放在构件表面上，用楔形塞尺量靠尺与表面之间的最大缝隙
		外表面	3	
	楼板侧向弯曲		L/750 且≤20	拉线，钢尺量最大弯曲处
	扭翘		L/750	四对角拉两条线，量测两线交点之间的距离，其值的 2 倍为扭翘值
预埋件	预埋钢板	中心线位置偏差	5	用尺量测纵横两个方向的中心线位置，取其中较大值
		平面高差	0，-5	用尺紧靠在预埋件上，用楔形塞尺量纵预埋件平面与混凝土面的最大缝隙
	预埋螺栓	中心线位置偏移	2	用尺量测纵横两个方向的中心线位置，取其中较大值
		外露长度	+10，-5	用尺量
	预埋线盒、电盒	在构件平面的水平方向中心位置偏差	10	用尺量
		与构件表面混凝土高差	0，-5	用尺量

续表

检查项目		允许偏差(mm)	检验方法
预留孔	中心线位置偏移	5	用尺量测纵横两个方向的中心线位置,取其中较大值
	孔尺寸	±5	用尺量测纵横两个方向尺寸,取其最大值
预留洞	中心线位置偏移	5	用尺量测纵横两个方向的中心线位置,取其中较大值
	洞口尺寸、深度	±5	用尺量测纵横两个方向尺寸,取其最大值
预留插筋	中心线位置偏移	3	用尺量测纵横两个方向的中心线位置,取其中较大值
	外露长度	±5	用尺量
吊环、木砖	中心线位置偏移	10	用尺量测纵横两个方向的中心线位置,取其中较大值
	留出高度	0,−10	用尺量
桁架钢筋高度		+5,0	用尺量

(2) 预制墙板类构件外形尺寸允许偏差及检验方法

预制墙板类构件外形尺寸允许偏差及检验方法 表 5-12

检查项目			允许偏差(mm)	检验方法
规格尺寸	高度		±4	用尺量两端及中间部,取其中偏差绝对值较大值
	宽度		±4	用尺量两端及中间部,取其中偏差绝对值较大值
	厚度		±3	用尺量板四角和四边中部位置共8处,取其中偏差绝对值较大值
对角线差			5	在构件表面,用尺量测两对角线的长度,取其绝对值的差值
外形	表面平整	内表面	4	用2m靠尺安放在构件表面上,用楔形塞尺量测靠尺
		外表面	3	
	侧向弯曲		$L/1000$ 且≤20	拉线,钢尺量最大弯曲处
	扭翘		$L/1000$	四对角拉两条线,测两线交点之间的距离其值的2倍为扭翘值
预埋部件	预埋钢板	中心线位置偏移	5	用尺量测纵横两个方向的中心线位置,取其中较大值
		平面高差	0,−5	用尺紧靠在预埋件上,用楔形塞尺量测预埋件平面与混凝土面的最大缝隙
	预埋螺栓	中心线位置偏移	2	用尺量测纵横两个方向的中心线位置,取其中较大值
		外露长度	+10,−5	用尺量
	预埋套筒、螺母	中心线位置偏移	2	用尺量测纵横两个方向的中心线位置,取其中较大值
		平面高差	0,−5	用尺紧靠在预埋件上,用楔形塞尺量测预埋件平面与混凝土面的最大缝隙

续表

检查项目		允许偏差 （mm）	检验方法
预留孔	中心线位置偏移	5	用尺量测纵横两个方向的中心线位置，取其中较大值
	孔尺寸	±5	用尺量测纵横两个方向尺寸，取其最大值
预留洞口	中心线位置偏移	5	用尺量测纵横两个方向的中心线位置，取其中较大值
	洞口尺寸、深度	±5	用尺量测纵横两个方向尺寸，取其最大值
预留插筋	中心线位置偏移	3	用尺量测纵横两个方向的中心线位置，取其中较大值
	外露长度	±5	用尺量
吊环、木砖	中心线位置偏移	10	用尺量纵横两个方向的中心线位置，取其中较大值
	与表面混凝土高差	0，−10	用尺量
键槽	中心线位置偏移	5	用尺量纵横两个方向的中心线位置，取其中较大值
	长度、宽度	±5	用尺量
	深度	±5	用尺量
灌浆套筒及 连接钢筋	灌浆套筒中心线位置	2	用尺量纵横两个方向的中心线位置，取其中较大值
	连接钢筋中心线位置	2	用尺量纵横两个方向的中心线位置，取其中较大值
	连接钢筋外露长度	+10，0	用尺量

（3）预制梁柱桁架类构件外形尺寸允许偏差及检验方法（表 5-13）

预制梁柱桁架类构件外形尺寸允许偏差及检验方法 表 5-13

检查项目			允许偏差 （mm）	检验方法
规格尺寸	长度	<12m	±5	用尺量两端及中间部，取其中偏差绝对值较大值
		≥12m 且<18m	±10	
		≥18m	±20	
	宽度		±5	用尺量两端及中间部，取其中偏差绝对值较大值
	高度		±5	用尺量板四角和四边中部位置共 8 处，取其中偏差绝对值较大值
表面平整度			4	用 2m 靠尺安放在构件表面上，用楔形塞尺量测靠尺与表面之间的最大缝隙
侧向弯曲	梁柱		$L/750$ 且≤20	拉线，钢尺量最大弯曲处
	桁架		$L/1000$ 且≤20	
预埋部件	预埋钢板	中心线位置偏移	5	用尺量测纵横两个方向的中心线位置，取其中较大值
		平面高差	0，−5	用尺紧靠在预埋件上，用楔形塞尺量测预埋件平面与混凝土面的最大缝隙
	预埋螺栓	中心线位置偏移	2	用尺量测纵横两个方向的中心线位置，取其中较大值
		外露长度	+10，−5	用尺量

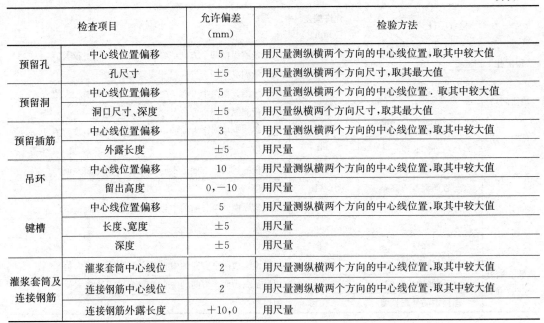

检查项目		允许偏差（mm）	检验方法
预留孔	中心线位置偏移	5	用尺量测纵横两个方向的中心线位置，取其中较大值
	孔尺寸	±5	用尺量测纵横两个方向尺寸，取其最大值
预留洞	中心线位置偏移	5	用尺量测纵横两个方向的中心线位置．取其中较大值
	洞口尺寸、深度	±5	用尺量测纵横两个方向尺寸，取其最大值
预留插筋	中心线位置偏移	3	用尺量测纵横两个方向的中心线位置，取其中较大值
	外露长度	±5	用尺量
吊环	中心线位置偏移	10	用尺量测纵横两个方向的中心线位置，取其中较大值
	留出高度	0，−10	用尺量
键槽	中心线位置偏移	5	用尺量测纵横两个方向的中心线位置，取其中较大值
	长度、宽度	±5	用尺量
	深度	±5	用尺量
灌浆套筒及连接钢筋	灌浆套筒中心线位	2	用尺量测纵横两个方向的中心线位置，取其中较大值
	连接钢筋中心线位	2	用尺量测纵横两个方向的中心线位置，取其中较大值
	连接钢筋外露长度	+10，0	用尺量

5.3.4 成品保护和运输

（1）成品存放，应符合下列规定：

1）存放场地应平整、坚实，并应有排水措施；

2）存放库区宜实行分区管理和信息化台账管理；应具有唯一编码和生产信息，并在包装的明显位置标注编码、生产单位、生产日期等；

3）应按照产品品种、规格型号、检验状态分类存放，产品标识应明确、耐久，预埋吊件应朝上，标识应向外；

4）应合理设置垫块支点位置，确保预制构件存放稳定，支点宜与起吊点位置一致；

5）与清水混凝土面接触的垫块应采取防污染措施；

6）预制构件多层叠放时，每层构件间的垫块应上下对齐；预制楼板、叠合板、阳台板和空调板等构件宜平放，叠放层数不宜超过 6 层；长期存放时，应采取措施控制预应力构件起拱值和叠合板翘曲变形；

7）预制柱、梁等细长构件宜平放且用两条垫木支撑；

8）预制内外墙板、挂板宜采用专用支架直立存放，支架应有足够的强度和刚度，薄弱构件、构件薄弱部位和门窗洞口应采取防止变形开裂的临时加固措施。

（2）成品保护，应符合下列规定：

1）外露保温板应采取防止开裂措施，外露钢筋应采取防弯折措施，外露预埋件和连结件等外露金属件应按不同环境类别进行防护或防腐；

2）宜采取保证吊装前预埋螺栓孔清洁的措施；

3）钢筋连接套筒、预埋孔洞应采取防止堵塞的临时封堵措施；

4）露骨料粗糙面冲洗完成后应对灌浆套筒的灌浆孔和出浆孔进行透光检查，并清理

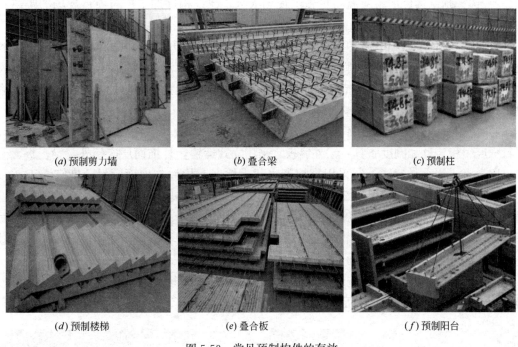

图 5-53　常见预制构件的存放

灌浆套筒内的杂物；

5）冬期生产和存放的预制构件的非贯穿孔洞应采取措施，防止雨雪水进入导致发生冻胀损坏。

（3）预制构件吊运，应符合下列规定：

1）脱模起吊时混凝土强度不应小于 15MPa，应有计算确定；

2）应根据预制构件的形状、尺寸、重量和作业半径等要求选择吊具和起重设备，所采用的吊具和起重设备及其操作，应符合国家现行有关标准及产品应用技术手册的规定；

3）吊点数量、位置应经计算确定，应保证吊具连接可靠，应采取保证起重设备的主钩位置、吊具及构件重心在竖直方向上重合的措施；

4）吊索水平夹角不宜小于 60°，不应小于 45°；

5）应采用慢起、稳升、缓放的操作方式，吊运过程，应保持稳定，不得偏斜、摇摆和扭转，严禁吊装构件长时间悬停在空中；

6）吊装大型构件、薄壁构件或形状复杂的构件时，应使用分配梁或分配桁架类吊具，并应采取避免构件变形和损伤的临时加固措施。

（4）预制构件的运输过程中应做好安全和成品防护，并制定成品保护、堆放和运输专项方案，其内容应包括运输时间、次序、堆放场地、运输路线、固定要求、堆放支垫及成品保护措施等。并应符合下列规定：

1）对于超高、超宽、形状特殊的大型预制构件的运输和存放应制定专门的质量安全保证措施（目前，国内预制构件运输主要采用重型半挂平板牵引车，城市道路桥涵限高 2m、3m、3.5m 随处可见，高速路、国道、省道通常限高 4.2～4.5m，综合载重量、限制通行时间及道路转弯半径，来合理安排运输线路）；

2）选择预制构件厂不应离项目施工现场太远，建议构件加工厂与项目现场的距离不宜超过 15km，一般而言 60km 是极限运输距离；

3）运输时宜采取如下防护措施：①设置柔性垫片避免预制构件边角部位或链索接触处的混凝土损伤；②用塑料薄膜包裹垫块避免预制构件外观污染；③墙板门窗框、装饰表面和棱角采用塑料贴膜或其他措施防护；④竖向薄壁构件设置临时防护支架；⑤装箱运输时，箱内四周采用木材或柔性垫片填实，支撑牢固；

4）应根据构件特点采用不同的运输方式，托架、靠放架、插放架应进行专门设计，进行强度、稳定性和刚度验算：①外墙板宜采用立式运输，外饰面层应朝外，梁、板、楼梯、阳台宜采用水平运输；②采用靠放架立式运输时，构件与地面倾斜角度宜大于 80°，构件应对称靠放，每侧不大于 2 层，构件层间上部采用木垫块隔离；③采用插放架直立运输时，应采取防止构件倾倒措施，构件之间应设置隔离垫块；④为确保构件表面或装饰面不被损伤，放置时插筋向内、装饰面向外；⑤水平运输时，预制梁、柱构件叠放不宜超过 3 层，板类构件叠放不宜超过 6 层；

5）研究施工场地内运输流线。施工现场内道路应根据构件运输车辆设置合理的转弯半径、道路坡度，且需考虑满足运输车辆通行的承载力要求。

图 5-54　叠合板的运输　　　　　　　　图 5-55　预制外墙板的运输

5.4　安装及验收

5.4.1　基本规定

（1）装配式混凝土结构安装基本规定

1）装配式结构施工前应制定施工组织设计、施工方案；施工组织设计的内容应符合现行国家标准《建筑施工组织设计规范》GB/T 50502 的规定；施工方案的内容应包括构件安装及节点施工方案、构件安装的质量管理及安全措施等；

2）装配式结构的后浇混凝土部位在浇筑前应进行隐蔽工程验收；

3）预制构件、安装用材料及配件等应符合设计要求及国家现行有关标准的规定；

4）吊装用吊具应按国家现行有关标准的规定进行设计、验算或试验检验；

5）吊具应根据预制构件形状、尺寸及重量等参数进行配置，吊索水平夹角不宜小于60°，且不应小于 45°；对尺寸较大或形状复杂的预制构件，宜采用有分配梁或分配桁架的吊具；

6）钢筋套筒灌浆前，应在现场模拟构件连接接头的灌浆方式，每种规格钢筋应制作不少于 3 个套筒灌浆连接接头，进行灌注质量以及接头抗拉强度的检验；经检验合格后，方可进行灌浆作业；

7）在装配式结构的施工全过程中，应采取防止预制构件及预制构件上的建筑附件、预埋件、预埋吊件等损伤或污染的保护措施；

8）未经设计允许不得对预制构件进行切割、开洞；

9）装配式结构施工过程中应采取安全措施，并应符合现行行业标准《建筑施工高处作业安全技术规范》JGJ 80、《建筑机械使用安全技术规程》JGJ 33 和《施工现场临时用电安全技术规范》JGJ 46 等的有关规定；

10）预制构件安装应实行样板引路制度，大面积安装前，应先行安装样板构件，并应根据试安装结果及时调整施工工艺、完善施工方案；

11）装配式混凝土结构安装前，根据项目装配式混凝土结构的特点，做好相关安装施工前期准备工作，包括技术准备、各种构件和材料的检查、安装机具的选择和检查以及现场作业条件的准备和复核等。

（2）装配式混凝土结构验收基本规定

1）装配式结构应按混凝土结构子分部工程进行验收；当结构中部分采用现浇混凝土结构时，装配式结构部分可作为混凝土结构子分部工程的分项工程进行验收。装配式结构验收除应符合本规程规定外，尚应符合现行国家标准《混凝土结构工程施工质量验收规范》GB 50204 的有关规定；

2）预制构件的进场质量验收应符合现行国家标准《混凝土结构工程施工质量验收规范》GB 50204 的有关规定；

3）装配式结构焊接、螺栓等连接用材料的进场验收应符合现行国家标准《钢结构工程施工质量验收标准》GB 50205 的有关规定；

4）装配式结构的外观质量除设计有专门的规定外，尚应符合现行国家标准《混凝土结构工程施工质量验收规范》GB 50204 中关于现浇混凝土结构的有关规定；

5）装配式建筑的饰面质量应符合设计要求，并应符合现行国家标准《建筑装饰装修工程质量验收标准》GB 50210 的有关规定；

6）装配式混凝土结构验收时，除应按现行国家标准《混凝土结构工程施工质量验收标准》GB 50204 的要求提供文件和记录外，尚应提供各种相关文件和记录。

5.4.2 楼盖构件安装

（1）叠合楼板安装

1）施工操作工艺

支撑体系搭设→叠合板吊具安装→叠合板吊运及就位→叠合板安装及校正→叠合板节点连接→预埋管线埋设→叠合板面层钢筋绑扎及验收→叠合板间拼缝处理→叠合板节点及

面层混凝土浇筑→叠合板支撑体系拆除。

2）支撑体系搭设

叠合板支撑体系采用可调钢支撑搭设（图 5-56），并在可调钢支撑上铺设工字钢，根据叠合板的标高线，调节钢支撑顶端高度，以满足叠合板施工要求。

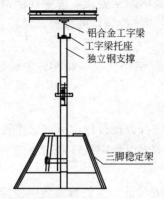

铝合金工字梁
工字梁托座
独立钢支撑
三脚稳定架

图 5-56　叠合板支撑体系

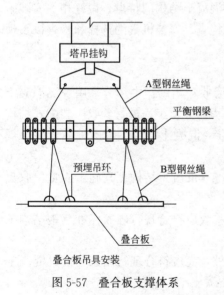

塔吊挂钩
A 型钢丝绳
平衡钢梁
预埋吊环
B 型钢丝绳
叠合板

叠合板吊具安装

图 5-57　叠合板支撑体系

3）叠合板吊具安装

塔吊挂钩挂住 A 型钢丝绳→钢丝绳通过卡环连接平衡钢梁→平衡钢梁通过卡环连接 B 型钢丝绳→B 型钢丝绳通过卡环连接叠合板预埋吊环→吊环通过预埋与叠合板连接（图 5-57）。

4）叠合板吊运及就位

①叠合板吊点采用预留拉环方式，在叠合板上预留 4 个拉环，叠合板起吊时采用平衡钢梁均衡起吊，与吊钩连接的钢丝绳与叠合板水平面所成夹角不宜小于 45°。

②叠合板吊运宜采用慢起、快升、缓放的操作方式。叠合板起吊区配置一名信号工和两名司索工，叠合板起吊时，司索工将叠合板与存放架的安全固定装置拆除，塔吊司机在信号工的指挥下，塔吊缓缓持力，当叠合板吊离存放架面正上方约 500mm 时，检查吊钩是否有歪扭或卡死现象及各吊点受力是否均匀，并进行调整。

③叠合板就位

叠合板就位前，清理叠合板安装部位基层，在信号工的指挥下，将叠合板吊运至安装部位的正上方，并核对叠合板的编号。

5）叠合板的安装及校正

①叠合板安装

预制剪力墙、柱作为叠合板的支座，塔吊在信号工的指挥下，将叠合板缓缓下落至设计安装部位，叠合板搁置长度应满足设计规范要求，叠合板预留钢筋锚入剪力墙、柱的长度应符合规范要求。

②叠合板校正

a. 叠合板标高校正：吊装工根据叠合板标高控制线，调节支撑体系顶托，对叠合板标高进行校正；

b. 叠合板轴线位置校正：吊装工根据叠合板轴线位置控制线，利用楔形小木块嵌入叠合板中，并对叠合板轴线位置进行调整。

6）叠合板节点连接

①叠合板与预制剪力墙连接

a. 叠合板与预制剪力墙端部连接

预制剪力墙作为叠合板的端支座，叠合板搁置在预制剪力墙上，叠合板纵向受力钢筋在预制剪力墙端节点处采用锚入形式，搁置长度、锚固长均应符合设计规范要求。

b. 叠合板与预制剪力墙中间连接

预制剪力墙作为叠合板的中支座，预制剪力墙两端的叠合板分别搁置在预制剪力墙上，搁置长度应符合设计规范要求，叠合板纵向受力底筋在中间节点宜贯通或采用对接连接，面筋采用贯通钢筋连接预制剪力墙两端的叠合板面层。

②叠合板与叠合梁连接

叠合梁安装后，叠合梁的预制反槛作为叠合板的支座，叠合板搁置在叠合梁上，叠合板纵向受力钢筋锚入叠合梁内，搁置长度和锚固长度均应符合设计规范要求。

7）预埋管线埋设

在叠合板施工完毕后，绑扎叠合板面筋同时埋设预埋管线，将预埋管线与叠合板面筋绑扎固定，预埋管线埋设应符合设计和规范要求。

8）叠合板面层钢筋绑扎及验收

①叠合板面层钢筋绑扎时，应根据在叠合板上方钢筋间距控制线绑扎；

②叠合板桁架钢筋作为叠合板面层钢筋的马凳，确保面层钢筋的保护层厚度；

③叠合板节点处理及面层钢筋绑扎后，由工程项目监理人员对此进行验收。

9）叠合板间拼缝处理

①为保证叠合板拼缝处钢筋的保护层厚度和楼板厚度，在叠合板的拼缝处板上边缘设置了 30mm×30mm 的倒角；

②叠合板安装完成后，采用较原结构高一等级的无收缩混凝土浇筑叠合板间拼缝。

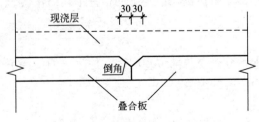

图 5-58　叠合板间拼缝处理

10）叠合板节点及面层混凝土浇筑

①混凝土浇筑前，应将模板内及叠合面垃圾清理干净，并剔除叠合面松动的石子、浮浆；

②叠合板表面清理干净后，应在混凝土浇筑前24h对节点及叠合面浇水湿润，浇筑前1h吸干积水；

③叠合板节点采用较原结构高一等级的无收缩混凝土浇筑，节点混凝土采用插入式振捣棒振捣，叠合板面层混凝土采用平板振动器振捣。

11）叠合板支撑体系拆除

叠合板浇筑的混凝土达到设计强度后，方可拆除叠合板支撑体系。

（2）叠合梁安装

1）施工操作工艺

支撑体系搭设→叠合梁吊具及辅助施工机具安装→叠合梁吊运及就位→叠合梁安装及校正→叠合梁节点连接→叠合梁面层钢筋绑扎及验收→叠合梁节点及面层混凝土浇筑→叠合梁支撑体系拆除。

2）支撑体系搭设

叠合梁支撑体系搭设类似于叠合板支撑体系。

3）叠合梁吊具及辅助施工机具安装

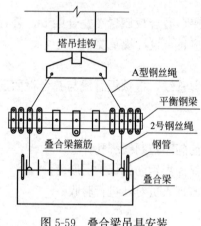

图 5-59　叠合梁吊具安装

①叠合梁吊具安装

塔吊挂钩挂住 A 型钢丝绳→钢丝绳通过卡环连接平衡钢梁→平衡钢梁通过卡环连接 B 型钢丝绳→B 型钢丝绳通过卡环连接叠合梁预埋拉环→拉环通过预埋与叠合梁连接。

②叠合梁在预制过程中在其顶面两端各设置一根安全维护插筋，利用安全维护插筋固定钢管，通过钢管间的安全固定绳固定施工人员佩戴的安全索，插筋的直径应与钢管直径相匹配。

4）叠合梁吊运及就位

①叠合梁吊点采用预留拉环方式，起吊钢丝绳与叠合梁水平面所成夹角不宜小于 45°。

②叠合梁吊运宜采用慢起、快升、缓放的操作方式。叠合梁起吊区配置一名信号工和两名司索工，叠合梁起吊时，司索工将叠合梁与存放架的安全固定装置拆除，塔吊司机在信号工的指挥下，塔吊缓缓持力，将叠合梁吊离存放架。

③叠合梁就位

叠合梁就位前，清理叠合梁安装部位基层，在信号工的指挥下，将叠合梁吊运至安装部位的正上方，并核对叠合梁的编号。

5）叠合梁的安装及校正

①叠合梁安装

当叠合梁安装就位后，塔吊在信号工的指挥下，将叠合梁缓缓下落至设计安装部位，叠合梁支座搁置长度应满足设计要求，叠合梁预留钢筋锚入剪力墙、柱的长度应符合规范要求。

②叠合梁校正

a. 叠合梁标高校正：吊装工根据叠合梁标高控制线，调节支撑体系顶托，对叠合梁标高进行校正。

b. 叠合梁轴线位置校正：吊装工根据叠合梁轴线位置控制线，利用楔形小木块嵌入叠合梁中，并对叠合梁轴线位置进行调整。

6）叠合梁节点连接

①叠合主次梁节点连接

a. 叠合主次梁边节点

情况 1：叠合主梁作为叠合次梁的支座，叠合次梁预留钢筋锚入叠合主梁，锚入钢筋长度应符合设计规范要求。

情况 2：叠合主梁预埋钢板作为叠合次梁的支座，叠合次梁预制部分端头采用栓钉铰接牛担板，牛担板安装在钢板支座上后，通过现浇混凝土将叠合主梁和叠合次梁进行连接，预埋钢板厚度及牛担板伸入叠合的主梁长度应符合设计规范要求（图 5-60）。

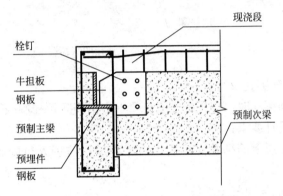

图 5-60　叠合主次梁边节点连接（情况 2）

b. 叠合主次梁中节点

情况 1：叠合主梁作为叠合次梁的支座，叠合次梁分别搁置在叠合主梁上，搁置长度应符合设计规范要求，在叠合次梁键槽处底部采用搭接钢筋连接叠合次梁底筋，面筋采用贯通钢筋连接叠合主次梁。

情况 2：叠合主梁作为预埋钢板叠合次梁的支座，叠合次梁预制部分端头采用栓钉铰接牛担板，牛担板安装在钢板支座上后，通过现浇混凝土将叠合主梁和叠合次梁进行连接，预埋钢板厚度牛担板伸入叠合主梁的长度应符合设计规范要求（图 5-61）。

②叠合梁与预制剪力墙、柱节点连接

a. 叠合梁与预制剪力墙、柱端部节点

预制剪力墙、柱作为叠合梁的支座，叠合梁搁置在预制剪力墙、柱上，叠合梁纵向受力钢筋在预制剪力墙、柱端节点处采用机械直锚，搁置长度、锚固长度均应符合设计规范要求。

b. 叠合梁与预制剪力墙、柱中间节点

预制剪力墙、柱作为叠合梁的支座，预制剪力墙、柱两端的叠合梁分别搁置在预制剪力墙、柱上，搁置长度应符合设计规范要求，叠合梁纵向受力底筋在中间节点宜贯通或采用对接连接，面筋采用贯通钢筋连接预制剪力墙、柱两端的叠合梁面层。

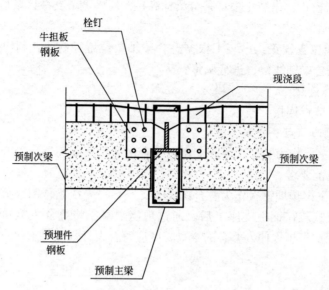

图 5-61　叠合主次梁中节点连接图（情况 2）

7）叠合梁面层钢筋绑扎及验收

①叠合梁面层钢筋绑扎时，应根据在叠合梁上方钢筋间距控制线进行钢筋绑扎，保证钢筋搭接和间距符合设计要求；

②叠合梁节点及面层钢筋绑扎完毕后，由工程项目监理人员验收，方可进行混凝土浇筑。

8）叠合梁节点及面层混凝土浇筑

①混凝土浇筑前，应将模板内及叠合面的垃圾清理干净，并剔除叠合面松动的石子、浮浆；

②叠合梁表面清理干净后，应在混凝土浇筑前 24h 对节点及叠合面浇水湿润，浇筑前 1h 吸干积水；

③叠合梁节点采用较原结构高一等级的无收缩混凝土浇筑，节点混凝土采用插入式振捣棒振捣，叠合梁面层混凝土采用平板振动器振捣。

9）叠合梁支撑体系拆除

叠合梁浇筑的混凝土达到设计强度后，方可拆除叠合梁支撑体系。

5.4.3　竖向承重构件安装

预制剪力墙、柱安装

（1）施工操作工艺

标高找平→竖向预留钢筋校正→预制剪力墙、柱预埋件及吊具安装→预制剪力墙、柱吊运及就位→预制剪力墙安装及校正→现浇节点施工→浆锚节点施工→养护。

（2）标高找平

预制剪力墙、柱安装施工前，通过激光扫平仪和钢尺检查楼板面平整度，用铁制垫片使楼层平整度控制在允许偏差范围内。

（3）竖向预留钢筋校正

根据所弹出墙、柱线，采用钢筋限位框，对预留插筋进行位置复核，对中心位置偏差超过 10mm 的插筋，根据图纸采用 1∶6 冷弯校正，不得烘烤，对个别偏差较大的插筋，应将插筋根部混凝土剔凿至有效高度后再进行冷弯矫正，以确保预制剪力墙、柱浆锚连接的质量。

（4）吊具及紧固件安装

1）预制剪力墙、柱吊具安装

①预制剪力墙吊具安装（图 5-62）

塔吊挂钩挂住两条 A 型钢丝绳→A 型钢丝绳通过卡环连接平衡钢梁→平衡钢梁通过卡环连接 B 型钢丝绳→B 型钢丝绳通卡环和预制剪力墙预埋吊环连接→预埋吊环和预制剪力墙连接。

②预制柱吊具安装（图 5-63）

塔吊挂钩挂住两条 A 型钢丝绳→A 型钢丝绳连接起吊卡环→A 型钢丝绳通卡环和预制剪力墙预埋吊环连接→预埋吊环和预制剪力墙连接。

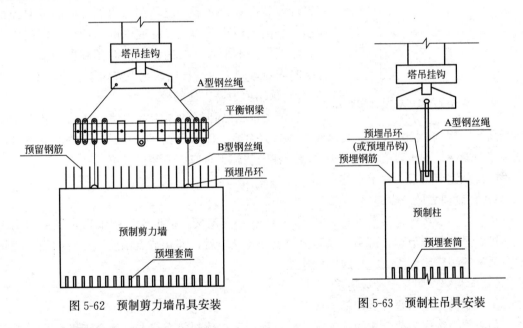

图 5-62　预制剪力墙吊具安装　　　　　　图 5-63　预制柱吊具安装

2）预制剪力墙、柱紧固件的安装

预制剪力墙、柱紧固件分别在起吊区和安装层安装，紧固件通过两端的高强螺栓穿过预埋在结构板（预制剪力墙、柱）内的螺纹套筒与楼板（预制剪力墙、柱）连接成为整体，通过调节斜支撑来控制预制剪力墙、柱的垂直度以及对预制剪力墙、柱进行临时固定。

（5）预制剪力墙、柱吊运及就位

1）预制剪力墙、柱起吊方式

预制剪力墙的吊点采用预留拉环的方式，起吊钢丝绳与预制剪力墙预埋吊环垂直连接，钢丝绳应处于起吊点的正上方。

2）预制剪力墙、柱的吊运

预制剪力墙、柱采用慢起、快升、缓放的操作方式，在构件起吊区配置一名信号工和两名司索工，预制剪力墙、柱起吊时，司索工拆除预制剪力墙、柱的安全固定装置，塔吊司机在信号工的指挥下，塔吊缓缓持力，将预制剪力墙、柱吊离存放架，然后快速运至预制剪力墙、柱安装施工层。

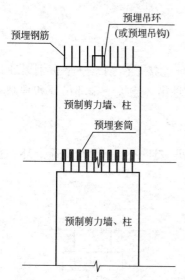

图 5-64　预制剪力墙、柱安装及校正

3）预制剪力墙、柱就位

在预制剪力墙、柱就位前，应清理剪力墙、柱安装部位基层，然后在信号工的指挥下，将预制剪力墙、柱缓缓吊运至安装部位的正上方，并核对预制剪力墙、柱的编号。

（6）预制剪力墙、柱的安装及校正（图 5-64）

1）预制剪力墙、柱的安装

在预制剪力墙安装施工层配置一名信号工和四名吊装工，在信号工的指挥下，塔吊将预制剪力墙、柱下落至设计安装位置，将下一层预制剪力墙、柱的竖向预留钢筋——插入预制剪力墙、柱底部的套筒中，定向入座后，立即加设不少于 2 根的斜支撑对预制剪力墙、柱进行临时固定，斜支撑与楼面的水平夹角不应小于 60°。

2）预制剪力墙、柱的校正

吊装工根据已弹好的预制剪力墙、柱的安装控制线和标高线，用 2m 长靠尺、吊线锤检查预制剪力墙、柱的垂直度，并通过可调斜支撑微调预制剪力墙、柱的垂直度，预制剪力墙、柱安装施工时应边安装边校正。

（7）预制剪力墙、柱节点连接

1）预制剪力墙节点连接

预制剪力墙水平连接节点分为 T 形连接和 L 形连接。根据设计图纸在预制剪力墙水平连接处设置现浇节点，待两侧预制剪力墙安装完毕后，绑扎节点钢筋，支设模板，浇筑高一强度等级膨胀混凝土，形成刚性连接。

2）预制剪力墙与叠合板连接

①预制剪力墙与叠合板端部连接

预制剪力墙作为叠合板的端支座，叠合板搁置在预制剪力墙上，叠合板纵向受力钢筋在预制剪力墙端节点处采用锚入形式，搁置长度、锚固长度均应符合设计规范要求。

②预制剪力墙与叠合板中间连接

预制剪力墙作为叠合板的中支座，预制剪力墙两端的叠合板分别搁置在预制剪力墙上，搁置长度应符合设计规范要求，叠合板纵向受力底筋在中间节点宜贯通或采用对接连接，面筋采用贯通钢筋连接预制剪力墙两端的叠合板面层。

3）预制剪力墙、柱与叠合梁节点

①预制剪力墙、柱与叠合梁端部节点

预制剪力墙、柱作为叠合梁的支座，叠合梁搁置在预制剪力墙、柱上，叠合梁纵向受力钢筋在预制剪力墙、柱端节点处采用机械直锚，搁置长度、锚固长度均应符合设计规范要求。

②预制剪力墙、柱与叠合梁中间节点

预制剪力墙、柱作为叠合梁的支座，预制剪力墙、柱两端的叠合梁分别搁置在预制剪力墙、柱上，搁置长度应符合设计规范要求，叠合梁纵向受力底筋在中间节点宜贯通或采用对接连接，面筋采用贯通钢筋连接预制剪力墙、柱两端的叠合梁面层。

（8）注浆

1）预制剪力墙、柱灌浆施工前应全面检查灌浆孔道、泌水孔、排气孔是否通畅，并将预制剪力墙、柱与现浇楼面连接处清理干净，灌浆前 24h 表面充分浇水湿润，灌浆前 1h 应吸干积水。

图 5-65　预制剪力墙、柱与叠合梁中节点

2）配置预制剪力墙、柱灌浆料应严格控制投料顺序、配料比例，灌浆料搅拌宜使用手持式电动搅拌机，搅拌时间从开始投料到搅拌结束应≥3min，搅拌时叶片不得提至浆料液面之上，以免带入空气，一次搅拌的注浆料应在 45min 内使用完。

3）注浆

预制剪力墙、柱注浆可采用自重流淌注浆或压力注浆从下至上的方式。自重流淌注浆方式将料斗放置在高处利用材料自重及高流淌性特点注入达到自密实效果；采用压力注浆时，注浆压力应保持在 0.2～0.5MPa。

注浆作业应逐个预制剪力墙、柱进行，同一预制构件中的注浆管及拼缝注浆应一次连续完成。

4）清理注浆口

在注浆料终凝前应及时清理注浆口溢出的灌浆料，随注随清，防止污染预制剪力墙、柱表面，注浆管口应抹压至与构件表面平整，不得凸出或凹陷。

（9）养护

1）节点处混凝土养护

节点处混凝土浇筑后 12h 内应进行覆盖浇水养护，当日平均气温低于 5℃时，应采用薄膜养护，养护时间应满足规范要求。

2）灌浆料养护

灌浆料终凝后应进行洒水养护，每天 4～6 次，养护时间不得少于 7 天。

5.4.4　其他构件安装

（1）预制楼梯安装

1）施工操作工艺

定位钢筋预埋及吊具安装→预制楼梯吊运→预制楼梯的安装及校正→预制楼梯与现浇结构节点处理→预留洞口以及施工缝隙填补。

2）定位钢筋预埋及吊具安装

①定位钢筋预埋（图 5-66）

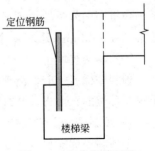

图 5-66　定位钢筋预埋

根据预制楼梯的设计位置和预留孔洞位置，在结构楼板上弹出定位钢筋预埋控制线，并预埋楼梯定位钢筋。

②吊具安装

a. 预制楼梯吊装可采用葫芦吊具和未采用葫芦吊具吊装两种方式；

b. 预制楼梯吊具安装流程

采用葫芦吊具安装流程：塔吊挂钩挂住 A 型钢丝绳→A 型钢丝绳通过卡环连接平衡钢梁→平衡钢梁通过卡环连接 B 型钢丝绳和葫芦→B 型钢丝绳和葫芦通过卡环连接预制楼梯吊具→预制楼梯吊具通过螺栓连接预制楼梯（图 5-67）。

未采用葫芦吊具安装流程：塔吊挂钩挂住 A 型钢丝绳→A 型钢丝绳通过卡环连接平衡钢梁→平衡钢梁通过卡环连接 B 型和 C 型钢丝绳→B 型、C 型钢丝绳通过卡环连接预制楼梯吊具→预制楼梯吊具通过螺栓连接预制楼梯（图 5-68）。

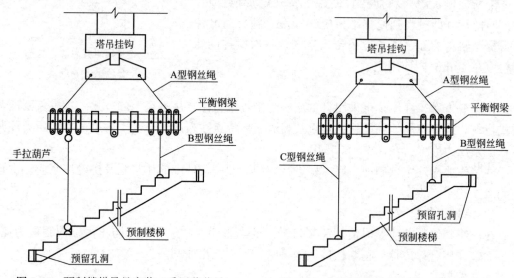

图 5-67　预制楼梯吊具安装（采用葫芦吊）　　　图 5-68　预制楼梯吊具安装（未采用葫芦吊）

3）预制楼梯吊运及就位

①预制楼梯吊点预留方式可以分为预留接驳器和预埋带丝套筒两种，起吊钢丝绳与构件水平面所成夹角不宜小于 45°；

②预制楼梯的吊运时宜采用慢起、快升、缓放的操作方式。预制楼梯起吊区配置一名信号工和两名司索工，预制楼梯起吊时，司索工将预制楼梯与存放架安全固定装置拆除，塔吊司机在信号工的指挥下，塔吊缓缓持力将预制楼梯吊离存放架，当预制楼梯吊至离存放架 200～300mm 处，通过调节葫芦将预制楼梯调整水平，然后吊运至安装施工层；

③预制楼梯就位

预制楼梯就位前，清理预制楼梯安装部位基层，在信号工的指挥下，将预制楼梯吊运至安装部位的正上方，并核对预制楼梯的编号。

4）预制楼梯安装及校正

①预制楼梯安装（图 5-69）

在预制楼梯安装层配置一名信号工和四名吊装工，塔吊司机在信号工的指挥下将预制楼梯缓缓下落，在吊装工协助下将预制楼梯的预留孔洞和上下平台梁上的预埋定位钢筋对正，对预制楼梯安装进行初步定位。

②预制楼梯调校

根据弹设在楼层上的标高线和平面控制线，通过撬棍来调节预制楼梯的标高和平面位置，预制楼梯施工时应边安装边校正。

5）预制楼梯与现浇梁节点处理（图 5-70）

根据工程设计图纸，弹设楼梯安装部位的上下平台的现浇梁豁口的水平线和标高线，将上下平台的现浇梁豁口作为预制楼梯的高低端支座，在吊装施工时，将预制楼梯下落至现浇梁缺口上。

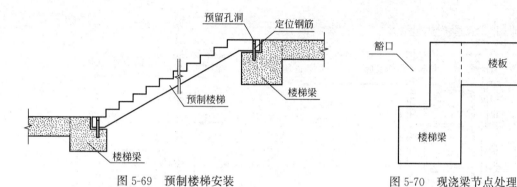

图 5-69　预制楼梯安装　　　　　　　　　　　图 5-70　现浇梁节点处理

6）预留孔洞及施工缝隙灌缝（图 5-71）

在预制楼梯安装后及时对预留孔洞和施工缝隙进行灌缝处理，灌缝应采用比结构高一等级的微膨胀混凝土或砂浆。

（2）预制外挂墙板安装

1）安装工艺

预埋件及吊具安装→预制外挂墙板吊运及就位→安装及校正→预制外挂墙板与现浇结构节点连接→混凝土浇筑→预制外挂墙板间拼缝防水→拆除预制外挂墙板临时支撑。

2）预埋件及吊具安装

①预埋件定位及安装

a.预埋件定位

根据楼层平面控制线，弹出预埋件相应的安装控制线，由控制线来定位预制外挂墙板预埋件。

b.预埋件安装（图 5-72）

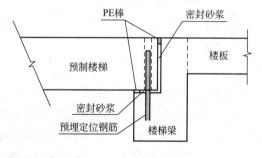

图 5-71　预制楼梯灌缝

在预制外挂墙板安装施工层梁钢筋绑扎完毕。利用下层已安装的预制外挂墙板上端预留带丝套筒，通过螺栓将预埋件和下层的预制外挂墙板连接，再通过焊接将预埋件和梁面筋焊接。

在混凝土浇筑之前，用海绵塞紧预制外挂墙板预埋件上的套筒孔，并用胶纸缠绕，避免浇筑混凝土时堵塞预埋件的套筒孔。

②吊具安装

a. 吊具安装流程（图 5-73）

塔吊挂钩挂住两条 A 型钢丝绳→A 型钢丝绳通过拉环连接平衡钢梁→平衡钢梁通过拉环连接两条 B 型钢丝绳和安全绷带→B 型钢丝绳通过拉环连接预制外挂墙板吊具→预制外挂墙板吊具通过螺栓连接预制外挂墙板→安全绷带通过预制外挂墙板上预埋门窗孔洞环绕挂住预制外挂墙板。

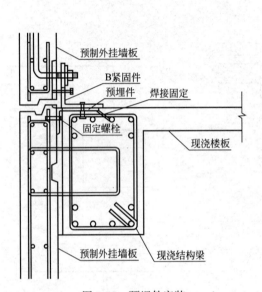

图 5-72　预埋件安装

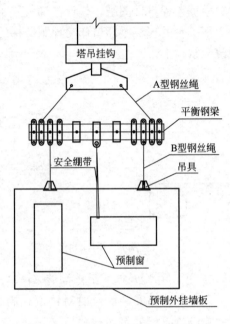

图 5-73　吊具安装示意图

b. 紧固件安装

（a）紧固件与预制外挂墙板吊具同步安装，利用预制外挂墙板的预埋带丝套筒，通过定位螺栓和抗剪螺栓将 A 紧固件和预制外挂墙板连接。

（b）紧固件在安装施工层内安装，B 紧固件利用预埋在梁板上的预埋件的带丝套筒，通过螺栓将 B 紧固件和现浇梁板连接。

（c）紧固件分别在起吊区和安装层安装，C 紧固件通过两端的高强螺栓穿过预埋在结构板（预制外挂墙板）内的带丝套筒与楼板（预制外挂墙板）连接成为整体，通过调节斜撑来控制预制外挂墙板垂直度。

3）预制外挂墙板的吊运及就位

①预制外挂墙板吊点的预留方式分为预留吊环和预埋带丝套筒两种，预留吊环方式绳索与构件水平面所成夹角不宜小于 45°，预留带丝套筒宜采用平衡钢梁均衡起吊。

②预制外挂墙板的吊运宜采用慢起、快升、缓放的操作方式。预制外挂墙板起吊区配置一名信号工和两名司索工，预制外挂墙板起吊时，司索工将预制外挂墙板与存放架的安全固定装置拆除，塔吊司机在信号工的指挥下，塔吊缓缓持力，将预制外挂墙板由倾斜状态转变到竖直状态，当预制外挂墙板吊离存放架后，快速运至预制外挂墙板安装施工层。

③预制外挂墙板就位

当预制外挂墙板吊运至安装位置时，根据楼面上的预制外挂墙板的定位线，将预制外挂墙板缓缓下降就位，预制外挂墙板就位时，以外墙边线为准，做到外墙面顺直，墙身垂直，缝隙一致，企口缝不得错位，防止挤压偏腔。

4）安装及校正（图 5-74）

①预制外挂墙板的安装

当预制外挂墙板就位至安装部位后，顶板吊装工人用挂钩拉住揽风绳，将预制外挂墙板上部预留钢筋插入现浇梁内，同时底板吊装工人将上下层 PC 板企口缝进行定位，并通过斜撑和 B 紧固件将预制外挂墙板临时固定。

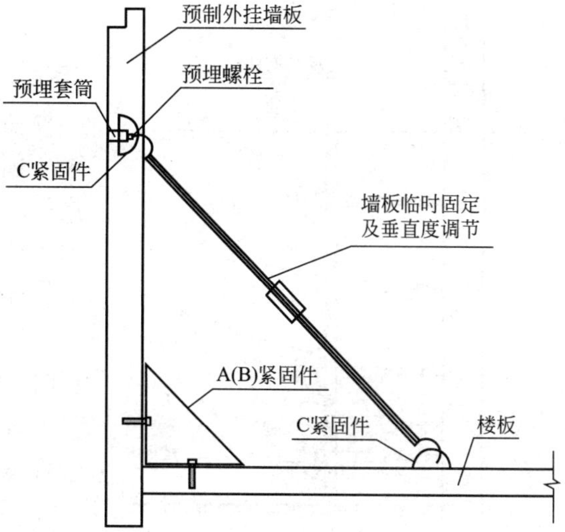

②预制外挂墙板的校正

图 5-74 预制外挂墙板的校正图

吊装工人根据已弹的预制外挂墙板的安装控制线和标高线，通过 A、B、C 紧固件以及吊线锤，调节预制外挂墙板的标高、轴线位置和垂直度，预制外挂墙板施工时应边安装边校正。

5）预制外挂墙板与现浇结构节点连接

①预制外挂墙板与相邻现浇梁的节点（图 5-75）

在预制外挂墙板安装时，将预制外挂墙板上部的预留钢筋锚入现浇梁内，预制外挂墙板作为梁的单侧模板，同时支设梁底模和侧模，根据预制外挂墙板上部的预留的套筒位置，在侧模对应位置上穿孔，用高强对拉螺杆穿过木模孔和预制外挂墙板上预留套筒对梁节点部位进行固定。

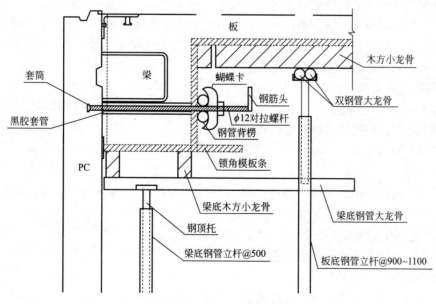

图 5-75 梁节点示意图

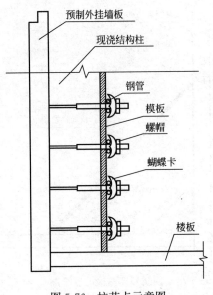

图 5-76 柱节点示意图

②预制外挂墙板与相邻现浇柱的节点

a. 当预制外挂墙板作为相邻现浇柱一侧模板时（图 5-76）

在预制外挂墙板安装时，将预制外挂墙板两侧竖向预留钢筋锚入现浇柱内，预制外挂墙板作为现浇柱的单侧模板，同时支设现浇柱其他三侧模，根据预留钢筋的位置，在柱模板对应位置上穿孔，预留钢筋穿过木模孔对柱节点部位进行固定。

b. 当预制外挂墙板不作为相邻现浇柱一侧模板时

现浇柱浇筑后达到强度要求后，预制外挂墙板和现浇柱通过预埋构件进行连接固定。

③预制外挂墙板与现浇楼板节点焊接固定

在浇筑的混凝土达到设计强度后，拆除预制外挂墙板的 B 紧固件，并用圆钢将预制外挂墙板上的预留钢板和现浇板上预留角钢焊接，将预制外挂墙板和现浇板连接固定。

6）混凝土浇筑

在隐蔽工程验收后浇筑混凝土，振捣混凝土时，振动棒移动间距为 0.4m，靠近侧模时不应小于 0.2m，分层振捣时振动棒必须进入下一层混凝土 50～100mm，使上下两层充分结合密实，消除施工冷缝。

振动棒振动时间为 20～30s，但以混凝土面出现泛浆为准，振动棒应"快插慢拔"。

7）预制外挂墙板间的拼缝防水处理

①预制外挂墙板间的拼缝防水应在混凝土浇筑完成且达到 100%强度后，方可进行。

②预制外挂墙板间拼缝防水处理前，应将侧壁清理干净，保持干燥。防水施工中应先填塞填充高分子材料，后打胶密封，填充高分子材料不得堵塞防水空腔，应均匀、顺直、饱和、密实，表面光滑，不得有裂缝现象。

8）拆除临时支撑

混凝土达到 100%强度后，吊装工人拆除预制外挂墙板的 B 紧固件和斜撑等临时支撑工具，便于下层预制外挂墙板施工周转使用。

（3）预制阳台安装

1）施工操作工艺

支撑体系搭设→吊具安装→吊运及就位→安装及校正→预制阳台与现浇结构节点连接→混凝土浇筑→支撑体系拆除。

2）预制阳台支撑体系搭设

预制阳台支撑体系搭设类似于叠合板支撑体系。

3）预制阳台吊具安装（图 5-77）

塔吊挂钩挂住钢丝绳→钢丝绳连接卡环→卡环连接预制阳台吊环→吊环通过预埋连接预制阳台。

4）预制阳台吊运及就位

①预制阳台起吊采用预留吊环形式，在预制阳台内预埋 4 个吊环，起吊钢丝绳与预制阳台水平面所成角度不宜小于 45°。

②预制阳台吊运宜采用慢起、快升、缓放的操作方式。预制阳台起吊区配置一名信号工和两名司索工，预制阳台起吊时，司索工将预制阳台与存放架的安全固定装置解除，塔吊司机在信号工的指挥下，塔吊缓缓持力，将预制阳台吊离存放架。

③预制阳台就位

预制阳台吊离存放架后，快速运至预制阳台安装施工层，在信号工的指挥下，将预制阳台缓缓吊运至安装位置正上方。

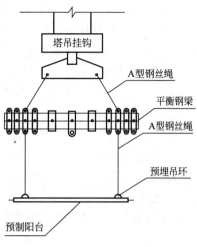

图 5-77　预制阳台吊具安装

5）安装及校正

①预制阳台安装

在预制阳台安装层配置一名信号工和四名吊装工，当预制阳台就位至安装部位上方 300～500mm 处，塔吊司机在信号工的指挥下，吊装工用挂钩拉住揽风绳将预制阳台的预留钢筋锚入现浇梁、柱内，同时根据预制阳台平面位置安装控制线，缓缓将预制阳台下落至钢支撑体系上。

②预制阳台校正

a. 位置校正

根据弹射在安装层下层的预制阳台平面安装控制线，利用吊线锤对预制阳台位置进行调校。

b. 标高校正

根据弹射在楼层上的标高控制线，采用激光扫平仪通过调节可调钢支撑对预制阳台标高进行校正。

6）预制阳台与现浇结构节点连接

①预制阳台与现浇梁的连接

在预制阳台安装就位后，将预制阳台水平预留钢筋锚入现浇梁内，并将预制阳台水平预留钢筋与现浇梁钢筋绑扎，支设现浇梁模板并浇筑混凝土。

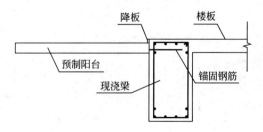

图 5-78　预制阳台与现浇梁的连接

②预制阳台与现浇剪力墙、柱的连接

预制阳台安装就位后，将预制阳台纵向的预留钢筋锚入相邻现浇剪力墙、柱内，并焊接固定，支设剪力墙、柱模板浇筑混凝土。

7) 混凝土浇筑

①预制阳台混凝土浇筑前，应将预制阳台表面清理干净。

②预制阳台混凝土浇筑时，为保证预制阳台及支撑受力均匀，混凝土采取从中间向两边浇筑，连续施工，一次完成，同时使用平板振动器，确保预制阳台混凝土振捣密实。

③预制阳台混凝土浇筑后 12h 内应进行覆盖浇水养护，当日平均气温低于 5℃时，应采用薄膜养护，养护时间应满足规范要求。

8) 支撑体系拆除

预制阳台节点浇筑的混凝土达到 100％后，方可拆除预制阳台底部的支撑体系。在吊装上层预制阳台时，下部支撑体系至少保留三层。

(4) 整体厨房安装

厨房部品、设施安装

1) 厨房部品进场时应有产品合格证书、使用说明书及相关性能的检测报告，并应按相应技术标准进行验收；进口产品应有出入境商品检验、检疫合格证明。

2) 厨房家具的安装应检查橱柜的实际结构、布局与设计是否一致。应先预安装柜体并对台面等进行测量和加工，并解决在预装中出现的问题。吊柜与墙体应连接牢固。地柜摆放好后应用水平尺校平，各地柜间及门板缝隙应均匀一致，确定无误后各个柜体之间应用连接件连接固定。门板应无变形，板面应平整，门板与柜体、门与门之间缝隙应均匀一致，且无上下前后错落。

3) 厨房设备安装应符合设计和产品安装说明书的要求，并且产品必须符合规定，台面应根据燃气灶具的外形尺寸进行开孔，燃气灶具的进气接头与燃气管道接口之间的接驳应严密、紧固、不漏气，并对其进行严密性监测。吸油烟机的中心应对准灶具中心，吸油烟机的吸孔宜正对炉眼。

4) 厨房设施安装应符合国家标准《建筑给水排水及采暖工程施工质量验收规范》GB 50242 的规定，且所有冷热给水、排水管，电源线，灯线接口点位及开孔尺寸应正确无误。

5) 洗涤槽的给水、排水接口与厨房给水管和排水管应满足接驳要求。

6) 厨房部品、设施的安装应满足密封性要求。

(5) 整体卫生间安装

1) 现场装配式整体卫生间安装

①现场装配式整体卫生间宜按下列顺序安装：

a. 按设计要求确定防水盘标高；

b. 安装防水盘，连接排水管；

c. 安装壁板，连接管线；

d. 安装顶板，连接电气设备；

e. 安装门、窗套等收口；

f. 安装内部洁具及功能配件；

g. 清洁、自检、报验和成品保护。

②安装防水盘时，底盘的高度及水平位置应调整到位，底盘应完全落实、水平稳固、无异响现象；当采用异层排水方式时，地漏孔、排污孔等应与楼面预留孔对正。

③安装排水管时，预留排水管的位置和标高应准确，排水应通畅；排水管与预留管道的连接部位应密封处理。

④安装壁板时，按设计要求预先在壁板上开好各管道接头的安装孔；壁板拼接处应表面平整、缝隙均匀；安装过程中应避免壁板表面变形和损伤。

⑤当给水管接头采用热熔连接时，应保证所熔接的接头质量；给水管道安装完成后，应进行打压试验，并应合格。

⑥顶板安装应保证顶板与顶板、顶板与壁板间安装平整、缝隙均匀。

2）整体吊装式整体卫生间安装

①整体吊装式整体卫生间宜按下列顺序安装：

a. 将工厂组装完成的整体卫生间，经检验合格后，做好包装保护，由工厂运至施工现场，利用垂直和平移工具将其移动到安装位置就位；

b. 拆掉整体卫生间门口包装材料，进入卫生间内部检验有无损伤，通过调平螺栓调整好整体卫生间的水平度、垂直度和标高；

c. 完成整体卫生间与给水、排水、供暖预留点位、电路预留点位连接和相关试验；

d. 拆掉整体卫生间外围包装保护材料，由相关单位进行整体卫生间外围合墙体的施工；

e. 安装门、窗套等收口；

f. 清洁、自检、报检和成品保护。

②整体吊装式整体卫生间应利用专用机具移动，放置时应采取保护措施；

③整体吊装式整体卫生间应在水平度、垂直度和标高调校合格后固定。

5.4.5　结构验收

（1）预制构件连接验收

1）主控项目

主控项目验收内容包括：预制构件连接部位的现浇混凝土强度、预制构件接缝坐浆强度、钢筋套筒灌浆连接、浆锚搭接连接、钢筋机械连接、钢筋采用焊接连接、预制构件型钢焊接连接、预制构件螺栓连接、预制构件钢企口连接、以及预制构件连接前的隐蔽工程验收等。上述验收项目的具体检查数量和检验方法参考广东省标准《装配式混凝土建筑工程施工质量验收规范》DBJ/T 15/171 执行。连接部位外观质量缺陷类型和严重程度按表 5-14 确定。

预制构件连接部位外观质量缺陷分类　　　　　表 5-14

名称	现象	严重缺陷	一般缺陷
连接部位缺陷	构件连接处混凝土有缺陷及连接钢筋、连接件松动，插筋严重锈蚀、弯曲，灌浆套筒堵塞、偏位、破损等缺陷	连接部位有影响结构内传力性能的缺陷	连接部位有基本不影响结构传力性能的缺陷

2）一般项目

一般项目验收内容包括：连接部位现浇混凝土连接前后外观质量、填充砂浆强度、双面叠合剪力墙空腔中现浇混凝土、钢筋焊接连接接头外观质量等验收。上述验收项目的具体检查数量和检验方法参考广东省标准《装配式混凝土建筑工程施工质量验收规范》DBJ/T 15/171 执行。

（2）部品及其安装验收

1）主控项目

主控项目验收内容包括：预制外墙抗风性能、抗震性能、耐撞击性能及防火性能；连接外挂墙板与主体结构的连接钢筋或连接件；预制构件表面预贴饰面砖与混凝土的粘结强度；整体厨房、卫生间质量证明文件；整体厨房安全性能；整体厨房部品安装牢固度；整体厨房材料的防火性能；整体厨房、整体卫生间内部净尺寸；花洒及坐便器等用水设备的连接部位无渗漏，排水通畅情况；整体卫生间面层材料的材质、品种、规格、图案、颜色；整体卫生间的防水底盘、壁板和顶板的安装应牢固；整体卫生间所用金属型材、支撑构件经防锈蚀处理情况；整体卫生间安装完成后应进行闭水试验等内容验收。上述验收项目的具体检查数量和检验方法参考广东省标准《装配式混凝土建筑工程施工质量验收规范》DBJ/T 15/171 执行。

2）一般项目

一般项目验收内容包括：装配式混凝土建筑的饰面外观质量；部品上门框、窗框位置尺寸允许偏差；预制装饰构件外观尺寸偏差和检验方法；预制外墙水密性能、气密性能、隔声性能、热工性能；轻质隔墙隔声性能、隔热性能、阻燃性能、防潮性能；整体厨房安装尺寸允许偏差；整体厨房密封性能；整体卫生间的面层材料表面应洁净、色泽一致，不得有翘曲、裂缝及缺损；压条应平直、宽窄一致；整体卫生间内的灯具、风口、检修口等设备设施的位置应合理，与面板的交接应吻合、严密；整体卫生间安装的允许偏差和检验方法等验收。

上述验收项目的具体检查数量和检验方法参考广东省标准《装配式混凝土建筑工程施工质量验收规范》DBJ/T 15/171 执行。其中部品上门框、窗框位置尺寸允许偏差应符合表 5-15 的规定，预制装饰构件外观尺寸偏差和检验方法应符合表 5-16 规定，整体卫生间安装的允许偏差和检验方法应符合表 5-17 的规定。

门框、窗框位置尺寸允许偏差   表 5-15

检查项目		允许偏差（mm）
门框、窗框	位置	±1.5
门框、窗框	高度、宽度	±1.5
	对角线	±1.5
	平整度	1.5
锚固脚片	中心线位置	5
	外露长度	+5,0

预制装饰构件外观尺寸允许偏差和检验方法 表 5-16

装饰种类	检查项目	允许偏差（mm）	检验方法
通用	表面平整度	2	2m 靠尺或塞尺量测
面砖、石材	阳角方正	2	量尺
	上口平直	2	拉线、量尺
	接缝平直	3	量尺
	接缝深度	±5	量尺
	接缝宽度	±2	量尺

整体卫生间安装的允许偏差和检验方法 表 5-17

项目	允许偏差（mm）			检验方法
	防水盘	壁板	顶板	
内外设计标高差	2.0	—	—	用钢直尺检查
阴阳角方正	—	3.0	—	用 200mm 直角检测尺检查
立面垂直度	—	3.0	—	用 2m 垂直检测尺检查
表面平整度	—	3.0	3.0	用 2m 靠尺和塞尺检查
接缝高低差	—	1.0	1.0	用钢直尺和塞尺检查
接缝宽度	—	1.0	2.0	用钢直尺检查

（3）实体试验验收

1）主体结构施工完成后，应选取有代表性的预制阳台等悬挑构件进行结构荷载试验；

2）隔墙安装工程完成后应进行隔墙抗冲击性能检验；

3）预制外墙安装完成后应进行外墙淋水试验；

4）竣工验收应进行防雷装置验收。检验方法应符合现行国家标准《建筑物防雷工程施工与质量验收规范》GB 50601 和《建筑电气工程施工质量验收规范》GB 50303 的有关规定；

5）装配式结构施工完成后，预制构件位置、尺寸允许偏差应符合设计要求，当设计无专门要求时应符合表 5-18 的规定。

装配式结构构件位置、尺寸允许偏差和检验方法 表 5-18

检查项目		允许偏差（mm）	检验方法
构件轴线位置	柱、墙	8	经纬仪及尺量
	梁、楼板	5	
标高	梁、柱、墙板、楼板底面或顶部	±5	经纬仪或拉线、尺量
垂直度	层高	≤6m	5	经纬仪或吊线、尺量
		>6m	10	
	H≤300m	$H/30000+20$	经纬仪、尺量
	H>300m	$H/10000$ 且≤80	

检查项目			允许偏差（mm）	检验方法
构件倾斜度	梁		5	经纬仪、尺量
电梯井	中心位置		10	尺量
	长、宽尺寸		＋25,0	
表面平整度	梁、楼板底面	外露	3	2m靠尺或塞尺量测
		不外露	5	
	柱、墙板	外露	5	
		不外露	8	
构件搁置长度	梁、板		±10	尺量
支座、支垫中心位置	板、梁、柱、墙板、桁架		±5	尺量

注：1. 检查柱轴线、中心位置时，沿纵、横两个方向测量，并取其中偏差的较大值；

2. H 为全高，单位为 mm。

上述验收项目的具体检查数量和检验方法参考广东省标准《装配式混凝土建筑工程施工质量验收规范》DBJ/T 15/171 执行。

5.4.6 文明施工和环境保护

（1）装配式混凝土建筑施工应执行国家、地方、行业和企业的安全生产法规和规章制度，落实各级各类人员的安全生产责任制，同时根据环境管理体系职业安全与卫生管理体系，明确环境管理目标，监理环境管理体系，严防各类污染源的排放。

（2）施工单位应根据工程施工特点对重大危险源进行分析并予以公示，并制定相对应的安全生产应急预案。

（3）施工机械操作应符合《建筑机械使用安全技术规程》JGJ 33 的规定，应按操作规程进行使用，严防伤及自己和他人。

（4）施工现场临时用电的安全应符合国家现行标准《施工现场临时用电安全技术规范》JGJ 46 和用电专项方案的规定。

（5）进行高空施工作业时，必须遵守国家现行标准《建筑施工高处作业安全技术规范》JGJ 80 的规定。

（6）建筑施工楼层围挡高度不低于 1.8m，施工顺序采用线连接结构板梁或剪力墙，超过安全操作高度，作业人员必须佩戴穿芯自锁保险带。

（7）需要进行动火作业时，首先要拿到动火许可证，作业时要注意防火，准备灭火器等灭火设备。

（8）施工单位应对从事预制构件吊装作业及相关人员进行安全培训与交底，识别预制构件进场、卸车、存放、吊装、就位各环节的作业风险，并制定防控措施。

（9）安装作业开始前，应对安装作业区进行围护并做出明显的标识，拉警戒线，根据危险源级别安排旁站，严禁与安装作业无关的人员进入。

（10）施工作业使用的专用吊具、吊索、定型工具式支撑、支架等，应进行安全验算，使用中进行定期、不定期检查，确保其安全状态。装配外挂式脚手架的提升可根据施工进度安排施工时间段，主体施工作业面不应高于脚手架 2 层。

（11）吊装作业安全应符合下列规定：

1）预制构件起吊后，应先将预制构件提升 300mm 左右后，停稳构件，检查钢丝绳、吊具和预制构件状态，确认吊具安全且构件平稳后，方可缓慢提升构件；

2）吊机吊装区域内，非作业人员严禁进入；吊运预制构件时，构件下方严禁站人，应待预制构件降落至距地面 1m 以内方准作业人员靠近，就位固定后方可脱钩；

3）高空应通过揽风绳改变预制构件方向，严禁高空直接用手扶预制构件；

4）遇到雨、雪、雾天气，或者风力大于 5 级时，不得进行吊装作业；

5）在吊装过程中，要随时检查吊钩和钢丝绳的质量，当吊点螺栓出现变形或者钢丝绳出现毛刺，必须将其及时更换；

6）梁板吊装前在梁、板上提前将安全立杆和安全维护绳安装到位，为吊装工人佩戴安全带提供连接点；

7）预制构件在安装吊具过程中，严禁拆除预制构件与存放架的安全固定装置，待起吊时方可将其拆除，避免构件由于自身重力或振动引起的构件倾斜和翻转；

8）预制构件起重作业时，必须由起重工进行操作，吊装工进行安装，绝对禁止无证人员进行起重操作；

9）施工现场使用吊车作业时严格执行"十不吊"的原则，严禁违章作业。

（12）夹芯保温外墙板后浇混凝土连接节点区域的钢筋连接施工时，不得采用焊接连接。

（13）预制构件安装施工期间，噪声控制应符合现行国家标准《建筑施工场界环境噪声排放标准》GB 12523 的规定。

（14）施工现场应加强对废水、污水的管理，现场应设置污水池和排水沟。废水、废弃涂料、胶料应统一处理，严禁未经处理直接排入下水管道。

（15）夜间施工时，应防止光污染对周边居民的影响。

（16）预制构件运输过程中，应保持车辆整洁，防止对场内道路的污染，并减少扬尘。

（17）预制构件安装过程中产生的废弃物等应进行分类回收。施工中产生的胶粘剂、稀释剂等易燃易爆废弃物应及时收集送至指定储存器内并按规定回收，严禁丢弃未经处理的废弃物。

5.5　常见问题及处理

5.5.1　设计环节的问题及建议

装配式建筑的设计环节包括建筑设计、结构设计和深化设计，是整个装配式建筑项目顺利实施的前提，而装配式建筑项目的设计是个系统的工作，需要设计人员具备扎实理论基础、协调能力及责任心，本节就装配式建筑设计环节常见技术问题及建议措施进行了简要分析，见表 5-19。

设计环节常见技术问题及建议   表 5-19

序号	设计问题	危害	原因	建议
1	套筒保护层厚度过薄	影响结构耐久性和预制质量	先按传统模式设计再进行拆分时,没有考虑套筒保护层问题	(1)跳出传统设计理念,并作为设计的重点考虑;(2)校核审图作为重点项考虑
2	预埋件在深化图中有遗漏	影响施工和使用功能,现场需后锚固或剔凿	专业各方设计协同不足	(1)建立以建筑师牵头的设计协同体系;(2)校核审图作为重点项考虑(3)应用BIM技术
3	构件钢筋、预埋件、预埋物、预留洞等太密或碰撞	难以预制浇筑;预埋件锚固不牢	专业各方设计协同不足	(1)建立以建筑师牵头的设计协同体系;(2)PC制作图由有关专业人员会审;(3)应用BIM技术
4	拆分不合理	结构不合理;影响成本;不便于安装	拆分经验不足;各方沟通不够;以实现装配式为目的	(1)拆分人员需有良好的拆分经验;(2)与生产方和施工方沟通
5	未给出构件安装的支撑要求或拆撑条件要求	易导致构件裂缝或损坏	深化设计纰漏	(1)校核审图作为重点项考虑
6	外挂墙板未设计活动节点	主体发生较大层间位移时,墙板被拉裂	对外挂墙板的连接原理与原则不清楚	(1)墙板连接设计时必须考虑对主体结构变形的适应性
7	连接处存在"错漏碰缺"	影响施工易建性;野蛮施工造成安全隐患	未充分考虑构件所有连接节点设计;设计图存在错误	(1)采用标准化设计进行统一管控;(2)应用BIM技术
8	外墙金属窗框、栏杆等防雷接地遗漏	导致建筑防雷不满足要求,埋下安全隐患	专业间协同配合不到位	(1)建立各专业间明确协同内容;(2)采用标准化设计进行统一管控;(3)校核审图作为重点项考虑
9	吊点、吊具与出筋位置或混凝土洞口冲突	违规吊装、弯折钢筋、或敲除局部混凝土,埋下安全隐患	对吊具、吊装要求不熟悉	(1)在设计阶段,设计与施工安装单位要充分沟通协同,并明确要求;(2)采用标准化设计进行统一管控
10	构件薄弱位置未设置临时加固措施	导致脱模、运输、吊装和施工过程中应力集中,构件断裂	薄弱构件未经全工况内力分析,未采取有效临时加固措施	(1)按构件全生命周期进行各工况的包络设计(包括短暂工况设计验算)及采取临时加固措施
11	竖向构件支撑埋件设置不合理	导致无法临时支撑、固定、调节就位	未考虑现场的支撑设置条件,对安装作业要求不熟悉	(1)充分考虑现场支撑设置的可实施性,加强与施工单位沟通协调;(2)采用标准化设计进行统一管控
12	外架用连墙件或悬挑架预留洞未留设或留洞偏位	脚手架安装出现问题;外墙板上凿洞处理	未考虑脚手架等在PC外墙板上的预埋预留	(1)充分考虑现场的脚手架方案对预制件的预埋预留需求;(2)采用标准化设计统一措施进行管控
13	现浇与预制转换过渡层的竖向预留连接钢筋与竖向构件不能连接	影响施工易建性,结构留下安全隐患	未考虑转换连接(出筋数量、位置)	(1)对主体结构设计要求应充分地消化理解;(2)要对重点连接部位进行复核确认
14	外墙、相邻预制构件接缝处渗漏	造成影响建筑使用功能	未考虑防水方案	(1)采用标准化设计进行统一管控

序号	设计问题	危害	原因	建议
15	PC叠合板现浇层厚度不足	保护层厚度不足;管线复杂。交叉位置高度不足	专业间协同配合不到位或重点部位考虑不足	(1)选用合适楼板厚度;(2)建立各专业间明确协同内容
16	未标明构件的安装方向	给现场安装带来困难或导致安装错误	未有效落实PC构件相关设计点,标识遗漏	(1)落实对设计要点、规范要求等;(2)采用标准化设计进行统一管控
17	预制构件吨位遗漏标注或标注吨位有误	误导现场塔式起重机布置和吊能安排	设计对起重要求不清楚;与施工协调不足	(1)有效落实相关的设计要点;(2)充分考虑现场起重要求,加强与施工单位沟通协调
18	叠合板间接缝、叠合板未出筋与叠合梁接缝处遗漏附加钢筋	接缝处易开裂	深化设计按主体结构施工图深化时容易忽视	(1)对规范的相关规定进行培训学习、积累经验;(2)校核审图作为重点项考虑

5.5.2 生产环节的问题及措施

预制构件是装配式建筑的主要组成,其质量的优劣程度对项目的质量与成本有着很大影响。导致预制构件出现质量缺陷的因素有很多,其缺陷的种类也有很多,只有正确地识别构件的质量缺陷种类,了解导致其缺陷的原因,并能够采用专业的方法进行预防与修补,从而为装配式项目的质量提供有力的技术保障。本节就生产环节预制构件常见技术问题及预防措施进行了简要分析,见表5-20。

生产环节预制构件常见技术问题及预防措施　　　　　　表 5-20

序号	构件生产问题	危害	原因	预防措施
1	混凝土强度不足	影响构件生产、安装、结构安全要求	配合比有误;使用劣质材料	(1)严格把控混凝土配合比及原材料的采购
2	构件表面出现蜂窝、孔洞、麻面	对构件进行剔凿修补	漏振或振捣不实;配合比有误;浇筑分层不当;骨料参入不当;模板不符合技术要求	(1)对受损严重的模板进行替换或修复;(2)符合相关浇筑技术要求;(3)分层振捣,充分振捣;(4)骨料级配合理
3	构件表面起灰、龟裂、裂缝	构件耐久性、抗渗性差,影响结构使用寿命	配合比有误;养护不当;压光时间掌握不好	(1)水灰比和骨料级配合理;(2)控制掺合料的掺入量;(3)接近终凝作二次抹面;(4)养护应满足相关技术要求
4	构件表面色差	影响构件外观质量	模板刷隔离剂过多过厚;面板有异物	(1)模板抛光打磨;(2)棉布擦涂均匀;(3)气枪清除异物
5	叠合面粗糙度不足	影响预制与现浇混凝土截面机械咬合力和粘结力	洗水面无石子外露或石子外露过少;模具上粗糙面的位置未涂刷缓凝剂;未及时水洗	(1)模具上粗糙面位置需均匀涂刷缓凝剂;(2)根据湿度、气温等情况合理控制拆模与洗水时间

续表

序号	构件生产问题	危害	原因	预防措施
6	预埋件位置混凝土出现裂缝	造成埋件握裹力不足,形成安全隐患	构件制作完成后,在模具上固定埋件的螺栓拧动过早造成裂缝	(1)固定预埋件的螺栓要在养护结束后方可拆卸
7	吊点预埋出现遗漏、偏移或倾斜	构件无法起重或吊装不平稳,形成安全隐患	设计遗漏、浇筑振捣不当、检查人员和制作工人没能及时发现	(1)校核审图作为重点项考虑;(2)浇筑前检查;(3)脱模后检测
8	露筋	钢筋保护层不足,钢筋锈蚀,导致构件损坏	漏振或振捣不实,保护层不足或垫块间隔过大,混凝土发生离析	(1)振捣时间要充足;(2)设计中应给出保护层垫块间距;(3)按图施工;(4)严格把控混凝土配合比及原材的采购
9	外伸钢筋数量、直径、位置伸出长度有误	无法安装,形成废品	钢筋加工错误,检查人员没有及时发现	(1)钢筋制作要严格检查
10	预埋管线堵塞、脱落、位置偏移、现场穿线时遇障碍	现场构件开凿替换或穿线困难	预埋管线没有做好固定、振捣时混凝土进入预埋管、浇筑振捣不当	(1)预埋管线应设可靠固定;(2)线管采用合适材料
11	堆场的构件易损、出筋锈蚀严重	构件堆放时间过长、未作防锈处理的出筋锈蚀严重	构件管理制度不完善、订货方构件采购程序不妥、大量存储备用	(1)完善构件仓储制度;(2)合理设置堆放位置;(3)加强防腐措施
12	套筒、预留孔洞、预埋件位置误差	构件无法安装,形成废品	构件浇筑前,检查人员和制作工人没能及时发现	(1)制作工人和质检员要严格检查
13	缺棱掉角、破损	外观质量不合格	模板未涂刷隔离剂或涂刷不匀;构件脱模强度不足	(1)达到脱模强度后方可脱模;(2)浇筑前模板充分湿润;(3)拆模避免用力过猛
14	尺寸误差超过容许误差	构件无法安装,形成废品	模具组装错误	(1)组装模具时制作工人和质检人员要严格按照图样尺寸组模

5.5.3 运输施工环节的问题及措施

与传统现浇建筑建造不同的是装配式建筑涉及运输物流和现场吊装施工的环节,预制构件的运输与传统运输物流性质有一定差异,再者,装配式建筑施工是整个项目实施过程中所有问题直接表征的体现,基于对装配式建筑施工现场跟踪调查,就人员、机械、物料、方法等方面对常见质量问题进行剖析,见表5-21。

运输与施工环节常见技术问题及预防处理措施 　　　　表5-21

序号	常见技术问题	危害	原因	预防处理措施
1	支承点设置不对	构件出现裂缝、断裂,成为废品	未给出支承点的规定;支承点未按设计要求布置	(1)设计须给出堆放的技术要求;(2)运输装车与收纳堆放严格按要求堆放

续表

序号	常见技术问题	危害	原因	预防处理措施
2	装车与吊装构件磕碰损坏	外观质量不合格	起重作业人员纰漏,吊点设置不平衡;吊运过程中未作保护措施	(1)做好起重吊装作业的安全操作要求;(2)吊点设计考虑重心平衡;(3)吊运过程中要对构件进行保护
3	构件运输超高超宽	导致无法运输,或者运输效率降低,或者违规将构件出筋弯折	对运输条件及要求不熟悉	(1)在设计阶段,设计与生产及运输单位要充分沟通协同;(2)采用标准化设计统一措施进行管控
4	场内道路或堆场条件不符合要求	运输车辆无法进出场;场内交通不畅	场地平面未考虑到装配式建筑运输对道路特殊要求	(1)场内道路规划,满足构件运输车辆载重、转弯半径、交汇等要求;(2)堆场与道路满足堆载重量、数量和吊装便利要求
5	塔吊附着困难	附着于外挂板、内墙板等非承重件,造成安全问题	塔吊专项施工方案中未针对装配式建筑特点作塔吊附着细节要求	(1)设计与施工充分沟通协调,明确附着细节
6	构件被污染	外观质量不合格	堆放、运输和安装过程中未做好构件防护	(1)对构件进行覆盖;(2)不能用带油手套去摸构件
7	套筒错位连接,部分或完全偏移	影响施工易建性,截断或弯折,影响结构安全	构件生产过程累积误差	(1)设计合理采用大直径钢筋,减少接头数量;(2)控制生产误差和定位精度
8	坐浆成型质量差	浆料收缩、强度不足、外溢	配比用量不严;拌制后超时使用;未考虑高温影响;未洒水湿润	(1)严格按照浆料操作指引
9	坐浆料、灌浆料和普通混凝土混用	结构安全隐患	施工人员纰漏;监管人员监管不到位	(1)熟练装配式产业化施工工人;(2)管理人员做好监督,避免混用
10	套筒或浆锚预留孔堵塞	灌浆灌不满影响结构安全	残留混凝土浆料或异物	(1)固定套管的对拉螺栓锁紧;(2)脱模后出厂前检查
11	灌浆不饱满	结构安全的重大隐患	工人责任心不强,或作业时灌浆泵发生故障	(1)配有备用灌浆设备;(2)质检员和监理全程旁站监督;(3)灌浆饱满度检测
12	安装误差大	预制构件与模板接缝处漏浆;影响施工易建性和美观	构件几何尺寸偏差大或者安装偏差大	(1)严格把控模具轮廓尺寸
13	临时支撑点数量不够或位置不对	构件安装过程支撑受力不够,影响结构安全和作业安全	制作环节遗漏或设计环节不对	(1)及时检查;(2)设计与安装生产环节要沟通
14	构件节点安装不畅、节点混凝土浇筑困难	安装与节点浇筑施工困难;结构安全埋下隐患	设计未针对复杂节点进行优化设计,未明确安装顺序	(1)设计要考虑作业空间;(2)做好隐蔽工程检查;(3)考虑现浇施工与吊装作业的交叉,明确两者工序穿插顺序
15	外侧叠合梁等局部现浇叠合层未留模板固定用预埋件	现浇区模板无法安装,采用后植方式,给原结构带来损伤	对现场安装条件不熟悉,未全面复核模板安装用预埋件	(1)有效落实相关的设计要点;(2)施工安装单位进行书面沟通确认;(3)采用标准化设计进行统一管控

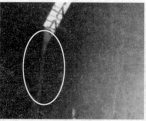

(a) 发生开裂　　　　　　　　(b) 构件安装错位　　　　　　　(c) 安装受阻

图 5-79　预制构件吊装环节常见问题

(a) 弯钩无法伸入节点　　　　　　　　(b) 支座通长钢筋强弯以适应叠合梁箍筋

(c) 叠合梁安装前未放置面筋　　　　　　　(d) 复杂管线处现浇层厚度难以满足

图 5-80　楼盖安装环节常见问题

(a) 套筒出浆口不出浆　　　　　　　　(b) 套筒破坏性实验发现未灌满

图 5-81　套筒灌浆环节常见问题（一）

(c) 套筒破坏性实验发现未灌满　　　　(d) 预成孔检测发现未灌满

图 5-81　套筒灌浆环节常见问题 (二)

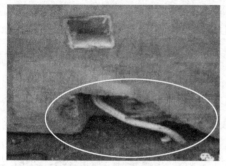

(a) 预埋管线偏位　　　　(b) 连接钢筋强行压弯

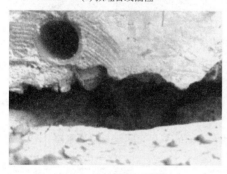

(c) 连接钢筋位置偏位　　　　(d) 预制柱无法安装就位

图 5-82　预制柱安装常见问题

参考文献

[1] JGJ1-2014 装配式混凝土结构技术规程 [S].

[2] JGJ3-2010 高层建筑混凝土结构技术规程 [S].

[3] GB 50011-2010 建筑抗震设计规范 (2016 年版) [S].

[4] GB 50010-2010 混凝土结构设计规范 [S].

[5] GB/T 50002-2013 建筑模数协调标准 [S].

[6] JG/T163-2013 钢筋机械连接用套筒 [S].

[7] GB/T 50448-2015 水泥基灌浆材料应用技术规范 [S].

［8］ JGJ/T283-2012 自密实混凝土应用技术规程［S］.

［9］ GB/T 51231-2016 装配式混凝土建筑技术标准［S］.

［10］ GB 50204-2015 混凝土结构工程施工质量验收规范［S］.

［11］ JGJ467-2018 装配式整体卫生间应用技术标准［S］.

［12］ JGJ467-2018，装配式整体厨房应用技术标准［S］.

［13］ 广东省标准 DBJ15-107-2016. 装配式混凝土结构技术规程［S］.

［14］ 团体标准 T/CCIAT008-2019，装配式混凝土建筑工程施工质量验收规程［S］.

［15］ 广东省标准 DBJ/T15/171-2019. 装配式混凝土建筑工程施工质量验收规范［S］.

［16］ 深圳市住房和建设局，装配式混凝土构件制作与安装操作规程（征求意见稿）［R］. 广东深圳. 2014.

［17］ 张秀英，李建业. 装配式混凝土结构质量检测控制［J］. 建筑技术，2015，46（S2）：187-191.

［18］ GB/T 51233-2016，装配式钢结构建筑技术标准［S］.

［19］ 郭学明. 装配式混凝土建筑-构件工艺设计与制作 200 问［D］. 北京：机械工业出版社，2018.

［20］ 郭学明. 装配式混凝土结构建筑的设计、制作与施工［D］. 北京：机械工业出版社，2017：430-434.

［21］ 王圣杰. 装配式建筑电气设计要点及解决方案［J］. 江西建材，2020（04）：72-73.

［22］ 尹祚会. 装配式建筑设计要点分析与优化策略［J］. 居舍，2019（22）：110-111.

［23］ 朱文祥，许锦峰，张海遐，韩伟，蔡旻. 预制混凝土构件的常见质量缺陷与修复措施［J］. 混凝土，2019（05）：115-118.

［24］ 樊则森. 集成设计—装配式建筑设计要点［J］. 住宅与房地产，2019（02）：98-104.

［25］ 吴朝辉，吴勇. 预制混凝土构件常见外观质量问题及预防措施［J］. 城市住宅，2018，25（11）：52-54.

［26］ 徐蓉. 基于装配式建筑结构设计要点分析［J］. 价值工程，2018，37（19）：230-231.

［27］ 纵斌. 基于施工易建性的装配式建筑设计要点研究［J］. 施工技术，2018，47（12）：17-20.

［28］ 刘国顺. 装配式建筑预制构件常见质量问题及应对措施［J］. 上海建设科技，2017（03）：49-51.

［29］ 余正. 装配式建筑施工常见质量问题与防范对策［J］. 住宅与房地产，2016（33）：204.

［30］ 苏杨月，赵锦锴，徐友全，司红运. 装配式建筑生产施工质量问题与改进研究［J］. 建筑经济，2016，37（11）：43-48.

［31］ 高润东，李向民，许清风. 装配整体式混凝土建筑套筒灌浆存在问题与解决策略［J］. 施工技术，2018，47（10）：1-4/10.

第6章　BIM 在装配式建筑中的应用

与传统现浇建筑相比，装配式建筑具有节能环保、绿色施工、品质高效等优点，能最大限度地满足"四节一环保"的要求。但是，我国装配式建筑大多数只是停留在技术层面，如结构构件的生产工艺、现场施工技术、施工体系以及工法等。由于装配式建筑在设计过程中没有充分考虑构件的实际生产和安装问题，导致进入构件生产、安装环节时常常出现设计与施工冲突，以及施工碰撞等问题，进而发生设计变更，最终导致施工现场停工待料等情况，影响建设工程的工期与质量。因此，如何协调设计、生产、施工和运维之间的关系，使各阶段、各参与方之间保持信息畅通，成为解决装配式建筑建造困难的关键。

BIM 技术的核心是信息共享、协同工作，作为建筑"集成"的主线，能够串联建筑全生命周期中的设计、生产、施工和运维各个环节，实现信息流通顺畅，能够解决装配式建筑建造过程中遇到的问题。本章将重点介绍 BIM 在装配式建筑中的应用内容。

6.1　BIM 应用概况

基于全生命周期 BIM 应用理念，从方案设计之初就开始采用 BIM 技术，运用标准户型和标准化 BIM 构件模型库，完成构件深化设计、各专业模型综合碰撞检测、以及工程量统计、虚拟仿真及漫游等，在工厂生产、现场施工进行 BIM 成果应用，见表 6-1。

BIM 应用概况 表 6-1

策划阶段	设计阶段	工厂阶段	现场施工阶段
1. 制定 BIM 协调规则 2. 进行 BIM 应用阶段划分 3. 搭建 BIM 实施环境 4. 制定 BIM 实施方案 5. 制定 BIM 实施标准	1. 各专业 BIM 模型搭建 2. 构件拆分及节点设计 3. BIM 模拟分析 4. 碰撞检查 5. 管线综合设计优化 6. 构件深化设计 7. 工程量统计 8. 三维出图 9. 标准化族库	1. 预制构件深化设计 2. 基于 BIM 的标准化模具设计	1. 施工场地平面布置 2. 机电管线预留预埋 3. 大型起重设备安拆、运行模拟 4. 施工方案及工艺模拟 5. 装配式建筑构件吊装模拟 6. 三维可视化及仿真漫游 7. 危险源辨识与管控 8. 进度控制 9. 商务管理 10. 信息化管理

6.2 BIM 策划管理

6.2.1 协调管理

通过 BIM 技术搭建共享平台，实现项目各阶段参与方、各专业信息共享与交互，有效地防止信息孤岛的产生，减少了二次设计、人工二次输入和工程变更的发生，实现了设计、生产、装配一体化协调管理，如图 6-1 所示。

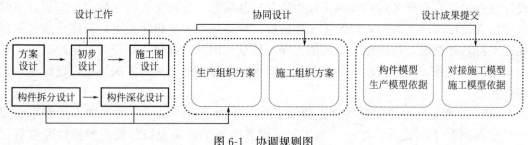

图 6-1 协调规则图

6.2.2 应用阶段划分

BIM 应用需要建立全过程协同的 BIM 管理体系，通过 BIM 信息化技术对各参建方的工作内容进行协调辅助。BIM 应用分为设计、生产、施工和运维四个阶段，设计部门负责设计阶段的 BIM 应用，将生产和施工所需要的信息、要求进行前置考虑。生产、施工部门分别负责生产、施工阶段的 BIM 技术应用，落实设计阶段的 BIM 模型深化要求，施工项目完成后建立竣工模型并交付至运维方，并配合运维阶段实现 BIM 模型的交付应用，如图 6-2 所示。

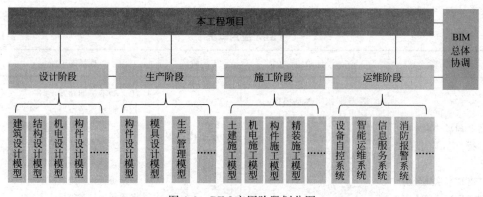

图 6-2 BIM 应用阶段划分图

6.2.3 应用软硬件配置

项目可采用"云桌面"的工作方式可以实现点对面的协调模式，通过互联网技术可以打破地域的限制，实现跨区域的工作协调。实现局域网基于同一服务器进行协调工作，在保证宽带的前提下可以实现远程登录服务器进行协调工作，也可以通过不同地域的服务器进行同步备份，以实现协调工作，如图 6-3 所示。

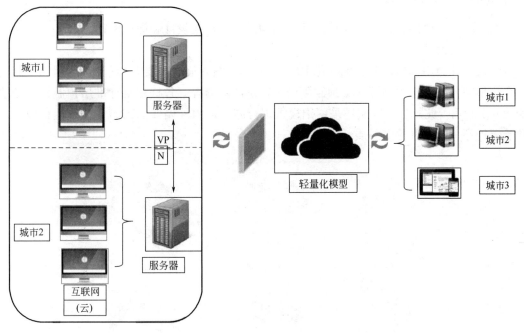

图 6-3　"云桌面"协调模式

软件方面主要以 Revit 和 Navisworks 软件作为核心软件，并根据项目需要增加其他辅助软件，如图 6-4 所示。

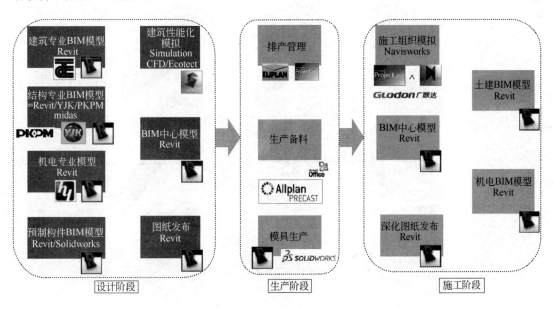

图 6-4　BIM 软件应用情况

6.3　BIM 在各阶段的应用

6.3.1　设计阶段

设计阶段主要内容包括：建筑设计、结构设计、机电设计和深化设计。

（1）建筑设计

建筑设计利用标准户型和标准化 BIM 构件库（图 6-5）进行组合设计，运用的预制构件有：预制外墙板、预制楼梯、预制阳台、预制内隔墙等，各栋建筑标准层预制构件布置如图 6-6 所示。此外，标准层还采用铝模板进行施工，内外墙取消砌筑、抹灰湿作业，有利于保护环境和提升建筑品质。

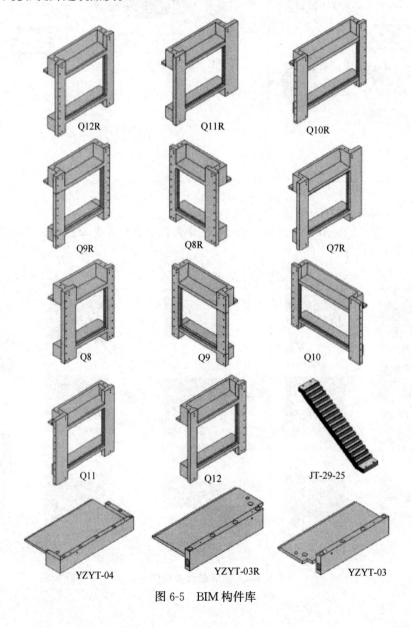

图 6-5　BIM 构件库

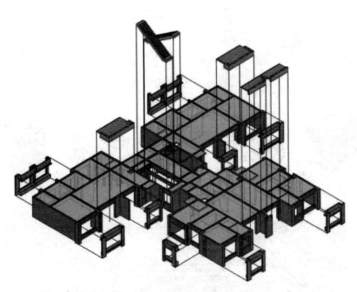

图 6-6　预制构件三维分布图

（2）结构设计

以某剪力墙结构为例，根据现行规范要求，并从结构安全的角度出发，结构形式采用剪力墙结构，外浇内挂结构体系进行建造。利用 BIM 技术来对构件进行科学拆分，如图 6-6 所示，根据构件的功能和受力等相关性能参数，对垂直构件、水平构件和非受力构件进行拆分。为了实现构件标准化和模数化的目标，强化构件的功能及性能指标，在拆分构件时遵循规格量少、组合数目多的原则，结合不同构件的受力、制作、运输、吊装、配筋构造、连接和安装的要求，进行深化设计，使构件达到合理化拆分。

主要涉及墙板类、楼梯和阳台构件的设计与生产，并全面探讨构件的吊装、加工和运输能力，及考虑建筑中的降板、异形、开洞、预留孔、预埋件等。依据传统的二维图纸深化成 BIM 三维模型的参数化设计，显示更为直观，解决了二维图纸表达不清的问题，并且还可以通过三维模型进行可视化的设计和管理，达到对于各构件的连接碰撞测试，优化各构件的性能参数，并有效地联动修改，确保构件及其衔接处的合理和安全可靠目的。

（3）机电设计

根据工程项目的实际情况，以及建筑和结构提供的模型信息进行管线设计。通过计算确定工程所选用的设备型号、管线材质、尺寸等，并通过 BIM 软件建立相应的族库，如图 6-7～图 6-9 所示。利用建立好的族库，直接在建筑和结构模型中进行管线布设。各专业管线布设完成后，根据管线综合设计和优化要求，进行管线优化调整，并最终形成管线综合模型，如图 6-10 所示。

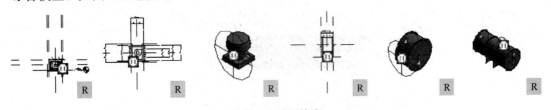

图 6-7　暖通族库

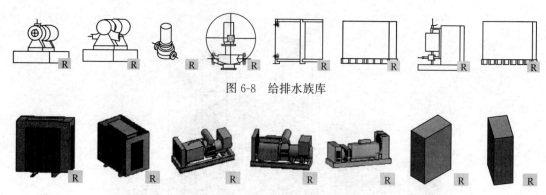

图 6-8　给排水族库

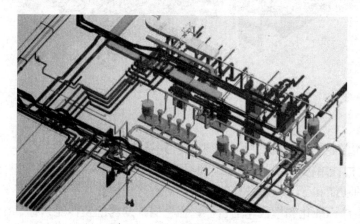

图 6-9　电气族库

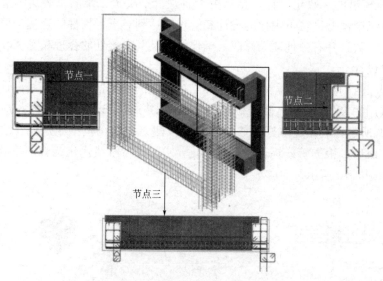

图 6-10　机电管线综合模型

（4）其他构件深化设计

1）预制外墙

应用 BIM 技术对预制外墙构件进行深化设计（图 6-11、图 6-12），并满足以下要求：

图 6-11　预制外墙构件深化设计（一）

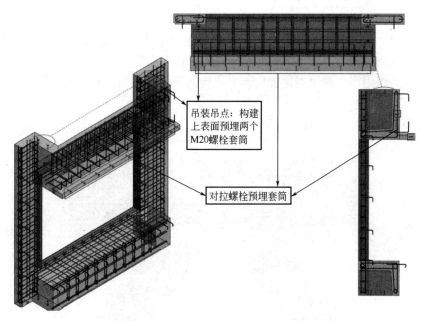

图 6-12　预制外墙构件深化设计（二）

①预制构件设计遵循标准化原则；

②预制构件现浇节点设计遵循标准化原则。

2）预制阳台

预制阳台悬挑梁留有伸出钢筋与现浇主体结构连接，交界面留有粗糙面及抗剪槽，如图 6-13 所示。

预制阳台板为叠合楼板（现浇层 80mm＋预制层 60mm），现浇层板面与预制阳台面预留钢筋搭接，预制板底钢筋锚入剪力墙、现浇梁板内长度满足规范相关要求。

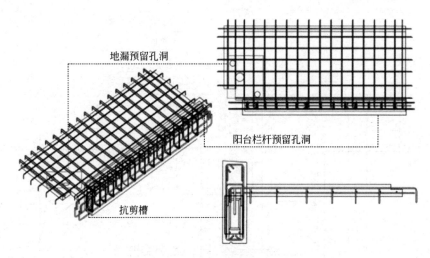

图 6-13　预制阳台深化设计

3）预制楼梯

目前，一般的装配式建筑标准层全部采用预制楼梯梯段，而楼梯休息平台、结构梁以及牛腿全部采用现浇混凝土，如图 6-14 所示。

　　①预制楼梯上端与现浇梯梁的牛腿及预留钢筋连接为铰接连接，如图 6-15 所示；预制楼梯下端与现浇梯梁的牛腿及预留钢筋连接为滑动连接，如图 6-16 所示；结构抗震可不考虑其斜撑的作用，考虑罕遇地震作用下结构的层间弹塑性位移，梯段下端与主体结构预留 30mm 变形缝；

　　②预制楼梯侧面与楼梯墙体脱离，并对缝隙进行封堵，如图 6-17 所示。

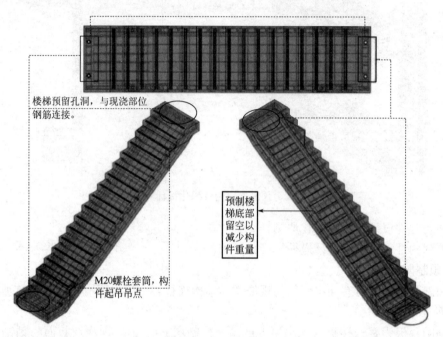

图 6-14　预制楼梯构件

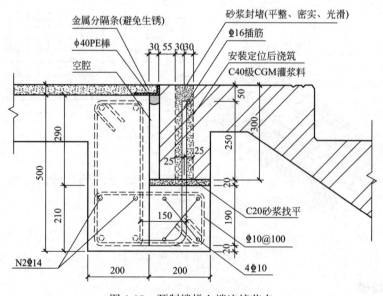

图 6-15　预制楼梯上端连接节点

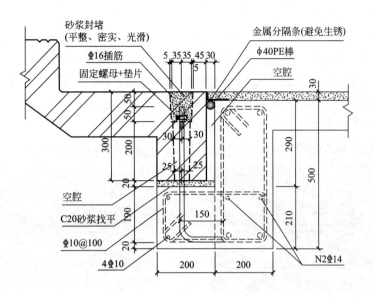

图 6-16　预制楼梯下端连接节点

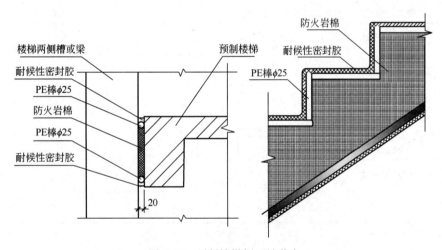

图 6-17　预制楼梯侧面缝节点

（5）碰撞检查

BIM 能对各专业模型实现碰撞检查功能，根据设计方提供的图纸，BIM 技术团队利用碰撞检查可以快速发现图纸中的一些设计问题，及时向设计方对接沟通。如图 6-18 所示，对机电管线进行协同建模，对管线综合排布质量与效果进行可视化审查，根据出具的碰撞检测报告及碰撞点显示功能，能够迅速确定构件间的空间关系，点击碰撞点显示按钮，系统将会对碰撞点位置进行局部放大，以便各专业人员根据碰撞点对 BIM 模型进行更变，确定最终的 BIM 建筑信息模型，减少了因"错、漏、碰、确"导致的设计变更，增强了各专业的协同性和设计效率。

6.3.2 构件生产阶段

利用 BIM 模型充分表达了工厂的实际需求，直接将 BIM 模型里面的信息导入自动化生产设备，实现自动化生产、加工预制构件，如图 6-19 所示。同时，利用 BIM 结构模型，可导出各构件的钢筋信息（表 6-2），用于原材料采购、钢筋加工以及模具设计等，提高预制构件生产效率和质量。

图 6-18　碰撞检查示意

图 6-19　预制构件生产、加工设备

钢筋明细表　　　　　　　　　　　　　　　　　　　表 6-2

钢筋号	构件	钢筋类型	钢筋直径	类型图像	A	B	数量	钢筋长度	类型
2Za1	边缘构件	纵筋	14mm	A	2740mm	0mm	6	2740mm	16HRB400
2Za2	边缘构件	纵筋	16mm	A	2760mm	0mm	4	2760mm	14HRB400
2La	边缘构件	拉筋	6mm	A	170mm	0mm	37	260mm	6HPB300
2Gd1	边缘构件	箍筋	8mm	B / A A	120mm	350mm	12	880mm	8HRB400
1Za2	窗下连梁	纵筋	18mm	A	2550mm	0mm	8	2550mm	18HRB400
1Zb1	连梁	腰筋	12mm	A	2550mm	0mm	4	2550mm	12HRB400

6.3.3 施工阶段

（1）场地布置

根据项目的实际情况，利用 BIM 技术进行施工场地布置，包含对现场各类设施、构件的模型创建与布置，掌握场地模型创建及场地设计、布置要点，及场地布置中的技术、安全要求，考察施工场地面积、构件堆放场地、设备及设施布置场地内外物流道路、行人通道及其他车辆通道等。对施工场地进行规划、布置，建立三维信息模型，模拟真实的施工环境和施工过程，如图 6-20 所示。

（2）大型机械设备运作模拟

利用 BIM 技术，对项目使用的大型机械设备进行安拆、运作模拟，将施工过程中可能遇到的问题进行前置预演并讨论解决，如图 6-21 所示。

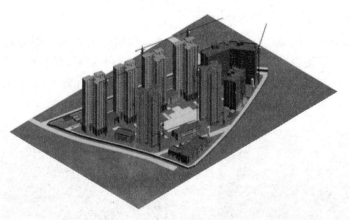

图 6-20　施工场地平面布置图

爬架拼装

活动区域模拟　　　　　　爬架提升　　　　　　细部节点

图 6-21　爬架施工模拟图

（3）施工方案及工艺模拟

运用 BIM 软件对模板构件族进行创建，墙体、框架柱、楼板模板支设，包含模板、支撑系统各类构件的模型创建与布置、结构模板支设、模型创建及施工方案要点。另外，利用 BIM 技术对项目使用的预制构件装配、铝模板拼装施工工艺进行模拟，将施工过程中可能遇到的问题进行前置预演并讨论解决方案，如图 6-22 所示。

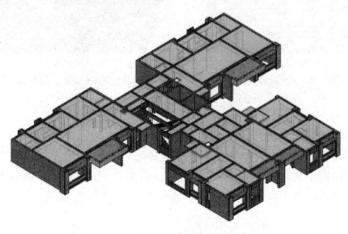

图 6-22　标准层铝模试拼装模型

（4）构件吊装模拟

利用 BIM 技术进行预制构件的吊装模拟（图 6-23），施工人员通过观测模型，从而能及时地判断吊装工序是否满足要求，项目场地布置和施工安排是否合理等，同时将提前编制的施工进度计划与 BIM 模型关联，实现施工进度的动态管理，一旦计划进度与实际进度不符，及时找出原因，并采取措施，确保项目按原进度计划实施。

(a) 测量放线　　　　　　　　　(b) 螺栓拧入下层预制构件的预埋套筒内

(c) 灌浆完成PC构件连接　　　　　(d) 调整构件竖直度并支撑

(e) 塞好PE棒，防止漏浆，再次校正　　(f) 继续按顺序安装其他墙板，完成施工

图 6-23　预制构件吊装模拟分析

（5）三维可视化交底及仿真漫游

利用 BIM 技术进行预制构件的现场可视化交底，方便施工人员直观明了地了解施工环境、施工内容和施工要求等，如图 6-24 所示。此外，还可以利用 BIM 技术的虚拟仿真漫游功能与 VR 设备连接，提前观看建成后的效果，如图 6-25 所示。

图 6-24　地下室 BIM 模型

图 6-25　虚拟仿真漫游

（6）危险源辨识与管控

通过 BIM 模型对施工现场的危险源进行识别分类（图 6-26），利用 BIM 技术对临边防护措施进行模拟，对现场工人进行安全教育警示及对项目进行安全管理。

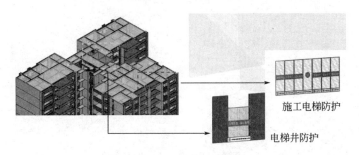

图 6-26　危险源识别

6.3.4　运维管理阶段

运维阶段可利用 BIM 竣工模型与设备实时关联，通过在设备上设置传感器的方式，来定位设备的位置，以及获取相应设备的运行信息。通过查看设备上的传感器的振动频率，来判断设备的运行状况，例如，振动频率波动较大时，通过查看现场设备的实际运行情况，来判断是否需要进行维修或者更换。若确定需要进行维修或更换设备时，可以查看

BIM 竣工模型里面的设备信息，例如，设备供应商、保修期限和维修记录等信息，来联系相关人员进行设备的维修或更换工作。这种方式与传统的运营管理方式相比，极大地提高了管理效率，降低了运维成本。

6.4　总结

（1）BIM 在装配式建筑中的应用，可以解决装配式在建筑建造过程中遇到的问题，两者结合将促进建筑行业的转型升级，提升建筑品质。

（2）全过程的 BIM 应用需要将线下 BIM 建模和线上轻量化模型进行结合，实现各环节的无缝对接，使信息流通顺畅，方便信息的使用与管理。

（3）只有全过程、全专业、全员应用 BIM 技术，才能实现建筑全生命周期应用 BIM 技术的目标，让 BIM 技术真正服务于建筑工程项目，有利于降低建造成本、缩短建造工期、提高建筑质量。

参考文献

[1] 齐宝库，李长福．基于 BIM 的装配式建筑全生命周期管理问题研究 [J]．施工技术，2014，43 (15)：25-29.

[2] 叶浩文，周冲，韩超．基于 BIM 的装配式建筑信息化应用 [J]．建设科技，2017，(15)：21-23.

[3] 戴文莹．基于 BIM 技术的装配式建筑研究 [D]．武汉大学，2017.

[4] 鹏城建筑集团有限公司．金域领峰花园万科麓城三期商住项目 BIM 应用展示 [Z]．深圳：鹏城建筑集团有限公司，2017.

[5] 蔡小萍．BIM 技术在装配式建筑中的应用 [J]．黑龙江科学，2018，9 (20)：102-103.

[6] 巴婧．BIM 技术在建筑构件化设计中的应用 [D]．天津大学，2017.

第7章 成型钢筋应用

7.1 工程概况

成型钢筋应用项目1由9栋高层塔楼、59栋别墅、2栋门楼及部分商业配套设施组成，其中1~9号高层住宅采用新型成型钢筋技术建造，一次性开发。规划用地面积65581.58m²，总建筑面积达198105.46m²。

1~9号高层住宅采用成型钢筋＋铝模技术建造，模板均采用铝模，楼板底部钢筋以及竖向剪力墙的竖向均匀分布筋采用成型钢筋网片技术，内隔墙采用预制内隔墙条板。某栋平面布置图如图7-1所示。

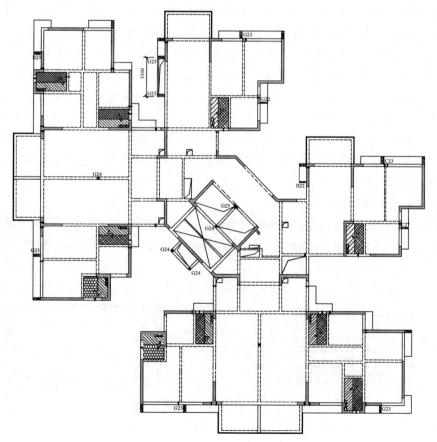

图7-1 应用项目1结构布置图

7.2 设 计

由于工程量大，工期要求紧，施工任务重，为保证在有效时间内完成施工任务，保证施工质量，就必须科学、合理地组织施工，层层严加管理，道道工序严加过程控制，以保证施工质量。本设计方案的成型钢筋使用范围为楼板及墙钢筋的成型钢筋网片运用以及部分箍筋的数控加工，其余部位的成型钢筋运用难度较大，本工程暂不实施。以下对 3 号楼墙成型钢筋及楼板成型钢筋的应用进行阐述。成型钢筋设计主要通过以下流程：根据原设计图纸进行网片布置总体策划→网片尺寸确定和网片编号→网片布置图绘制→主体设计院复核并确认。

（1）成型钢筋设计思路

本项目竖向剪力墙分布筋、楼板底部及上部钢筋采用成型钢筋技术，根据剪力墙受力特性，避免成型钢筋在竖直方向接头过多，采用底部搭接法并将下一个竖向连接设置在上一层楼面上；楼板底部成型钢筋网片搭接接头宜设置在结构受力较小处或伸入支座中，底层钢筋宜在板跨的 1/3 范围内搭接，底网采用叠搭法施工；对于规则楼板，楼板上部成型钢筋尽可能在单跨梁中设置一张成型钢筋网片以避免纵向搭接次数，以达到增加施工效率及减少网片数目的目的。

（2）成型钢筋网片的编号

对于竖向成型钢筋网片，以 Q 表示墙分布筋网片，"Q"前的数字表示网片的数量，"Q"后的数字表示成型钢筋网片的编号，同理，剪力墙边缘构件编号为 GB。

对于板成型钢筋，可根据工程实际情况进行编号调整，如 02B01 表示户型 02＋板类型 B＋板代号 01，其中 A 为卧室、过道、厨房，板厚 100mm，钢筋排列Φ6@150；B 为客厅及阳台，板厚 110～130mm，钢筋排列Φ8@200；C 为电梯前室，板厚 130mm，钢筋排列Φ8@150；D 为主卧，板厚 120mm，钢筋排列Φ8@140；T 为电梯前室上部钢筋，板厚 130mm，钢筋排列Φ8@150；E 为卫生间降板上部钢筋，板厚 130mm，钢筋排列Φ6@130；KB 为空调飘板，上部钢筋Φ8@200，底部钢筋Φ6@180，上下分布筋Φ6@180；TB 为楼梯斜板，板下部钢筋为Φ12@130。

（3）楼板成型钢筋的设计

本项目成型钢筋的安装主要采用两种安装方式，第一种采用单层布置（底网＋联接网）安装，如图 7-2 所示；第二种采用双层布置（纵向单向网＋横向单向网）安装，如图 7-3 所示。

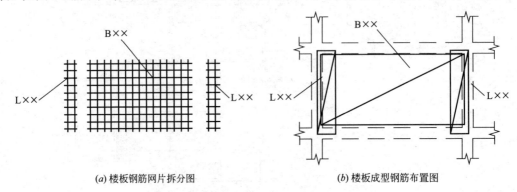

(a) 楼板钢筋网片拆分图 　　　　　　　　(b) 楼板成型钢筋布置图

图 7-2　单层布置（底网＋联接网）安装

B××-横向入梁单层网；L××-纵向入梁网（联接网）

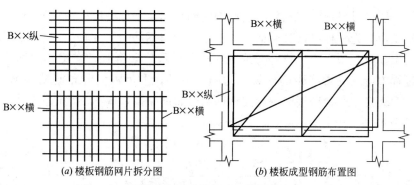

图 7-3　双层布置（纵向单向网＋横向单向网）安装

B××横-横向单向网；B××纵-纵向单向网

单层布置（底网＋联接网）安装方法：单向布置横向成型钢筋网片，其钢筋伸入梁内，另一方向支座处采取联接网片进行搭接，有效地解决了成型钢筋网片双向锚固的问题，该安装方法适用于狭长或楼板长度不规则的楼板。

双层布置（纵向单向网＋横向单向网）安装方法：横向单向网的受力钢筋伸入支座梁，纵向单向网伸入另外一方向的支座梁，二者相互叠合形成一个完整的楼板底部钢筋，该安装方法适用于长宽比在 2～3 或楼板长度规则的楼板。

（4）剪力墙成型钢筋设计

剪力墙作为竖向构件，其端墙暗柱钢筋及间距规格不一，无法做到统一规格处理，而剪力墙分布筋和标准构造边缘构件的直径及间距较为统一，可采用成型钢筋技术。因成型钢筋网片水平筋影响到约束边缘暗柱的箍筋施工，故成型钢筋网片需在约束边缘暗柱箍筋施工完毕后再进行网片的吊运安装及绑扎工作。

成型钢筋的竖向连接设计及水平向连接是竖向成型钢筋的关键，在成型钢筋竖向连接方面，为解决网片竖向焊接的难题，均采用竖向搭接的方式处理，如图 7-4 所示，整片成型钢筋的高度为楼层层高加一个搭接长度，这样处理减少竖向连接的次数及施工工序，提高安装效率。在成型钢筋水平连接方面，成型钢筋网片采用直接伸入支座处理，当直接伸入支座锚固长度不足或遇上特殊异形柱时，也可设置 U 形箍与成型钢筋网片连接，如图 7-5 所示。

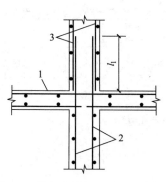

图 7-4　剪力墙钢筋网片的竖向搭接

（1—楼板；2—下层剪力墙网片；3—上层剪力墙网片）

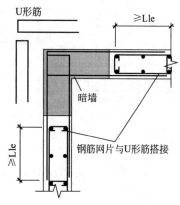

图 7-5　柱成型钢筋笼辅助支架示意图

　　高层标准层经过设计院同意采用成型钢筋网片，由于标准层板面配筋类型及规格尺寸较多，以施工蓝图为模板进行分类加工。由于墙分布钢筋的尺寸较大，一张成型钢筋网片无法完成施工，故必须将一个构件分成几张进行分段安装绑扎，搭接方法均采用平搭法，避免搭接过程中造成受力间距的损失。为施工方便，取消横向分布筋端部第一条分布钢筋，改为人工绑扎，避免搭接区域竖向钢筋与分布筋碰撞，成型钢筋的分布筋及墙端柱的钢筋表如表 7-1、表 7-2 所示。

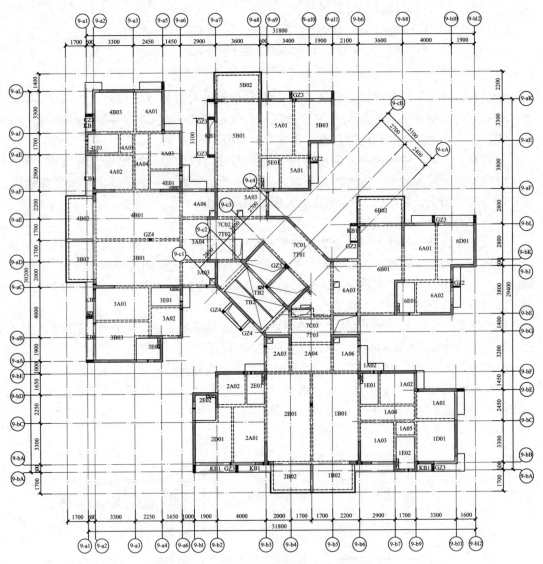

图 7-6　3 号楼墙成型钢筋网片布置图

成型钢筋应用项目 1 墙分布筋成型钢筋表（3 号楼 3 层墙）　　表 7-1

序号	编号	纵向分部筋网片规格							横向分布筋网片规格				
		直径	间距	墙长高尺寸（mm×mm）		数量	网片规格（mm）		构件数量	直径	间距	网片规格（mm）		构件数量
				长度	高度		长度	高度				长度	高度	
1	Q1	8×8	200×400	900/850	2900	11	900	3200	22	8×8	200×400	900	800	88
2	Q2	8×8	200×400	1184/1100	2900	5	600	3200	20	8×8	200×400	1200	800	40
3	Q3	8×8	200×400	1400	2900	2	500	3200	8	8×8	200×400	1400	800	16
4							400	3200	4					
5	Q4	8×8	200×400	1600	2900	2	500	3200	8	8×8	200×400	1600	800	16
6							600	3200	4					
7	Q5	8×8	200×400	1700	2900	4	400	3200	16	8×8	200×400	1700	800	32
8							900	3200	8					
9	Q6	8×8	200×400	1900	2900	1	500	3200	4	8×8	200×400	1900	800	8
10							900	3200	2					
11	Q7	8×8	200×400	2000	2900	1	500	3200	8	8×8	200×400	2000	800	8
12	Q8	8×8	200×400	2100	2900	2	500	3200	12	8×8	200×400	2100	800	16
13														
14	Q9	8×8	200×400	2400	2900	2	500	3200	16	8×8	200×400	2400	800	16
15							400	3200						
16	Q10	8×8	200×400	2600	2900	2	500	3200	16	8×8	200×400	2600	800	16
17							600	3200	4					
18	Q11	8×8	200×400	2700/2750	2900	4	500	3200	16	8×8	200×400	2750	800	32
19							550	3200						
20							600	3200	16					
21	Q12	8×8	200×400	400/500	2900	4	500	3200	8	8×8	200×400	500	1600	16
22	Q13	8×8	200×400	700	2900	2	700	3200	4	8×8	200×400	700	1600	8
合计		42					196			312				

成型钢筋应用项目 1 墙端柱成型钢筋表（3 号楼 3 层墙）　　表 7-2

序号	编号	构件参数					钢筋笼参数			
		截面尺寸	构件数量	箍筋	纵筋	单肢箍	箍筋长度	高度	分布筋	钢筋笼数量
1	GBZ1	400×200	12	Φ6@200 (2×3)	6Φ12	Φ6@200	150×700	900	3Φ8	24
2							150×700	1000	3Φ8	48
合计		12					72			

（5）楼板成型钢筋设计

本项目楼板的底部钢筋及上部钢筋均采用成型钢筋技术，对于底部钢筋采用双层布置（纵向单向网＋横向单向网）安装方法，采用双层布置法时先铺设横向跨度的钢筋网片，再铺设纵向跨度的钢筋网片。这样就避免了在双向板长的三分之一范围内设置搭接接头,同时也节约了钢筋,改善了结构性能。

对于板面部钢筋,部分规则支座筋采用成型钢筋网片方式处理,其他上部钢筋采用现场绑扎方式,由于标准层楼板上部钢筋仅从支座处伸出一定长度的钢筋,对单个支座可尽量采用单个成型钢筋网片处理,上部成型钢筋网片的受力筋主要为伸出支座钢筋,平行梁跨方向的钢筋为分布钢筋,分布筋直径不宜小于6mm,间距不宜大于250mm,当集中荷载较大时,间距不宜大于200mm(图7-7)。

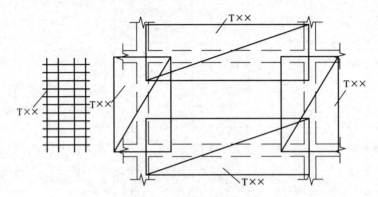

图 7-7 楼板上部成型钢筋示意图

(T××为楼板上部成型钢筋)

对于部分特别部位的楼板,如洗手间沉板,也可采用成型钢筋技术,如图7-8所示。

图 7-8 卫生间降板底部成型钢筋示意图

以下为本项目典型楼栋的楼板成品钢筋布置图(图7-9)及钢筋信息表(表7-3)。

应用项目1板成型钢筋信息表(9号楼3层)　　　　　　　表7-3

序号	编号	短向规格				长向规格			
		直径	间距	面积尺寸(mm×mm)	数量(片)	直径	间距	面积尺寸(mm×mm)	数量(片)
1	1A01	6×8	150×400	2350×1550	2	6×8	150×400	3300×1075	2
2	1A02	6×8	150×400	2650×1400	2	6×8	150×400	3000×1225	2
3	1A03	6×8	150×400	2900×1550	2	6×8	150×400	3300×1350	2
4	1A04	6×8	150×400	1300×2200	2	6×8	150×400	4600×550	2
5	1A05	6×8	150×400	1200×1500	2	6×8	150×400	1700×1000	1
6	1A06	6×8	150×400	2200×1350	2	6×8	150×400	2900×1000	2
7	1B01	8×8	200×400	3900×3475	2	8×8	200×400	7150×1850	2
8	1B02	8×8	200×400	2200×1600	2	8×8	200×400	3400×1000	2

续表

序号	编号	短向规格				长向规格			
		直径	间距	面积尺寸(mm×mm)	数量(片)	直径	间距	面积尺寸(mm×mm)	数量(片)
9	1D01	8×8	140×400	3300×1500	2	8×8	140×400	3200×1550	2
10	1E01	6×6	130×130	750×2650	1				
11	1E02	6×6	130×130	750×2750	1				
12	2A01	6×8	150×400	2750×2200	2	6×8	150×400	4600×1250	2
13	2A02	6×8	150×400	2400×1200	2	6×8	150×400	2600×1100	2
14	2A03	6×8	150×400	2000×1350	2	6×8	150×400	2900×1800	2
15	2A04	6×8	150×400	2300×1600	2	6×8	150×400	3400×1050	2
16	2B01	8×8	200×400	3700×3475	2	8×8	200×400	7150×1750	2
17	2B02	8×8	200×400	2200×3000	1	8×8	200×400	3200×2000	1
18	2D01	8×8	140×400	4200×1600	2	8×8	140×400	4600×1100	1
19		8×8	140×400	1300×1200	1	8×8	140×400	3400×1900	1
20	2E01	6×6	130×130	750×2600	1				
21	2E02	6×6	130×130	850×1900	1				
22	3A01	6×8	150×400	2750×2200	2	6×8	150×400	4600×1250	2
23	3A02	6×8	150×400	2400×1200	2	6×8	150×400	2600×1100	2
24	3A03	6×8	150×400	2000×1350	2	6×8	150×400	2900×1800	1
25	3A04	6×8	150×400	2300×1600	2	6×8	150×400	3400×1050	2
26	3B01	8×8	200×400	3700×3475	2	8×8	200×400	7150×1750	2
27	3B02	8×8	200×400	2200×3000	1	8×8	200×400	3200×2000	1
28	3B03	8×8	200×400	4200×1600	2	8×8	200×400	4600×1100	1
29		8×8	200×400	1300×1200	1	8×8	200×400	3400×1900	1
30	3E01	6×6	130×130	750×2600	1				
31	3E02	6×6	130×130	850×1900	1				
32	4A01	6×8	150×400	2350×1550	2	6×8	150×400	3300×1075	2
33	4A02	6×8	150×400	2900×1550	2	6×8	150×400	3300×1350	2
34	4A03	6×8	150×400	2650×1425	2	6×8	150×400	2950×1225	2
35	4A04	6×8	150×400	1300×2200	2	6×8	150×400	4600×550	2
36	4A05	6×8	150×400	1200×1500	2	6×8	150×400	1700×1000	2
37	4A06	6×8	150×400	2200×1350	2	6×8	150×400	2900×1000	2
38	4B01	8×8	200×400	3900×3475	2	8×8	200×400	7150×1850	2
39	4B02	8×8	200×400	2200×1600	2	8×8	200×400	3400×1000	2
40	4B03	8×8	140×400	3300×1500	2	8×8	140×400	3200×1550	2
41	4E01	6×6	130×130	750×2600	1				
42	4E02	6×6	130×130	850×2750	1				

序号	编号	短向规格				长向规格			
		直径	间距	面积尺寸(mm×mm)	数量(片)	直径	间距	面积尺寸(mm×mm)	数量(片)
43	5A01	6×8	150×400	2750×2150	2	6×8	150×400	4500×1275	2
44	5A02	6×8	150×400	2400×1200	2	6×8	150×400	2600×1100	2
45	5A03	6×8	150×400	2200×2000	2	6×8	150×400	4200×2000	1
46	5B01	8×8	200×400	3600×3450	2	8×8	200×400	7100×1700	2
47	5B02	8×8	200×400	2100×1700	2	8×8	200×400	1800×1900	2
48	5B03	8×8	200×400	3300×1550	2	8×8	200×400	4300×1100	1
49		8×8	200×400	1300×1200	1	8×8	200×400	3300×1900	1
50	5E01	6×6	130×130	650×2600	1				
51	6A01	6×8	150×400	2750×2150	2	6×8	150×400	4500×1275	2
52	6A02	6×8	150×400	2600×1400	2	6×8	150×400	3000×1200	2
53	6A03	6×8	150×400	2200×2050	2	6×8	150×400	4300×1000	2
54	6B01	8×8	200×400	3600×2150	2	8×8	200×400	7100×1400	2
55		8×8	200×400	3000×1300	2	8×8	200×400	4500×600	1
56	6B02	8×8	200×400	2100×1700	2	8×8	200×400	1800×1900	2
57	6D01	8×8	140×400	3300×1550	2	8×8	140×400	4300×1100	1
58		8×8	140×400	1300×1200	1	8×8	140×400	3300×1900	1
59	6E01	6×6	130×130	750×2600	1				
60	7D01	8×8	150×400	2700×2650	2	8×8	150×400	5300×1250	2
61	7D02	8×8	150×400	2050×1600	2	8×8	150×400	3400×1850	1
62	7D03	8×8	150×400	2050×1600	2	8×8	150×400	3400×1850	1
63	7T01	8×8	150×400	(40+2820+40)×2650	2	8×8	150×400	3100×2500	1
64						8×8	150×400	3000×2500	1
65	7T02	8×8	150×400	(40+2170+40)×1600	2	8×8	150×400	(40+3520+40)×950	1
66						8×8	150×400	(40+3520+40)×900	1
67	7T03	8×8	150×400	(40+2170+40)×1600	2	8×8	150×400	(40+3520+40)×950	1
68						8×8	150×400	(40+3520+40)×900	1
69	KB1	6×6	180×180	1150×550	10	8×6	200×180	1250×550	10
70	KB2	6×6	180×180	1250×550	1	8×6	200×180	1250×550	1
71	TB1	8×8	130×400	(270+4985+280)×1250	4	8×8	180×400	1450×1660	6
合计					125				111

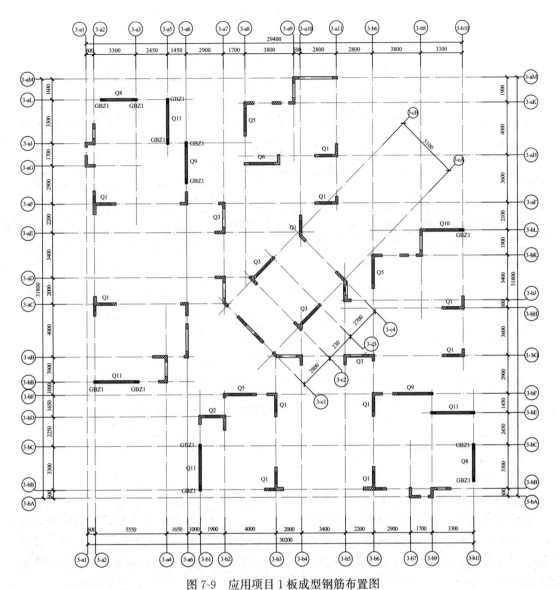

图 7-9 应用项目 1 板成型钢筋布置图

（6）铝模的设计

由于成型钢筋网片为成型钢筋网片，网片的单个钢筋不能单独移动。铝模结合成型钢筋的设计需要考虑两方面因素，第一个是对竖向构件对拉杆件的模数问题，第二个是竖向构件中成型钢筋与对拉螺栓在安装时由于施工误差导致的碰撞问题。

针对以上问题，在确保模板架体的强度、刚度和稳定性满足的情况下，调整对拉杆件的间距并使其间距为成型钢筋网片钢筋的间距的倍数，拉杆的位置可设置在网片空格中间，使其与成型钢筋网片保持较大距离。为了避免施工误差导致的碰撞问题，可采取背楞方式避免设置过多拉杆，同时拉杆类型可选用螺杆拉杆，避免在钢筋碰撞。在水平构件上，铝模与成型钢筋的碰撞问题较少，按正常设计均可。

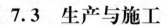
7.3 生产与施工

本项目的成型钢筋的施工主要分为三部分：前期准备、施工安装、验收检测。

为了保证在本工程在施工期间各项工作有条不紊地进行同时不妨碍其他工作的情况下，能够及时组织人员进行工程施工，特成立施工管理小组（表7-4）。

应用项目1施工管理小组　　　　　　　　　　　　　　表7-4

岗位	职责
项目执行经理	全面负责各项工作开展
常务副经理	协助项目执行经理开展工作
技术总工	技术总负责
安全总监	对现场进行安全交底；负责安全工作
安全员	负责现场安全工作
技术主管	对现场进行交底，解决施工技术问题
质检主管	对施工质量进行跟踪、验收
专业钢筋工	根据施工方案，完成成型钢筋施工
电焊工	配合钢筋工，负责钢筋焊接

（1）前期准备

1）钢筋品种及使用要求

本工程钢筋主要为HRB400，抗震等级为一、二、三级的各类框架和斜撑构件（含梯段）采用抗震钢筋。钢筋的抗拉强度实测值与屈服强度实测值的比值不应小于1.25，且钢筋的屈服强度实测值与强度标准值的比值不应大于1.3，且钢筋在最大拉力下的总伸长率实测值不应小于9%。

钢筋代换应按照等强的原则换算，并应满足最小配筋率、抗裂验算和构造等要求，同时应经过设计同意。

2）加工方面

成型钢筋网片在焊接过程中，焊点的抗剪力不应小于受拉钢筋规定屈服力值的0.3倍。对于本工程成型钢筋网片的钢筋采用HRB400E，其强度标准值为400N/mm^2，强度设计值为360 N/mm^2，总延伸率大于9%。

3）加工模数方面

施工过程中应考虑成型钢筋的锚固长度，安装时必须保证有足够的锚固长度，并按照一定的模数进行设置（表7-5），本项目选择的模数为50mm，如考虑锚固长度后总长度为1178mm时，取整选1200mm。

成型钢筋类型		混凝土强度等级				
		C20	C25	C30	C35	≥C40
热轧肋钢筋成型钢筋网片	锚固长度内无横筋	45d	40d	35d	32d	30d
	锚固长度内有横筋	32d	28d	25d	22d	21d

最小锚固长度表　　　　　　　　　　　　　　　　表 7-5

4）材料进场堆放

钢筋原材进厂时，质检部和物资部要进行外观检查：表面不得有裂纹、结疤和折叠，钢筋表面允许有凸起，但不得超过横肋的最大高度，不符合规范的不得进场。

钢筋原材进厂后，钢筋取样不大于 30t 为一批，每一批次由同一牌号、同一炉批号、同一规格的钢筋组成。每批重量通常不大于 30t，超过 60t 的部分，每增加 40t（或不足 40t 的余数），增加一个拉伸试验和一个弯曲取样试验。

成型钢筋进场后，要分批分直径分规格摆放到钢筋原材料堆场，摆放要整齐并利于取材，每份钢筋料堆上要注明钢筋的直径、规格、用处，并且特别要注意二级、三级钢筋及带"E"与不带"E"的区分。

5）出厂堆放及运输

成型钢筋网片的出厂：主要是注意不同户型网片的标注分类、各规格网片搭配、打捆；出厂标签应注明：工程名称、网片所在铺设单元、网片编号、网片外形尺寸等。

对统一尺寸规格的成型钢筋网片进行打捆，打捆重量控制在 1t 以内，考虑现场吊机承载能力，避免超过塔吊最小起吊重量的情况。

进场的成型钢筋网片按要求分类堆放，并设明显的标志牌。

成型钢筋网片吊装和运输时应捆扎整齐、牢固，每捆重量不宜超过 1t，必要时应加刚性支撑或支架，以防止成型钢筋网片产生过大变形，尽量避免露天堆放，以免锈蚀。

（2）施工安装

1）材料运输

成型钢筋的焊接在加工厂内进行，并由加工厂家进行质量验收，确保钢筋焊接质量达到规范要求。项目定期派管理人员去厂家对已生产出的钢筋网片进行检查验收。

钢筋成品采用长货车运至现场，成品在打捆时以统一规格为一组，由于现场塔吊为 6513 型，端部起吊重量为 1.3t，因此钢筋网片按照不超过 1t 的重量打捆，每捆使用铁片或不宜撕损的纸片明确表明本捆钢筋的直径、长度、孔距、加工厂家及原材生产厂家，并且绑扎固定。每捆之间利用木枋等在捆与捆之间垫好。货车上叠放的成品钢筋不可超过 2 叠。

成品到场应先经过监理、甲方验收，验收主要是材料直径规格、炉批号、钢筋原材检测报告、钢筋原材的产品合格证及出厂检测报告。现场抽取不同直径的钢筋样品进行焊接性能检测。

本项目对成型钢筋的堆放进行优化，尽可能选取多个塔吊能覆盖的范围，如图 7-10、图 7-11 所示，钢筋堆放位置尽可能贴近塔吊工作范围内。进场报审通过后，由现场叉车将成品钢筋运至现场划分的半成品钢筋堆放区内，按照不同钢筋直径及孔距分类堆放。成型钢筋在现场堆码是在高度上不可超过 2m 且不得超过 2 叠。使用时由叉车运至塔吊覆盖半径内，再由塔吊以捆为单位调运至需要使用的工作面，并做好材料标识及使用部位标注，同时做好工人交底工作。

图 7-10　成型钢筋应用项目 1 北侧钢筋堆放图
（■区域为成型钢筋分布筋部分）

图 7-11　成型钢筋应用项目 1 西部钢筋堆放图
（■区域为成型钢筋分布筋部分）

2）安装方案

对于墙标准边缘构件，为避免竖向连接过程中长时间占用吊车，采用地面搭接的方式，可将竖向成型钢筋搭接起始区域设置在楼面板位置，让柱成型钢筋直接竖立在地面上，再进行绑扎。

对于墙分布筋，可利用吊机将一捆成型钢筋网片吊装至楼面工作平台，现场人员通过搬运方式将墙分布筋架立在地面，需要同时架立两片剪力墙分布筋并进行绑扎，再现场绑扎拉筋，使其竖向保持稳定。

对于楼板成型钢筋网片，为提高安装速度，网片在出厂前已经进行编号，运抵现场后只需按编号分轴安装即可。当两个网片进行搭接时，在搭接区不超过 600mm 距离应采用钢丝绑扎一道。在附加钢筋与成型钢筋网片的每个节点处均应采用钢丝绑扎。当双向板底网（或面网）采用双层配筋时，两层网间宜绑扎定位，每 $2m^2$ 不宜少于 1 个绑扎点。

单层布置安装方法（即底网＋联接网），根据网片布置图找到相应板块编号的网片，先安装横向网片，网片安装时，短向钢筋入梁，对两端需插入梁内锚固的成型钢筋网片，当钢筋直径较细时，可按先后顺序将其插入两端梁内锚固。当网片不能自然弯曲时，可在一端插入后另外一端采用绑扎方法补足所减少的横向钢筋。长向钢筋安装到梁边，如一个板块有 2 块或 2 块以上网片搭接的，网片从一边向另一边安装或从两边向中间安装，再安装带纵向联接网片，联接网安装时架立筋在上。网片安装后应自检网片的搭接满足搭接要求，如不满足则需进行调整，调整后在搭接处每 600mm 绑扎一道。

双层布置安装方法（纵向单向网＋横向单向网），根据网片布置图找到相应板块编号的网片，先安装图中标示带箭头的横向网片，受力筋在下，架立筋在上，使受力筋两端入梁，架立筋不需要搭接，两个网片错开间距为 1 个受力筋间距；以同样的安装方法安装另一个方向的网片。将安装好的网片每一平方米绑扎一道，以保证两层网片不分离。

上部成型钢筋网片的搭接沿梁的走向搭接即可。

3）施工安装注意事项

钢筋除锈：钢筋表面要求洁净，油渍、漆污和铁锈在使用前应清洗干净，除锈方法可采用专用除锈剂进行喷洒除锈，并用水将残余除锈剂冲洗干净。在除锈过程中发现钢筋表面氧化皮鳞落现象严重并已损蚀钢筋截面，或除锈后钢筋表面有严重麻坑、斑点伤蚀截面时，则将其剔除不用或降级使用。

保护层的控制：保护层的最小厚度如表 7-6 所示，根据楼层板厚度、钢筋规格以及保护层厚度算出其架空尺寸，加工支撑钢筋架以保证钢筋网片的位置准确。支撑钢筋和马凳钢筋不准采用钢筋原材，一律用加工半成品剩余的短钢筋焊接或加工。

保护层控制表   表 7-6

构件名称	室内正常环境		室内潮湿环境	
	板墙壳	梁板杆	板墙壳	梁板杆
保护层厚度	15mm	20mm	20mm	25mm

注：1. 土保护层厚度从最外层钢筋（包括箍筋、构造筋、分布筋等）的外边缘算起；
　　2. 钢筋的直径不得小于钢筋的公称直径。

锚固长度：当梁两侧配筋不同时，两侧钢筋应伸入梁内，满足锚固长度，反梁两侧配筋应分别伸入梁内，并满足锚固长度。

（3）验收检测

1）验收程序及人员配置

在钢筋的绑扎过程中，工长抓好现场的管理、指导工作，以保证钢筋的绑扎质量，质检员要随时进行跟踪检查，随时纠正错误。钢筋绑扎完后，由质检员会同工长一起对该批次的钢筋工程进行一次全面的检查，如有绑扎质量问题，要进行纠正直至符合要求为止。质检员认为合格后，再申报监理、甲方上级主管部门一起进行检查验收。

2）材料试验检验制度

应按照国家、部颁标准、规范、规程和设计要求，对材料进行试验和检验，并将试验结果存入工程档案。经检验不合格的材料严禁使用，进场的限期清理出场。

3）技术复核制度

技术复核制度是对重要环节进行复查、校核，以避免出现重大差错的一项制度。复核的项目按照有关规定进行。

4）质量检查验收制度

为保证工程质量，建立"三检"与"专检"相结合的全面质量检查制度。在施工过程中，对每道工序都要办理签证和执行验收制度。并列入工程档案。对不符合质量要求的工序要认真进行处理，未经检查合格者不能进行下道工序施工。

5）验收内容

①纵向受力钢筋的品种、规格、数量、位置等；

②钢筋的连接方式、接头位置、接头数量、接头面积百分率等；

③箍筋、横向钢筋的品种、规格、数量、间距等；

④预埋件的规格、数量、位置等。

6）验收质量

成型钢筋施工检验和成品验收应符合《混凝土结构成型钢筋应用技术规程》JGJ 366的规定，相关质量要求见表7-7。

质量要求表
表7-7

项次	项目		允许偏差(mm)	检验方法
1	网眼尺寸	焊接绑扎	±10	尽量连续三档,取其最大值
2	骨架宽度、高度		±5	尽量检查
3	骨架的长度		±10	尽量连续三档,取其最大值
4	箍筋、构造筋间距	焊接绑扎	±10 ±20	两端、中间各一点取其最大值
5	受力钢筋	间距	±10	两端、中间个一点,取最大值
		排距	±5	
6	弯起钢筋位置		20	钢尺检查
7	焊接预埋件	中心线位移	5	钢尺检查
		水平高差	+3,0	钢尺和塞尺检查
8	受力钢筋保护层	梁、柱	±5	钢尺检查
		墙、板	±3	钢尺检查

注:1. 检查预埋件中心线位置时,应沿纵、横两个方向量测,并取其中的较大值;
2. 表中梁、板类构件上部纵向受力钢筋保护层厚度的合格率应达到90%及以上,且不得有超过表中数值1.5倍的尺寸偏差。

（4）成型钢筋施工照片（图 7-12）

(a) 成型钢筋网片吊运

(b) 成品塔楼指定位置堆放

(c) 成型钢筋网片人工搬运

(d) 单侧钢筋网片插入梁支座

(e) 另一侧钢筋网片插入梁支座

(f) 成型钢筋网片绑扎

(g) 联接网片示意图

(h) 钢筋网片完成效果图

图 7-12　成型钢筋施工照片

7.4　总结

通过成型钢筋应用项目1，楼板钢筋及墙分布筋安装具有效率高等特点，优势明显。在本项目安装过程中作如下总结及思考：

（1）成型钢筋应用项目1，其塔楼标准层板筋及墙筋直径间距规格统一，从2层到24层均为标准层，板筋仅仅存在3种型号，墙筋仅存在1种型号，因此钢筋加工焊接方面不复杂，便于成品钢筋的应用。塔楼仅有6种户型，且各户中很多楼板尺寸相同，因此现场墙构件及板构件的尺寸规格较少，厂家可以根据墙板尺寸将墙板构件的钢筋网片加工成多个统一规格的通用网片及少部分其他规格的网片，减少了网片规格，加快了加工速度。

现场钢筋加工房面积可以相对减小，盘螺所占场地可以大大缩小，进而可以空出场地用于其他需求。有利于现场平面布置及工作开展。

大大减轻了工人绑扎施工的工作量，工人不需要进行满绑扎，可以大大加快现场施工进度。

（2）成型钢筋也存在如下难点：钢筋网片为厂家集中加工，项目可能需要派管理人员驱车去厂内进行钢筋加工的质量检查，与现场加工相比，质量检查较为不便；成品钢筋为新工艺，在绝大多数地市均未广泛使用，造成包括总包、监理、设计、施工队、班组对其加工施工工艺不熟悉，在深化及现场施工以及管理上存在较大困难，需要项目各参与单位不断探索；成品钢筋的调运对塔吊及叉车的依赖性较大，会大大加大塔吊调运压力，某一环节出现脱节就会导致水平或竖向运输不畅而影响工期的情况。现场需要设置成品钢筋堆放棚，占用部分临建场地，并且采取防锈及除锈措施。

（3）成型钢筋的编号可根据户型的编号命名，可使用"户型＋板类型＋板代号"的编号，这样编号可节省施工工作人员对网片的辨认及定位时间，加快施工的进度。

（4）成型钢筋竖向连接方面，为解决网片竖向焊接的难题，均采用竖向搭接的方式处理，整片成型钢筋的高度为楼层层高加一个搭接长度，这样的处理减少了竖向连接的次数及施工工序，提高了安装效率。

参考文献

[1] 王永合，赵辉，谢厚礼等．建筑钢筋加工配送技术优势与应用浅析．价值工程［J］，33：136-137．2014．

[2] 张军军．基于装配式刚性钢筋笼技术的工业化建筑设计方法初探［D］．2017．

[3] JGJ366-2015混凝土结构成型钢筋应用技术规程［M］．中国建筑工业出版社，2016．

[4] 刘子金，赵红学，翟小东．建筑用成型钢筋制品加工与配送技术研究［J］．建筑机械化，2018，39（10）：18-23．

[5] 茅洪斌．商品钢筋加工配送的利与弊［J］．建筑施工，2010，32（1）．

[6] 中华人民共和国建设部．GB 50010-2010混凝土结构设计规范（2015版）［M］．中国建筑工业出版社，2015．

[7] JGJ18-2012钢筋焊接及验收规程［M］．中国建筑工业出版社，2012．

［8］牛慧杰．混凝土墙体钢制大模板施工技术［J］．太原城市职业技术学院学报，2019（01）：166-168.

［9］马玉峰，刘兵．铝合金模板深化设计和应用［J］．建筑技术开发，2018，45（24）：38-39.

［10］孙雨东．铝合金模板在高层住宅工程施工中的应用［J］．工程技术研究，2018（13）：235-236.

［11］冉隆位．混凝土建筑结构中模板施工技术的应用［J］．建材与装饰，2018（38）：36-37.

［12］万嘉鑫，刘海栋，沈水涛，王军恒，燕雪骋．铝合金模板施工的特点及质量控制措施［J］．建筑科技，2018，2（03）：75-76.

［13］陈康健，秦培成．铝合金模板技术在装配式混凝土剪力墙结构中的应用［J］．河南科技大学学报（自然科学版），2018，39（04）：63-66，72，8.

［14］16G101-1 混凝土结构施工图平面整体表示方法制图规则和构造详图（现浇混凝土框架、剪力墙、梁、板）［S］．中国计划出版社.2016.

［15］李贝，袁齐，杨嘉伟．BIM 技术在装配式建筑深化设计中的应用［J］．城市住宅，2018，（8）：40-43.

［16］星联钢网（深圳）有限公司．钢筋焊接网应用报告［R］．深圳：星联钢网，2019.

［17］孙勤涛，马冠鹏，陈志勇等．卓越花园施工图［Z］．江苏：江苏浩森建筑设计有限公司，2019.

［18］中建二局第一建筑工程有限公司，中堂卓越花园项目部．中堂卓越花园项目成品钢筋施工方案［Z］．东莞．中建二局第一建筑工程有限公司.2019.

［19］星联钢网（深圳有限公司），万科翡翠花园成型钢筋设计图［Z］．东莞．星联钢网（深圳有限公司）.2019.

［20］中华人民共和国住房和城乡建设部．JGJ114-2014 钢筋焊接网混凝土结构设计规程［M］．中国建筑工业出版社，2014.

［21］邱荣祖，林雄．我国成型钢筋加工配送现状与发展对策［J］．物流技术，2010，29（20）：33-35，48.

［22］GBT29733-2013 混凝土结构用成型钢筋制品［S］．中国标准出版社，2013.

［23］JGJ114-2014 钢筋焊接网混凝土结构技术规程［S］．中国建筑工业出版社，2014.

［24］张德财，阴光华，岳著文．基于钢筋制品专业化生产的施工技术［J］．施工技术，2018，47（10）：11-15.

第8章 装配式混凝土结构应用

8.1 装配式混凝土结构应用项目1

8.1.1 项目概况

本项目地上五层、地下一层，建筑高度26.05m，采用框架结构体系，建筑面积约为16703.29m²，其中计容建筑面积约12235.67m²。实施装配式技术的建筑为多层厂房，地下一层设置停车库、设备用房、工具间等功能辅助用房；首层设置厂房入口门厅、工人培训室；2～5F为工艺品制作生产车间。采用BIM技术进行装配式设计，工具式外架进行施工，建成后装配率高达80.2%，如图8-1所示。

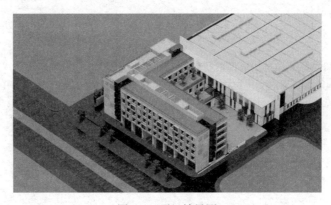

图8-1 项目效果图

8.1.2 设计

（1）建筑设计

为了满足模数化、标准化设计要求，本项目建筑设计平面规整，承重柱上下贯通，形体上没有过大凹凸变化，构件连接节点采用标准化设计，符合安全、经济、方便施工的要求。外围护结构采用预制混凝土外墙，免抹灰、外墙饰面为清水外墙面，构件接缝处采用耐候性密封胶，实现结构墙板、外饰面一体化。综合考虑构件的拆分合理、模具周转次数最大化等因素，最终，确定本项目共使用4种预制外墙构件，3种预制柱，10种预制梁，2种预制剪力墙，46种预制叠合楼板，各预制构件数量如表8-1所示，几乎涵盖了装配式建筑主要预制构件形式。

各预制构件数量统计表　　　　　　　　　　　　　　表 8-1

预制构件名称	编号	种类	数量(块)
预制外墙	YQ	4	370
预制柱	YZZ	3	186
预制梁	YZL	10	92
预制剪力墙	YJQ	2	16
预制叠合楼板	YLB	46	832
合计		65	1496

1）主体结构

主体结构包括竖向预制构件和水平预制构件两部分，主体结构预制构件在本项目的应用情况，见图 8-2。

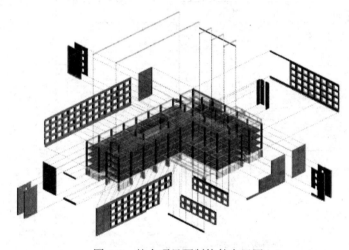

图 8-2　整个项目预制构件布置图

2）围护墙和内隔墙

除了以上主体预制构件外，本项目还采用了围护墙和内隔墙构件。非承重围护墙构件采用轻骨料混凝土，强度等级满足外墙的构造要求，容重 1500～1600kg/m³，导热系数约 0.42，满足节能验算要求，外墙采用轻骨料混凝土构件即可满足节能要求，与保温、隔热、装饰一体化的应用比例达 81.7%。内隔墙中应用非砌筑墙体的比例为 57.2%（这部分内隔墙采用墙体、管线、装修一体化技术进行建造，满足装配式建筑评价标准里面大于等于 50% 的要求）。

3）装修与设备管线

集成卫生间、干式工法墙面的干式工法应用比例达 100%，满足装配式建筑评价标准里面对集成卫生间大于等于 70% 的要求。本项目 1～5F 电气、给水、排水和采暖管线的总长度为 9472.7m，其中管线分离的长度为 7596.3m，占比 80.19%，满足装配式建筑管线分离大于等于 50% 的要求。此外，本项目功能空间的固定面装修和设备设施安装全部完成后，能够达到建筑使用功能和性能的要求（即满足"全装修"的要求）。

4）装配率计算

根据《装配式建筑评价标准》GB/T 51129-2017，以及当地相关的要求进行计算，本项目装配式达 80.2%，具体计算内容详见表 8-2。

本项目装配率计算　　　　　　　　　　　表 8-2

评价项		评价要求	评价分值	最低分值	实际得分	合计得分	是否满足最低要求
主体结构 （50分）	柱、支撑、承重墙、延性墙板等竖向构件	35%≤比例≤80%	20～30*	20	26.3	39.7	✓是 ☐否
	梁、板、楼梯、阳台、空调板等构件	70%≤比例≤80%	10～20*		13.4		
围护墙和内隔墙 （20分）	非承重围护墙非砌筑	比例≥80%	5	10	5.0	17.7	✓是 ☐否
	围护墙与保温、隔热、装饰一体化	50%≤比例≤80%	2～5*		5.0		
	内隔墙非砌筑	比例≥50%	5		5.0		
	内隔墙与管线、装修一体化	50%≤比例≤80%	2～5*		2.7		
装修和设备管线 （30分）	全装修	—	6	6	6.0	18	✓是 ☐否
	干式工法的楼面、地面	比例≥70%	6		0.0		
	集成厨房	70%≤比例≤90%	3～6*		6.0		—
	集成卫生间	70%≤比例≤90%	3～6*	—	6.0		
	管线分离	50%≤比例≤70%	4～6*		6.0		
合计评价得分				—		75.4	—
应用项目 1 单体建筑装配率						80.2%	

注：表中带"*"项的分值采用"内插法"计算，计算结果取小数点后 1 位。

（2）结构设计

本项目采用装配整体式框架结构，主要建筑功能为小型工艺品制作生产车间，属于多层厂房。结构设计使用年限为 50 年，建筑结构安全等级为二级，抗震设防类别为丙类，抗震设防烈度 6 度，建筑场地类别Ⅱ类，特征周期值 0.35s，设计地震分组第一组，地震加速度值 0.05g，水平地震影响系数最大值为 0.04（罕遇地震 0.28）。

1）预制柱

①框架柱、转换柱（框支柱）、芯柱、梁上柱、剪力墙上柱的根部标高确定见图集《混凝土结构施工图平面整体表示方法制图规则和构造详图》16G101-1 第 8～9 页。在首层建筑刚性地坪厚度及上下各 500mm 范围内，柱箍筋应加密（图 8-3），加密间距同单体设计；

②柱截面竖向变大（上大下小）时节点构造，见图 8-4（a 为上柱宽超出下柱的尺寸）；

③预制柱钢筋与现浇柱、预制柱钢筋采用灌浆套筒进行连接，并设置引导筋进行辅助安装。

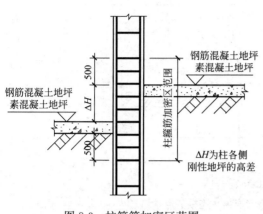

图 8-3　柱箍筋加密区范围

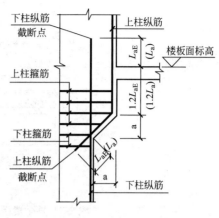

图 8-4　柱节点构造

2）预制梁

①竖向垂直梁顶面预埋套管时，套管外径 $d \leqslant 50$，梁宽 b 方向套管外径之和应 $\leqslant b/3$；

②有排水要求的板面上翻梁内设置排水钢管直径、间距、位置及根数详见施工图；

③预制梁与现浇框架梁、预制叠合板连接时，构造做法详见第五章。

3）预制叠合板

①叠合楼板预制层预留钢筋伸入现浇墙或梁 $0.5h_c$（h_c 为柱或梁截面高度），预制板伸入现浇墙或梁 10mm；现浇层板面筋按现浇楼板配筋连接预制板和墙（或梁），如图 8-5（a）所示；

②叠合楼板预制层用附加钢筋搭接在预制板上 300mm 同时伸入现浇墙或梁 $0.5h_c$，预制板伸入现浇墙或梁 10mm；现浇层板面筋按现浇楼板配筋连接预制板和墙（或梁）；

③叠合板预制层用附加通长构造钢筋 ϕ6 搭接在预制板上 300mm，预制板伸入现浇墙或梁 10mm；现浇层板面筋按现浇楼板配筋连接预制板和墙（或梁），如图 8-5（b）所示；

④叠合楼板按单向板布置时，叠合楼板拼缝宽 50mm，缝内通长附加钢筋锚入两侧梁墙内 180mm，两块叠合板通过设置附加通长构造钢筋在板面上连接，附加通长构造钢筋伸入拼缝两侧预制板各 58d；

⑤叠合楼板按双向板布置时，叠合楼板拼缝宽 300mm，缝内通长附加钢筋锚入两侧梁墙内 180mm，两块叠合板预留板底钢筋在拼缝处应满足锚固长度。

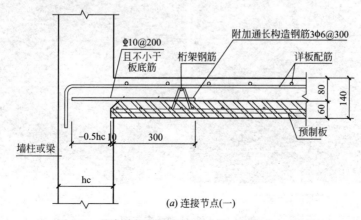

(a) 连接节点(一)

图 8-5　叠合楼板与现浇墙（或梁）连接节点（一）

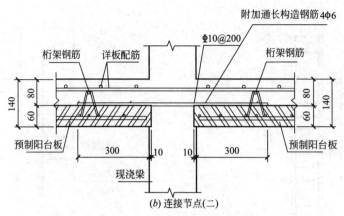

图 8-5 叠合楼板与现浇墙（或梁）连接节点（二）

8.1.3 施工

（1）预制柱吊装及安装

1）预制柱吊装工序：柱底混凝土面清理→检查钢筋定位→标记引导筋→放置调平垫片→吊装柱→微调与斜撑加固→柱根部坐浆料封边→套筒注浆→下层定位盘安置→下层定位卡安置，如图 8-6 所示。

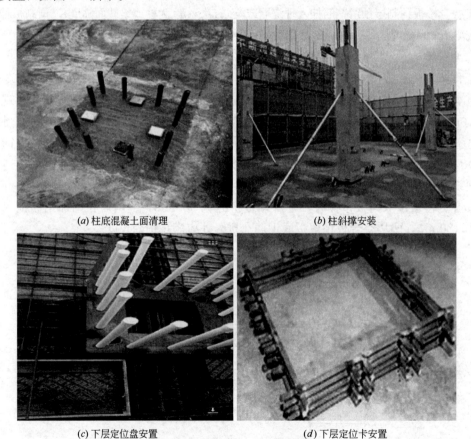

(a) 柱底混凝土面清理 (b) 柱斜撑安装

(c) 下层定位盘安置 (d) 下层定位卡安置

图 8-6 预制柱现场安装图

2）施工要点

①翻转时在柱底位置铺设 2 层木方，并在上方垫棉垫。同时在离柱底约 1m 位置设置引绳，若柱子翻转后有晃动，则通过拉牵引绳平衡；

②柱吊装到位后及时将斜撑固定在柱及楼板预埋件上，柱子最少有三面设置斜撑杆，对柱子的垂直度进行复核，通过调节斜撑进行垂直度调整，直至垂直度满足要求；

③灌浆料采用砂浆搅拌筒进行搅拌，均匀搅拌约 20min 至表面冒出气泡为止；

④每天施工前检验流度，以流度仪标准流程执行。试验流度试验环，为上端内径 70mm，下端内经 100mm，高 60mm，经搅拌混合后倒入测定。流度需不小于 30cm，满足流度要求后才能灌浆；

⑤灌浆料需作压缩强度试体，28d 强度要≥85MPa。

（2）预制梁吊装及安装

1）预制梁吊装工序：梁底支模架按方案搭设→梁编号确认，梁底标高确认→梁吊装至楼面→梁定位安装及纠偏→梁底支模架顶托旋紧→吊钩脱离吊点。

2）施工要点

①根据设计蓝图及构件详图计算出梁底标高，使用卷尺从 1m 线向上测量梁底搁置标高点，将垫片垫置到设计标高；

②确定预制梁编号，接点梁钢筋复位，按指南针方向确认梁搁置方向，就位校正；

③预制梁吊装放置到位后采用废钢筋点焊固定，独立支撑加固，松吊钩；

④下部采用独立顶撑进行支撑，间距不大于 1.8m，小梁不少于两个支撑。

（3）预制叠合板吊装及安装

1）预制叠合板吊装工序：板底支模架按方案搭设→板编号确认、方向、标高确认→叠合板起吊安装→叠合板定位及检查→板底支模架顶托旋紧→吊钩脱离吊点。

2）施工要点

①用水平尺检查排架或独立支撑上的木方与叠合梁上口的平齐度；

②叠合板不少于四点起吊，吊装时使用小卸扣连接叠合板上的预埋吊环，起吊时检查叠合板是否平衡，若不平衡，则采取相应措施，确保叠合板处于平衡状态再起吊；

③将叠合板吊装至安装位置上方 1.5m 时，抓住叠合板桁架钢筋平缓下落，在高度 10cm 高时参照梁边缘线，校准落下；

④若叠合板位置存在偏差时，可使用直尺配合撬棍调整叠合板位置；

⑤叠合板安装完成后，拆除专用吊具。

（4）预制外墙吊装及安装

1）预制外墙吊装工序：外墙底混凝土面清理→预埋件检查定位及调整→外墙底垫片控制高程→检查构件外观及编号→凸窗吊装→斜撑加固→调整凸窗垂直度→上预埋件螺栓→混凝土浇筑完后，永久加固，如图 8-7 所示。

2）施工要点

①在地面放好控制线和施工线，用于 PC 墙板定位，用水准仪测量底部水平，根据实际数值调整，在 PC 墙板吊装面位置下放置垫片；

②吊装 PC 墙板采用不少于两点吊装。安装 PC 墙板前，清扫预制板底部垃圾，PC 墙板落地慢速均匀，下落时 PC 墙板下部预留连接孔与地面预留插筋对齐；

| (a) 凸窗吊装 | (b) 斜撑加固 |

图 8-7　预制外墙现场安装图

③PC 墙板平稳落地后，立即安装临时支撑。斜撑旋转扣的固定宜先上后下，调节中间旋转孔调节 PC 墙板垂直度，使 PC 墙板大致垂直；

④若发现预制墙板与控制线不平齐的情况，可用撬棍进行微调整，使预制板位置与控制线平齐；

⑤将挂钩卸掉，并将吊钩、缆风绳、链条抓紧；

⑥通过调整斜撑杆配合靠尺测量 PC 墙板垂直度。固定中间两个旋转扣将斜支撑锁定；

⑦检验 PC 板安装垂直平整度，验收合格后进入下道工序。

（5）预制剪力墙吊装及安装

1）预制剪力墙吊装工序：钢筋定位框复核→校正偏位→垫片找平→标记引导筋→吊装→安装斜支撑→校正→塞缝→灌浆→节点钢筋绑扎→现浇区域定型模板→板面设置定位盘→板面设置定位卡，如图 8-8 所示。

| (a) 钢筋定位框复核 | (b) 垫片找平 | (c) 吊装、进入引导钢筋 | (d) 吊装对孔 |

| (e) 安装斜支撑 | (f) 校正 | (g) 灌浆 | (h) 节点钢筋绑 |

图 8-8　预制剪力墙安装过程

2）施工要点

①观察周边情况，确保安全，稳步起吊。预制剪力墙慢慢提升至距地面 500mm 处，略作停顿，再次检查吊挂是否牢固，板面有无污染和破损，若有问题应立即处理；

②楼上施工人员首先在楼面上的对应位置粘贴 PE 棒，并对安装基面进行坐浆处理；

③预制墙板缓慢下放，楼上两名工人要立即上前稳住，对准位置（图 8-9）；

④用激光水准仪调节斜支撑，控制墙板垂直度，再进行注浆。

图 8-9　预制剪力墙现场安装图

（6）压力注浆介绍

1）压力注浆工序：清理并封堵→配比计量→拌制灌浆料→流动度检测→灌浆→封堵出浆孔→试块留置→清理灌浆机。

2）施工要点

①灌浆腔拍摄照片留存，照片须包含封堵图片、灌浆过程照片和灌浆后的成型照片；

②灌浆施工过程中定时留存灌浆施工过程的视频；

③灌浆施工须有旁站监理在场时方可进行；

④填写《灌浆作业施工记录表》并经总包方及监理方签字；

⑤加强施工全过程的质量预控，密切配合好建设单位、监理和总包三方人员的检查和验收，及时做好相关操作记录；

⑥所有施工人员均持有上岗许可证；

⑦首次灌浆施工后由总包方、监理方和灌浆队伍认真对整个灌浆过程进行讨论，根据三方最终讨论结果适当修正灌浆过程中的操作细节。

8.1.4　总结

（1）装配式建筑设计过程中应考虑标准化、模块化因素以及构件的拆分合理、模具周转次数最大化等因素，简化构件种类并尽量涵盖装配式建筑主要预制构件，提高设计及施工效率。

（2）预制柱施工时，安装位置在离柱底约 1m 位置设置引绳，若柱子翻转后有晃动，通过拉牵引绳平衡。柱吊装到位后及时将斜撑固定在柱及楼板预埋件上，柱子最少有三面设置斜撑杆，对柱子的垂直度进行复核，通过调节斜撑进行垂直度调整，直至垂直度满足要求。

（3）预制梁施工时，安装时将垫片垫置到设计标高，就位校正，吊装放置到位后采用废钢筋点焊固定，下部采用独立顶撑进行支撑，间距不大于 1.8m，小梁不少于两个支撑。

（4）叠合板对位安装时，叠合板不少于四点起吊，采取相应措施确保叠合板处于平衡状态再起吊，可使用直尺配合撬棍调整叠合板位置。

（5）预制外墙施工时，PC 墙板采用不少于两点吊装，下落时 PC 墙板下部预留连接孔与地面预留插筋对齐；PC墙板平稳落地后，立即安装临时支撑，调节中间旋转孔调节PC墙板垂直度，使PC墙板大致垂直；通过调整斜撑杆配合靠尺测量PC墙板垂直度。

（6）预制剪力墙施工时，首先在楼面上的对应位置粘贴PE棒，并对安装基面进行坐浆处理，控制墙板垂直度，再进行注浆。

8.2　装配式混凝土结构应用项目2

8.2.1　项目概况

装配式混凝土结构应用项目2拟建高层建筑4栋及配套商业建筑、幼儿园及1层地下室，配套商业建筑1~2层。1~3号楼均为地上28层，4号楼地上27层，其中首层层高为6.3m，顶层层高为3.05m，其余层高均为3.0m。

1~4号楼结构体系为剪力墙结构，地下室至二层结构楼面为现浇钢筋混凝土剪力墙结构，1~4号楼楼三层及以上部分采用装配式结构，其中内部竖向承重墙柱均采用传统现浇钢筋混凝土构件，梁、板采用装配式结构。1~4号楼按照《装配式建筑评价标准》GB/T 51129计算，求得装配率为51%。标准层平面图如图8-10所示。

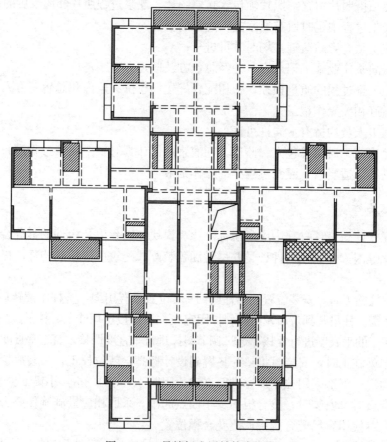

图8-10　4号楼标准层结构布置图

8.2.2　设计及分析

本工程 1 号、2 号、3 号、4 号楼 3 层及以上至顶层阳台板、空调板、外凸窗、楼梯为装配式混凝土构件，梁、板为叠合梁、板。板厚 120mm（150mm），预制层厚 60mm，面层 60mm（或 90mm）现浇。梁高除面层 60mm（90mm）与现浇板一起浇筑外，其余为预制梁。墙柱为现浇结构。板与板接缝处以及板与支座相交未伸出底筋处均应设置拼缝钢筋。

预制构件设计必须做到标准化、系统化、简单及易于施工操作。预制梁、预制叠合楼板的拆分符合模数化标准化设计原则，做到尽量统一。本项目综合考虑了构件的拆分合理、模具的周转次数最大化等因素。

装配式梁截面最大尺寸为 200mm×480mm，最大梁跨度 8.03m，最大梁重量 2.3t。最大吊装构件为装配式楼梯，单件重量 5.1t。最大重量预制板为客厅和卧室位置的楼板。各栋楼预制构件数量统计如表 8-3 所示。

标准层预制构件统计表　　　　　　　　　　　　　　　　　　表 8-3

楼号	类型	合计数量
1 号	飘窗	10
	预制板	107
	预制梁	54
	预制楼梯	4
2 号	飘窗	12
	预制板	106
	预制梁	62
	预制楼梯	4
3 号	飘窗	24
	预制板	96
	预制梁	76
	预制楼梯	4
4 号	飘窗	12
	预制板	68(3～26 层)/64(27 层)
	预制梁	53(3～9 层)/57(10～19 层)/67(20～26 层)/61(27 层)
	预制楼梯	2

预制梁、预制板、预制飘窗、预制楼梯在 1～4 号楼三层及以上楼层均有分布。如

图 8-11～图 8-13 所示为 4 号楼预制梁、预制板、预制飘窗在各楼层分布图。

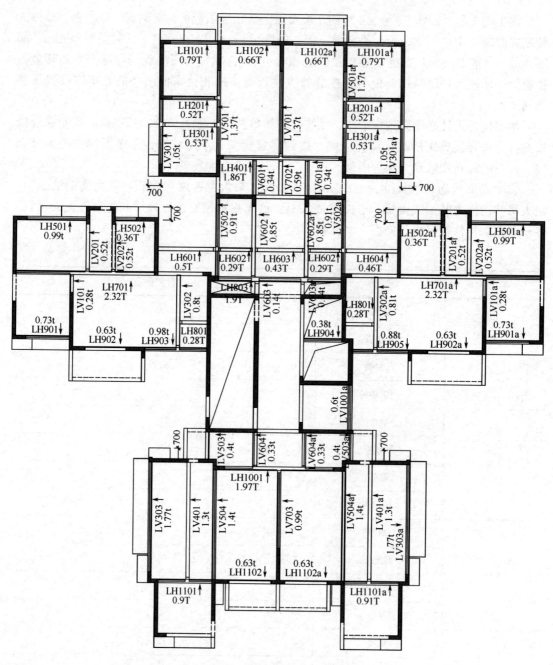

图 8-11   4 号楼南侧预制梁分布图

LV-竖向预制梁；LH-横向预制梁

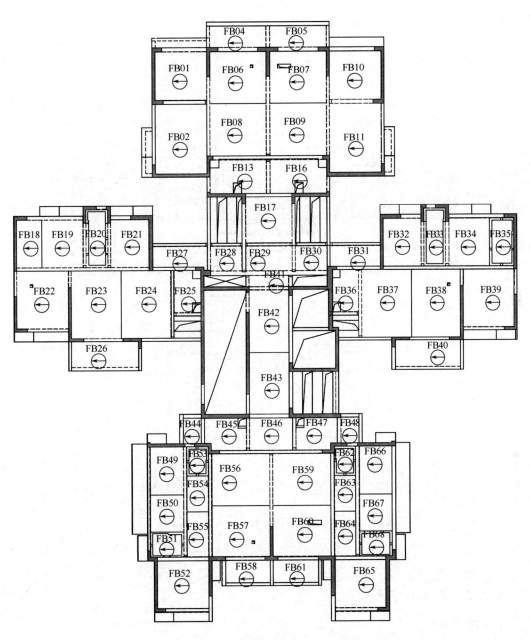

图 8-12　4 号楼南侧预制板分布图

FBXX-预制板编号

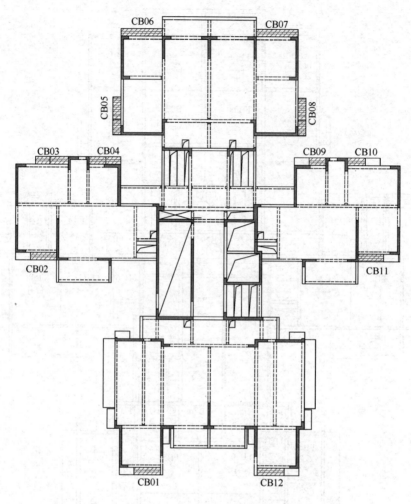

图 8-13 4 号楼南侧预制飘窗分布

CBXX-飘窗编号

8.2.3 构件与节点设计

（1）主要构件

本项目主要预制构件为叠合梁、叠合楼板、预制飘窗、预制楼梯。其中叠合梁截面尺寸包括 200mm × 480mm、200mm × 450mm、200mm × 430mm、200mm × 380mm、200mm×350mm、200mm×330mm、200mm×280mm、200mm×250mm 等，典型叠合梁如图 8-14 所示。叠合楼板包括预制沉箱、预制层厚 60mm 面层 60mm 现浇预制叠合板、预制层厚 60mm 面层 90mm 现浇预制叠合板，叠合板如图 8-15 所示。预制沉箱如图 8-16所示，预制楼梯如图 8-17。

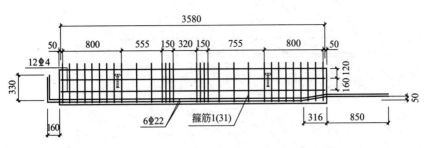

(a) 叠合梁侧面图

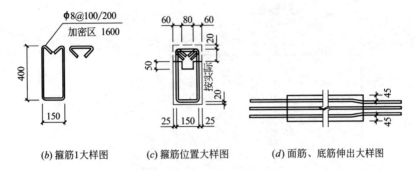

(b) 箍筋1大样图　(c) 箍筋位置大样图　(d) 面筋、底筋伸出大样图

图 8-14　典型叠合梁大样图

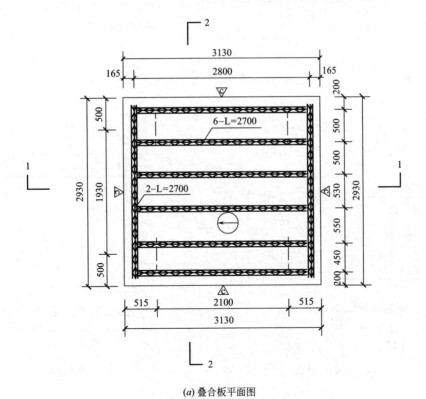

(a) 叠合板平面图

图 8-15　典型叠合板大样图（一）

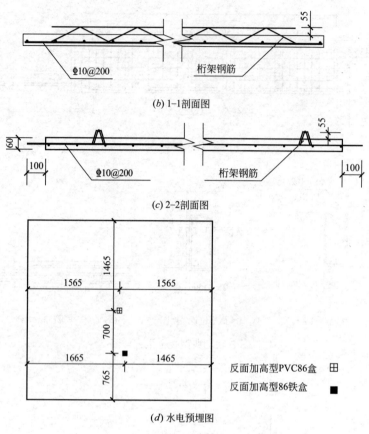

(b) 1–1剖面图

(c) 2–2剖面图

反面加高型PVC86盒　田

反面加高型86铁盒　■

(d) 水电预埋图

图 8-15　典型叠合板大样图（二）

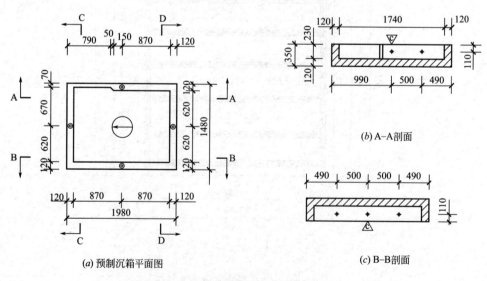

(a) 预制沉箱平面图

(b) A–A剖面

(c) B–B剖面

图 8-16　典型预制沉箱大样图（一）

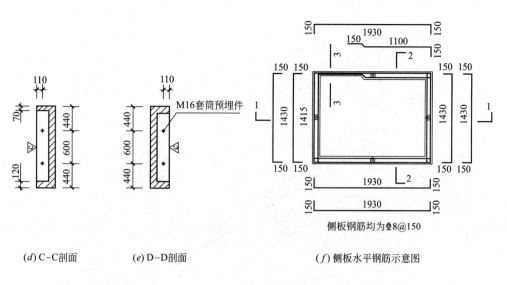

(d) C–C剖面　　　(e) D–D剖面　　　(f) 侧板水平钢筋示意图

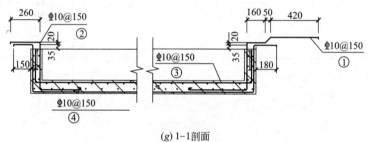

(g) 1–1剖面

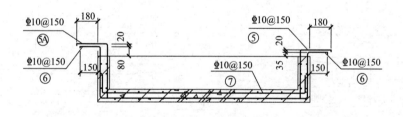

(h) 2–2剖面

(i) 3–3剖面

图 8-16　典型预制沉箱大样图（二）

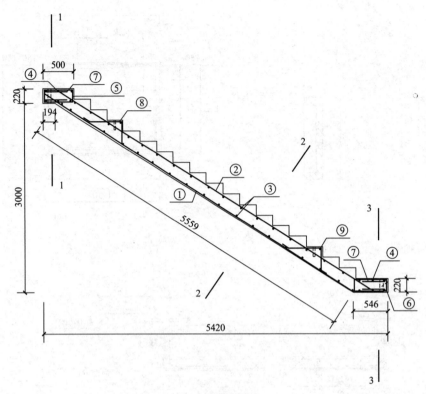

(a) 楼梯剖面图

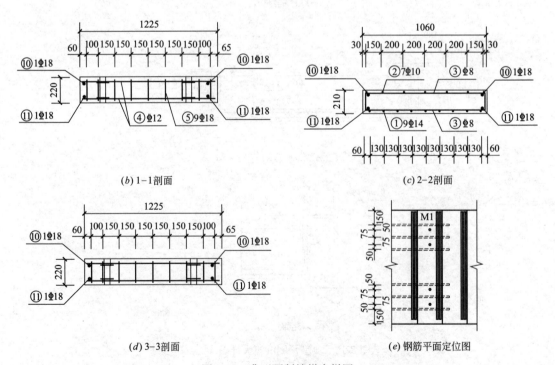

(b) 1-1剖面

(c) 2-2剖面

(d) 3-3剖面

(e) 钢筋平面定位图

图 8-17　典型预制楼梯大样图

（2）节点设计

本项目的节点难点主要为叠合梁与墙、柱连接；预制板与现浇梁、叠合梁、剪力墙和预制板连接；叠合主梁与叠合次梁连接；预制飘窗与预制板连接；预制楼梯与现浇梁连接等。针对不同的情况，采取不同的连接方式，本项目具体节点设计如图 8-18～图 8-21 所示。

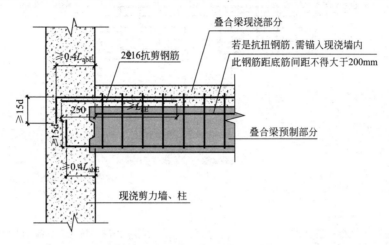

(a) 标准层叠合梁与墙、柱连接节点(边跨)

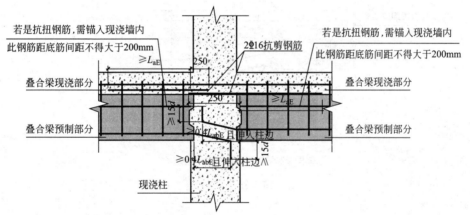

(b) 标准层叠合梁与墙、柱连接节点一(中跨)

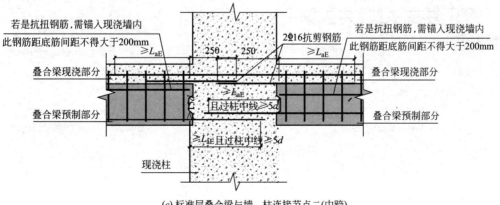

(c) 标准层叠合梁与墙、柱连接节点二(中跨)

图 8-18　节点设计 1（一）

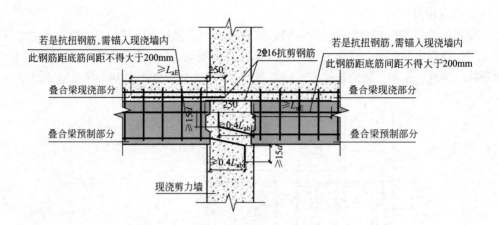

(d) 标准层叠合梁与墙连接节点(中跨)

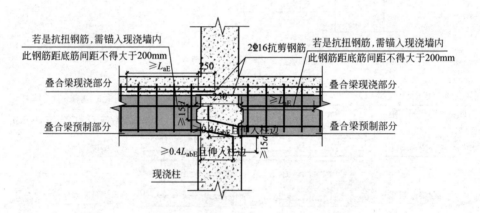

(e) 标准层叠合梁与柱连接节点(中跨)

图 8-18　节点设计 1（二）

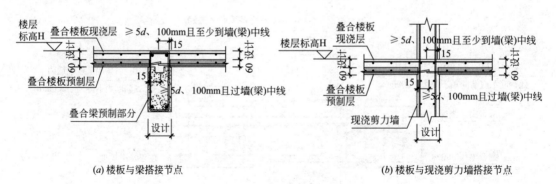

(a) 楼板与梁搭接节点　　　　　　　　(b) 楼板与现浇剪力墙搭接节点

图 8-19　节点设计 2（一）

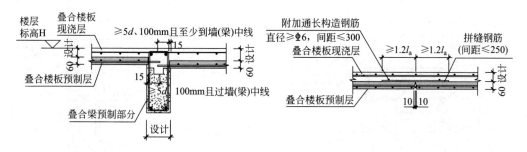

(c) 高低楼板连接节点

(d) 楼板与楼板拼接节点

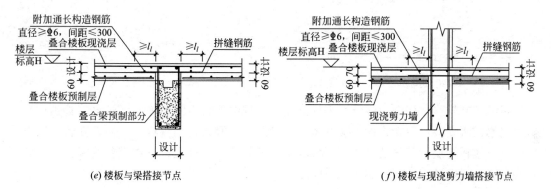

(e) 楼板与梁搭接节点

(f) 楼板与现浇剪力墙搭接节点

图 8-19　节点设计 2（二）

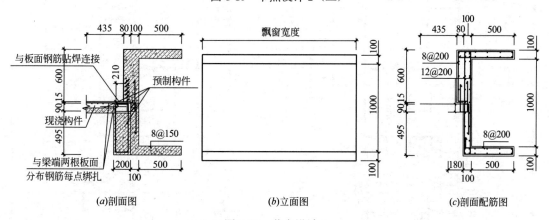

(a)剖面图

(b)立面图

(c)剖面配筋图

图 8-20　节点设计 3

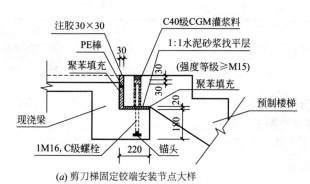

(a) 剪刀梯固定铰端安装节点大样

图 8-21　节点设计 4（一）

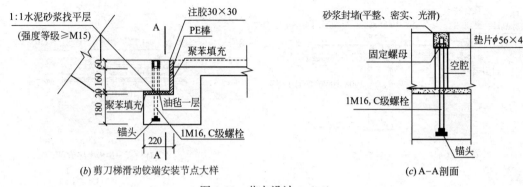

(b) 剪刀梯滑动铰端安装节点大样

(c) A—A剖面

图 8-21 节点设计 4（二）

8.2.4 施工工艺

（1）施工工艺流程

引测控制轴线→楼面弹线→水平标高测量→现浇剪力墙钢筋绑扎（机电暗管预埋）→剪力墙铝模板安装→独立式模板支撑体系搭设→叠合楼板、阳台板、空调板安装→机电管线埋设→楼板上层钢筋安装→预制楼板底部拼缝处理→检查验收→楼板浇筑混凝土。装配式叠合梁、板安装顺序图如图 8-22 所示。

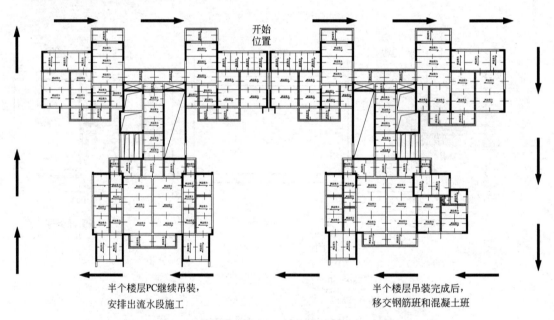

开始位置

半个楼层PC继续吊装，安排出流水段施工

半个楼层吊装完成后，移交钢筋班和混凝土班

图 8-22 装配式叠合梁、板安装顺序图（1 号楼）

（2）主要预制构件吊装

1）叠合梁吊装方法及工艺流程

①采用工地现有大型塔吊作为主要起重吊装设备，并按计算配备相应钢丝绳、吊爪、平衡梁等吊具进行吊装；

②根据装配式深化工艺图，不同规格重量的 PC 梁分别预留设置两个/四个吊点，现场吊装前先进行吊装顺序统计，以避免反复多次更换吊具以影响吊装进度；

③按先吊装主梁，再吊装次梁的顺序进行现场吊装；

④每一根预制梁的安装顺序为：绑扎吊件→起升→就位→校正→固定→脱钩→下一根梁的起吊，如图 8-23 所示。

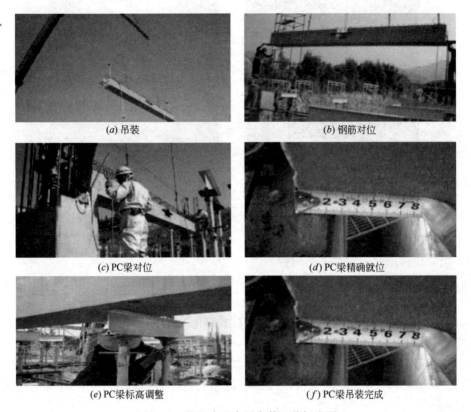

(a) 吊装	(b) 钢筋对位
(c) PC梁对位	(d) PC梁精确就位
(e) PC梁标高调整	(f) PC梁吊装完成

图 8-23 装配式叠合梁安装工艺标准图

2）叠合楼板吊装方法及工艺流程

①采用工地现有大型塔吊作为主要起重吊装设备，并按计算配备相应钢丝绳、吊爪、平衡梁等吊具进行吊装。

②每块楼板起吊用 4 个/6 个吊点，吊点位置为格构梁上弦与腹筋交接处，距离板端为整个板长的 1/4 到 1/5 之间。吊装索链采用专用索链和 4 个闭合吊钩，平均分担受力，多点均衡起吊，单个索链长度为 4m（图 8-24）。

(a) 吊钩示意图　　(b) 楼板起吊图

图 8-24 吊钩及楼板吊起图

③每一块叠合楼板的安装顺序为：绑扎吊件→起升→就位→校正→固定→脱钩→下一块叠合楼板的起吊（图8-25）。

(*a*) 起重机械4个吊点吊装　　　　　　(*b*) 调运至墙(梁)部位

(*c*) 叠合板微调　　　　　　　　　　(*d*) 叠合板就位

图 8-25　楼板安装顺序图

3）预制楼梯吊装方法及工艺流程

①采用工地现有大型塔吊作为主要起重吊装设备，并按计算配备相应钢丝绳、吊爪等吊具进行吊装。

②单跑楼梯重量较大，约为5.1t，根据装配式深化工艺图，预制楼梯梁预留设置4个吊点，现场吊装前应根据计算选用可满足吊装且具有一定安全保险系数的钢丝绳、吊爪等吊具。

③每一跑预制楼梯的安装顺序为：预制楼梯安装准备→弹出控制线并复核→楼梯上下口基层处理→楼梯起吊→楼梯就位、校正→铰座固定→铰座灌浆→检查验收。楼梯吊装如图8-26所示。

④预制楼梯段对应位置预留螺杆孔，楼梯螺杆与楼梯梯段采用浆锚连接。

（3）梁与预制板连接

预制板吊装校正后，将预制板的预制钢筋伸入梁内。并按图纸绑扎板负弯矩钢筋，浇筑叠合层混凝土，使预制层与叠合层形成整体。预制板厚为60mm，后浇叠合层为60mm（90mm）。预制板搁置在现浇梁（板）上，梁板现浇混凝土同时浇筑。为防止漏浆，现浇梁（板）侧模上方宜贴泡沫胶带，应在墙模板边缘粘贴双面胶。预制板尽可能一次就位，以防止撬动时损坏预制板。预制板之间拼缝应严密封实。梁板连接如图8-27所示。

图 8-26　楼梯吊装图　　　　　　　图 8-27　梁板连接图

8.2.5　总结

本项目 1～4 号楼为剪力墙结构体系，地上 3 层及以上部分采用装配式结构体系，其中内部竖向承重墙柱均采用传统现浇，采用的预制构件有预制叠合梁、预制沉箱、预制叠合板、预制飘窗、预制楼梯，其主要为水平构件，1～4 号楼计算的装配率为 51%，在项目的实际实施过程中，采用装配式建筑技术工期优势较明显。

本项目是装配式建筑技术的一次积极性的探索，由于项目是在原有现浇结构基础上进行的装配式建筑深化设计，加之设计单位、施工单位装配式建筑相关经验较少，虽然通过标准化设计已使预制构件种类尽量减少，但受限于原有设计尺寸及结构，深化设计后装配式构件类型仍较多，节点连接形式仍多样，项目工效优化空间巨大。

通过本项目的实施，可发现装配式建筑应从设计开始就采用装配式建筑思维进行设计，通过模块化、标准化设计减少构件种类，并提高施工单位的装配式建筑施工专业能力，可最大化地提高施工工效，降低施工成本，充分发挥装配式建筑的技术优势。

8.3　装配式混凝土结构应用项目 3

8.3.1　项目概况

本项目为在建工程，在建项目地上 12 层、地下 1 层，建筑高度为 46.750m，采用框架结构体系，建筑面积为 14172.97m²。该装配式建筑为学生宿舍楼，首层设置为餐厅、茶水间、洗衣房和休息平台等；2F 设置为阅览室、自习室、活动室和教师午休室等；3～12F 设置为学生宿舍和活动室（图 8-28）。本工程全过程采用 BIM 技术进行建造，建成后装配率达 77.84%，满足广东省《装配式建筑评价标准》DBJ/T 15-163 里面的 AA 级装配式建筑要求。

图 8-28　项目效果图

8.3.2　装配式建筑设计

（1）建筑设计

本项目采用装配式混凝土结构技术，为了满足标准化设计、工厂化生产、装配化施工、一体化装修和信息化管理的要求，决定引入 BIM 技术进行设计和建造，充分发挥 BIM 技术集成的优势，实现设计、生产、施工和运维的一体化。

为了满足标准化、模数化设计要求，本项目 2～12F 采用装配式技术进行建造，各层学生宿舍开间和进深尺寸一致，标准化程度高，有利于实现少规格、多组合的标准化设计目标。综合考虑构件的拆分合理、模具周转次数最大化等因素，最终，确定本项目采用的预制构件有：预制柱、预制梁、预制叠合板、预制楼梯和预制内隔墙条板。

1）主体结构

主体结构包括竖向预制构件和水平预制构件两部分。本项目应用的主体预制构件有：预制柱、预制梁、预制叠合板和预制楼梯。其中，竖向预制构件（预制柱）应用比例为 35.31%，满足装配式评价标准大于等于 35% 的要求。水平竖向构件（预制梁、预制叠合板和预制楼梯）应用比例为 77.15%，满足装配式评价标准大于等于 70% 的要求。主体结构预制构件在本项目中的应用情况，如图 8-29～图 8-32 所示。

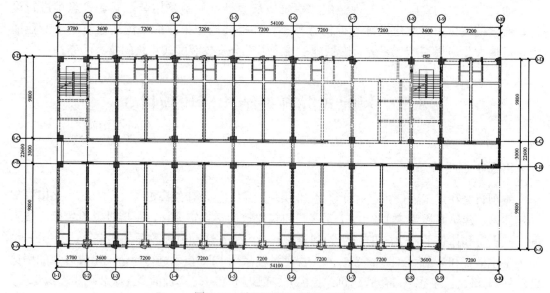

图 8-29　应用项目 3 结构布置图

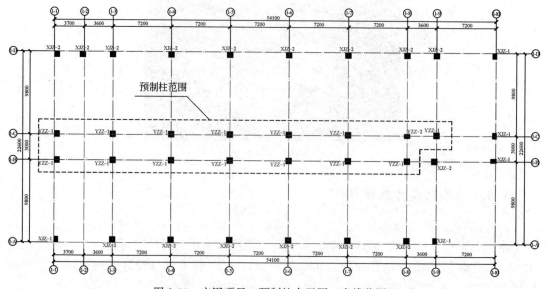

图 8-30　应用项目 3 预制柱布置图（虚线范围）

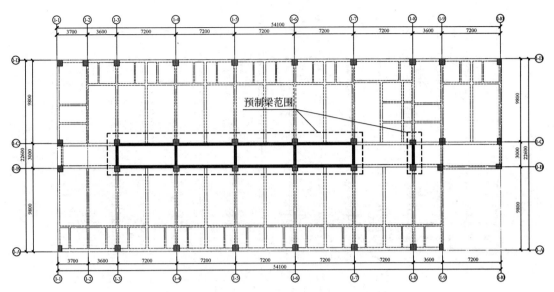

图 8-31　应用项目 3 预制梁布置图（虚线范围）

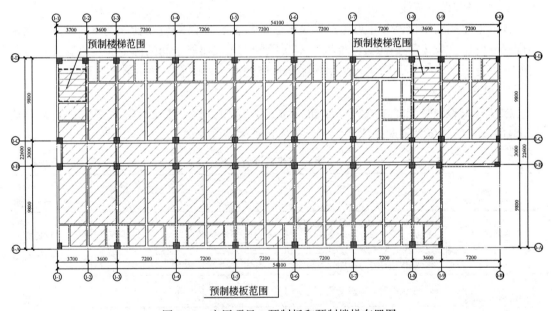

图 8-32　应用项目 3 预制板和预制楼梯布置图

2）围护墙和内隔墙

除了以上主体预制构件外，本项目还采用了围护墙和内隔墙构件。非承重围护墙中非砌筑墙体的应用比例为 87.77%，满足装配式评价标准大于等于 80% 的要求；内隔墙采用预制内隔墙条板施工工艺满足装配式评价标准里面的非砌筑要求，应用比例为 100%，满足大于等于 50% 的要求。本项目采用的非承重围护墙非砌筑、内隔墙非砌筑两项得分，刚好满足装配式建筑里面的围护墙和内隔墙最低分值 10 分的要求。本项目围护墙和内隔墙的应用情况，如图 8-33 所示。

225

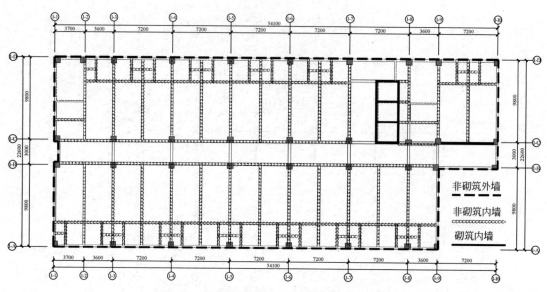

图8-33 标准层外围护墙和内隔墙平面布置图

3）装修和设备管线

集成卫生间应用比例为100%，干式工法的楼面、地面的应用比例为81.56%，满足装配式评价标准大于等于70%的要求。本项目1～12层功能空间的固定面装修和设备设施安装全部完成后，能够达到建筑使用功能和性能的要求，即满足"全装修"要求。

4）装配率计算

根据广东省《装配式建筑评价标准》DBJ/T 15-163相关规定计算，本项目装配率达77.84%，满足AA级装配式建筑要求，具体计算内容详见表8-4。

装配式建筑评分表　　表8-4

评价项			评价要求	评价分值	最低分值	实际得分	合计得分	是否满足最低要求
主体结构（50分）	Q_{1a}	柱、支撑、承重墙、延性墙板等竖向构件	35%≤比例≤80%	20～30	20	20.1	37.2	☑是 □否
	Q_{1b}	梁、板、楼梯、阳台、空调板等构件	70%≤比例≤80%	10～20		17.1		
围护墙和内隔墙（20分）	Q_{2a}	非承重围护墙非砌筑	比例≥80%	5	10	5.0	10.0	☑是 □否
	Q_{2c}	内隔墙非砌筑	比例≥50%	5		5.0		
装修和设备管线（30分）	Q_{3a}	全装修	—	6	6	6.0	6.0	☑是 □否
	Q_{3b}	干式工法楼面、地面	比例≥70%	6		6.0	13.0	—
	Q_{3d}	集成卫生间	70%≤比例≤90%	3～6		6.0		
	Q_{52}	围护墙和内隔墙细化项 内隔墙与管线集成一体化	50%≤比例≤80%	1～2.5	—	1		

续表

评价项			评价要求	评价分值	最低分值	实际得分	合计得分	是否满足最低要求
鼓励项 Q_{61}	标准化设计鼓励项	平面布置标准化	—	1	—	1	7	—
		预制构件与部品标准化		1	—	1		
		节点标准化		1	—	1		
	绿色与信息化应用鼓励项	绿色建筑	取得绿色建筑评价 2 星	1	—	1		
		BIM 应用	满足运营、维护阶段应用要求	1	—	1		
	施工与管理鼓励项	绿色施工	绿色施工评价为优良	1.5	—	1.5		
		工程总承包	一家单位/联合体单位	0.5	—	0.5		
合计评价得分				—			73.2	—
单体建筑装配率							77.84%	

（2）结构设计

主体结构高度 45.75m，地上 12 层、地下 1 层，建筑面积约为 14172.97m^2，采用装配整体式框架结构，主要建筑功能为学生宿舍。本项目属于高层建筑，结构设计使用年限为 50 年，结构安全等级为二级，抗震设防类别为丙类，抗震设防烈度 6 度，多遇地震设计特征周期为 0.35s，设计地震分组第一组，地震加速度值为 0.05g，多遇地震影响系数最大值为 0.04。

1）预制柱

①预制柱采用半灌浆套筒的方式进行上下连接，半灌浆套筒位置需要进行箍筋加密；

②预制柱与梁交接位置留有现浇核心区，现浇核心区箍筋也需要进行加密（图 8-34）。

2）预制梁

①预制梁预留底筋伸入现浇墙或柱内的长度 $\geqslant 0.4 l_{abE}$，预制梁伸入现浇墙或柱内 10mm；预制梁面筋按现浇梁配筋，并在预制梁安装完毕后，现场后装面筋；

②预制梁两端设有键槽，键槽不贯通梁截面，如图 8-35 所示。

3）预制叠合板

①叠合楼板预制层留有钢筋伸入现浇墙或梁 $0.5 h_c$，预制板伸入现浇墙或梁 10mm，现浇层板面筋按现浇楼板配筋连接预制板和墙（或梁）；

②叠合楼板预制层用附加钢筋搭接在预制板上 400mm，同时伸入现浇墙或梁 $0.5 h_c$，

图 8-34　预制柱模型

图 8-35 预制梁模型

预制板伸入现浇墙或梁 10mm；现浇层板面筋按现浇楼板配筋连接预制板和墙（或梁）；

③叠合楼板布置时，叠合楼板拼缝宽 400mm，缝内通长附加钢筋锚入两侧梁墙内 280mm，两块叠合板预留板底钢筋在拼缝处应满足锚固的长度要求。

4）预制楼梯

①预制楼梯上端与现浇梯梁的牛腿及预留钢筋连接为铰接连接；

②预制楼梯下端与现浇梯梁的牛腿及预留钢筋连接为滑动连接；

③预制楼梯侧面与楼梯墙体脱离，对缝隙进行封堵处理。

8.3.3 施工策划

本工程建筑面积为 14172.97m²，每个标准层应用预制叠合板 57 块、预制柱 15 根、预制梁 16 条、预制楼梯 4 条，共 92 件。其中，最大预制构件（预制楼梯）重量为 3.6t。

按照进度计划及设计要求，现场土方回填完毕后，待道路施工及构件堆场硬化完毕后即可按计划组织预制构件进场施工。根据本工程的实际情况，以及施工特点，拟定标准层施工工期为 10d。本项目的施工要点分析，详见表 8-5。

施工要点分析   表 8-5

序号	施工要点	要点分析
1	预制构件的生产与运输	预制构件的生产及运输是保证现场工期的关键因素，工程总承包单位需按总进度计划并结合现场实际进度情况，编制预制构件生产总计划、预制构件月度需求计划，保证预制构件生产的连续性。 施工时需提前 1～2d 报送预制构件需求计划，构件在运输过程中需使用专用的货架，做好成品保护措施。现场预制构件堆场内需预存至少一个标准层的所有构件，以保证现场施工的连续性
2	测量放线	在装配式结构施工过程中，测量放线的精度及作业内容均比传统现浇结构要求高，这是保证预制构件定位及标高控制的重要条件，也是保证工程总体质量可控的关键工序
3	预制构件吊装	预制构件的吊装是装配式混凝土结构施工的核心工序，直接影响到工程质量及施工进度。吊具需保证墙体竖直平稳起吊安装，严格控制调整墙体吊装后的标高及垂直度。后期充分发挥预制构件制作精度高的特点，与铝模结合达到墙面免抹灰效果
4	灌浆工程	灌浆工程为装配式混凝土结构工程结构安全控制的核心工序，灌浆料的原材、灌浆料的制备、灌浆接缝的封堵、灌浆的密实性等因素都直接影响工程的结构安全，施工过程应作为核心工序进行管理
5	铝合金模板工程	铝合金模板与预制构件的结合施工是保证工程结构施工完成后达到免抹灰效果的关键，施工过程中需注重铝模标高的控制、脱模剂的涂抹效果、模板拆除时的成品保护等，通过对铝合金模板的合理设计及施工，可达到提升工程质量的效果

（1）施工场地布置

运输道路位于地库顶板（做好回顶支撑），道路宽度为 6m 时道路转弯半径要大于 12m，道路上空 6.5m 以下保持无障碍物。1 号 PC 构件堆场放置于 19 号宿舍楼北侧，利用现有规划道路作为 PC 构件的运输道路，主要作为预制柱梁堆场。在 2 号地下室顶板预设 2 号 PC 构件堆场，作为临时叠合板周转场。19 号宿舍楼采用一台 TC7020 塔吊分布在楼栋附近，满足 19 号宿舍楼 PC 构件的吊装作业，如图 8-36、图 8-37 所示。

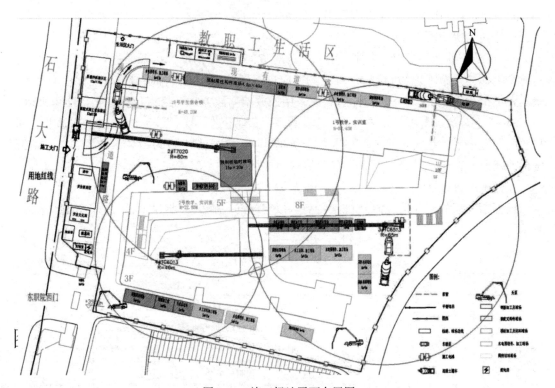

图 8-36　施工场地平面布置图

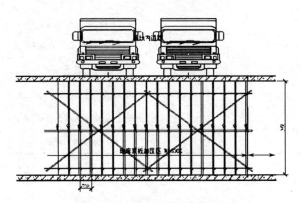

图 8-37　地下室顶板加固示意图

（2）预制构件运输及堆放

1）在运输 PC 构件前后，检查吊装螺栓丝口是否存在损坏，对于出现丝口咬伤、拉痕不均匀的吊装螺栓要立即更换，不得再使用；

2）梁、柱、叠合板的运输采用平板车，PC 构件放于运输架上。为防止运输过程中构件的损坏，运输架应设置在枕木上，预制构件与架身、架身与运输车辆都要进行可靠的固定；

3）预制构件运送到施工现场后，应按种类、规格、所用部位、吊装顺序分别设置堆场。现场运输道路和构件堆场应平整坚实，并有排水设施。运输车辆进入施工现场的道路，应满足预制构件的运输要求；

4）现场板式构件叠放应设置隔叠，层数一般不宜大于 4 层。对应连接止水条、高低口、墙体转角等薄弱部位，应采用定型保护垫块或专用式附套件进行加强保护；

5）在施工前，设置 PC 构件专用货架。对货架与 PC 构件的接触面进行软保护，以防碰撞产生损坏。施工现场 PC 构件堆放场地应进行硬地化，并有排水措施，确保地面平整、坚实，不得积水或沉陷。PC 构件的存放采用插放架立放方式，吊点位置朝上，便于吊运；

6）水平分层、分型号（左、右）码垛，每垛不超过 5 块，最下面一根垫木通长，层与层之间应垫平、垫实，使各层垫木在一条垂直线上，支点一般为吊装点位置。垫木避开楼梯薄板处，在垫木外套塑料布，避免接触面损坏。

（3）施工进度计划

根据本工程的实际情况以及施工特点，拟定标准层施工工期为 10d。具体安排如表 8-6 所示。

施工进度计划安排表　　　　　　　　　　　　　表 8-6

天数	时间	工作内容
第一天	8：00～11：00	混凝土打凿、清理、测量放线
	11：00～18：00	吊运柱钢筋、穿插绑扎现浇柱钢筋
第二天	8：00～18：00	柱钢筋绑扎验收、预制柱吊装、预制柱灌浆施工
第三天	8：00～18：00	预制柱吊装、预制柱灌浆施工
第四天	8：00～18：00	支撑体系拼装
第五天	8：00～18：00	现浇结构模板安装
第六天	8：00～18：00	叠合梁吊装及加固
第七天	8：00～18：00	叠合楼板吊装及加固
第八天	8：00～18：00	水电预埋安装验收、梁板钢筋绑扎
第九天	8：00～18：00	梁板钢筋绑扎、验收及混凝土浇筑
第十天	8：00～18：00	预制楼梯吊装及加固

（4）预制构件吊装及安装

1）吊装顺序

预制柱→预制主梁→预制次梁→预制叠合板→预制楼梯。

2）预制柱安装

①现浇柱与预制柱钢筋采用灌浆套筒进行连接，预制柱安装前应采用钢筋定位装置对现浇柱钢筋进行定位调整，确保钢筋与灌浆套筒在同一垂直线上，提高安装效率和安装

质量；

②预制柱吊装前，应核对柱编号、尺寸，检查质量无误后，如图 8-38（a）所示，由专人负责挂钩，待挂钩人员撤离至安全区域时，由下面信号工确认构件四周的安全情况，指挥缓慢起吊，起吊到距离地面 0.5m 左右时，塔吊起吊确认安全后，继续起吊。因为预制柱是水平堆放，吊装时需要垂直吊装，所以吊装前需要对预制柱进行翻转处理，翻转时在柱底铺设木方，如图 8-38（b）所示，同时在离柱底约 1m 处设置牵引绳，确定柱子在吊装过程中始终保持平衡状态；

③待柱下放至楼面 0.5m 处，根据预先定位的导向架及控制线进行微调，微调完成后缓缓下放。由两名专业操作工人手扶引导降落，降落至 100mm 时，一名工人通过铅垂观察柱的边线是否与水平定位线对齐，如图 8-38（c）所示。柱吊装到位后及时将斜撑固定在柱及楼板预埋件上，最少需要在柱子三面设置斜撑，然后对柱子的垂直度进行复核，同时通过可调节长度的斜撑进行垂直度调整，直至垂直度满足要求，如图 8-38（d）所示。

(a) 预制柱编号确认

(b) 挂钩起吊

(c) 预制柱钢筋对位

(d) 预制柱垂直度校正

图 8-38 预制柱安装示意图

④灌浆作业：

a. 针对某一灌浆腔，留出一个灌浆孔进行灌浆，其余灌浆孔使用塞子一一封堵；使用电动灌浆泵，采用压力灌浆法对预留出的灌浆孔进行灌浆处理；

b. 每个灌浆腔需连续灌注，待套筒排浆孔流出浆料后，使用塞子一一进行封堵。每次拌制的灌浆料必须在规定时间内使用完。所有排浆孔流出浆料后，完成一个构件的灌浆连接；

c. 灌浆完成后 30min 内拔出塞子，并检查灌浆密实度，发现灌注不密实的孔洞时，要立即使用手动注浆枪进行补注；

　　d. 灌浆施工时应填写《灌浆施工记录表》，记录当时环境温度、水温、料温，对灌浆料的加水率、流动度等参数进行控制。

　　⑤预制柱按照施工方案进行依次安装，如图 8-39 所示。

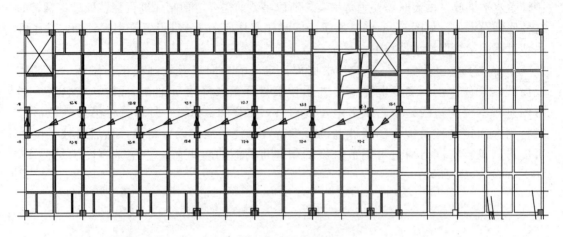

图 8-39　预制柱安装顺序图

3）预制梁安装

　　①预制梁吊装前，应在下层板面上进行测量放线，弹出定位线。然后，根据计算结果搭设脚手架，本工程预制梁底采用轮扣式脚手架进行支撑，将横距、纵距为 900mm，步距为 1200mm 叠合梁搁置在轮扣式脚手架的横杆上，通过调节轮扣式脚手架的横杆标高来对叠合板的标高控制。使用水准仪进行测量梁底的标高，将梁底标高线支撑于立杆上方，再进行支撑横杆的搭设，待横杆搭设完毕后，对横杆的上侧标高进行复测，直至达到允许误差以内为止；

　　②预制梁吊装时设置 2 名信号工，构件起吊处 1 名，吊装楼层上 1 名。另外，叠合梁吊装时配备 1 名挂钩人员，楼层上配备 4 名安装人员；

　　③预制梁的吊装前由质量负责人核对构件编号、尺寸，检查质量无误后，由专人负责挂钩，待挂钩人员撤离至安全区域后，由下面信号工确认构件四周的安全情况，指挥缓慢起吊，起吊到距离地面 0.5m 左右时，塔吊起吊装置确定安全后，继续起吊，如图 8-40（a）、（b）所示；

　　④待预制梁下放至楼面 0.5m 处，根据预先定位的导向架及控制线进行微调，微调完成后缓缓下放。由两名专业操作工人手扶引导降落，降落至 100mm 时，一名工人通过铅垂观察叠合梁的边线是否与水平定位线对齐，如图 8-40（c）、（d）所示；

　　⑤由于预制梁采用机械为主、人工为辅的方式进行安装，故在安装过程中，需要操作工人严格按照定位进行安装。吊装过程中需要项目管理人员和劳务管理人员旁站监督，吊装完毕后，需要双方管理人员共同检查定位是否与定位线偏差，采用铅垂和靠尺进行检测，如超出质量控制要求，管理人员需责令操作人员对预制梁进行调整，如误差较小则采用撬棍即可完成调整，若误差较大，则需要重新起吊落位，直到通过检验为止。将预制梁的预留钢筋部分插入柱子的纵筋内部，且梁与柱子的搭接长度大于 10mm，轮扣架作为支

撑，减少梁的左右晃动；

⑥预制梁按照原定施工方案进行依次安装，如图 8-41 所示。

(a) 构件编号确认

(b) 挂钩起吊

(c) 预制梁安装

(d) 预制梁位置校正

图 8-40　预制梁安装示意图

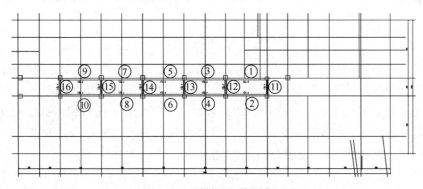

图 8-41　预制梁安装顺序图

4）预制叠合板安装

①本项目的叠合板采用密缝（5mm）方式进行拼缝，在密缝上面带一层密封胶即可有效防止漏浆；

②在进行叠合板吊装之前，在下层板面上进行测量放线，弹出尺寸定位线。叠合板的吊装根据设计要求，需与甩筋两侧预制柱、现浇剪力墙、现浇梁或叠合梁相互搭接10mm，需在以上结构上方或下层板面上弹出水平定位线；

③由于叠合板是通过轮扣架进行受力支撑，所以，必须对轮扣架的竖向标高进行严格

的控制，才能保证预制叠合板的标高满足设计要求，如图 8-42（a）所示；

④支撑体系搭设完毕后，将叠合板直接从运输构件车辆上挂钩起吊至操作面，距离梁顶 500mm 时，停止降落，操作人员稳住叠合板，参照梁顶垂直控制线和下层板面上的控制线，引导叠合板缓慢降落至支撑上方，待构件稳定后，方可进行摘钩和校正，如图 8-42（b）～（d）所示；

(a) 支撑架标高调整

(b) 挂钩起吊

(c) 预制叠合板安装

(d) 松钩解扣

图 8-42　预制叠合板安装

⑤由于叠合板是以机械为主、人工为辅的方式进行安装，在安装过程中，需要操作工人严格按照定位进行落位。吊装过程中需要项目管理人员和劳务管理人员旁站监督，吊装完毕后，需要双方管理人员共同检查定位是否与定位线偏差，采用铅垂和靠尺进行检测，如超出质量控制要求，或偏差已影响到下一块叠合板的吊装，管理人员需责令操作人员对叠合板进行重新起吊落位，直到通过检验为止；

⑥混凝土浇筑

a. 在混凝土浇筑前，清理叠合楼板上的杂物，并向叠合楼板上部洒水，保证叠合板表面充分湿润，但不宜有过多的明水；

b. 本工程采用微膨胀细石混凝土，从原材料上保证混凝土的质量；

c. 混凝土浇筑时，采用水平向上分层连续浇筑的施工工法，每层浇筑高度控制在 800mm 以内且保证每小时浇筑高度不超过 800mm；

d. 振捣时，要采取相应措施防止钢筋发生偏移。

5）预制楼梯安装

①预制楼梯梯段安装前，要把休息平台支模浇筑，以及将楼梯预埋件做好；

②楼梯构件吊装前必须整理吊具，并根据构件不同形式和大小安装好吊具，这样既节

省吊装时间又可保证吊装质量和安全；

　　③楼梯构件进场后，根据构件标号和吊装计划的吊装序号在构件上标出序号，并在图纸上标出序号位置，这样可直观表示出构件位置，便于吊装工指挥操作，减少误吊概率；

　　④吊装前必须在相关楼梯构件上将各个截面的控制线提前放好，可节省吊装、调整时间，有利于质量控制；

　　⑤楼梯构件吊装前下部支撑体系必须完成，且必须测量并修正柱顶标高，确保与梁底标高一致，便于楼梯就位；

　　⑥预制楼梯板采用水平吊装，用螺栓将通用吊耳与楼梯板预埋吊装内螺母连接，起吊前检查卸扣卡环，确认牢固后方可继续缓慢起吊；

　　⑦楼梯板基本就位后，根据控制线，对准预留钢筋，利用撬棍微调，保证楼梯与现浇结构之间有 30mm 的滑移缝，如图 8-43 所示。

图 8-43　预制楼梯现场施工图

　　⑧楼梯构件吊装要点，详见表 8-7。

楼梯构件安装要点　　　　　　　　　　　　　表 8-7

步骤	施工要点
1. 测量、放线	楼梯间周边楼板浇筑完成之后，测量并弹出相应楼梯结构端部及侧边的控制线
2. 构件进场检查	复核构件尺寸和构件质量
3. 构件编号	在构件上标明每个构件所属的吊装区域和吊装顺序编号，便于吊装工人辨认
4. 吊具安装	根据构件形式选择钢梁、吊具和螺栓，并在低跨采用葫芦连接塔吊吊钩和楼梯构件
5. 起吊、调平	楼梯吊至离地面 20～30cm，采用水平尺测量水平，并采用葫芦将其调整水平
6. 吊运	安全、快速、平稳的吊至就位地点上方
7. 钢筋对位	楼梯吊至梁上方 30～50cm，调整楼梯位置使上下平台预埋筋与楼梯预留洞对正，楼梯边与边线吻合
8. 就位、调整	根据已放出的楼梯边线，先保证楼梯两侧准确就位，再使用水平尺和葫芦调节楼梯水平
9. 填补预留洞口	使用高一级的砂浆将预留洞口填补，保证楼梯不发生位移

6）预制内隔墙条板安装

①预制条板预先在工厂开槽、预留预埋机电管线，现场免除二次切割填补，实现精准定位，减少现场污染。同时，预制条板采用工厂化生产，其产品质量有保证；

②工艺流程：条板接缝处修补→墙面垂平度实测→基层处理→满铺纤维网→第一遍腻子→第二遍腻子→磨光→第一遍涂料（根据需要）→第二遍涂料（根据需要）。

8.3.4 总结

（1）装配式建筑应从方案设计阶段开始考虑，满足"设计、生产、施工一体化"和"建筑、结构、机电、装修一体化"的要求，从全产业链统筹考虑设计产品的加工环节、装配环节和运维管理环节，并遵循标准化、模数化的设计原则，才能实现工厂规模化生产、现场装配化施工的目标。

（2）对装配式建筑来说，其最主要的部分是集成，而 BIM 技术是"集成"的主要线路。BIM 技术可以将项目的设计、生产、施工、装修和运维产生的信息，进行储存、流通和共享，不仅可以实现信息化协调设计、自动生产和可视化装配功能，还可以实现节点的数字化连接和检验等新形式等功能，服务于建筑产业全部链条，利用信息化集成式可完美应用于建筑的全生命周期。

（3）装配式建筑施工时，塔吊的布置应考虑最重预制构件质量、最远预制构件位置，以及最不利吊装和施工的情况。

（4）装配式建筑设计时，应提前考虑预制构件的生产和施工误差，这有利于实现预制构件高效、简便的安装目标。

（5）装配式建筑深化设计时，应充分考虑预制构件的生产和施工问题，细化各个节点位置的连接方式。

（6）预制构件安装时，尽量采用直接吊装的方式进行安装，减少预制构件的周转次数，有利于节约建造成本。

参考文献

[1] 王爱兰，王仑，焦建军，温晓天，阎明伟. 装配整体式混凝土剪力墙结构施工关键技术 [J]. 建筑技术，2015，46 (03)：212-215.

[2] 崔海燕. 装配式建筑叠合梁、叠合板的施工问题及设计对策研究 [J]. 酒城教育，2019 (02)：99-101.

[3] 梁静远，黄泽，程从密，何娟，刘津成. 广州恒盛大厦预制构件及关键连接节点设计与施工 [J]. 施工技术，2020，49 (04)：103-106.

[4] 姜巍. 装配整体式住宅结构关键节点构造研究 [J]. 住宅科技，2019，39 (04)：35-40.

[5] 王青，杜志强，王志军，张登，张杰乐. 装配整体式框架-现浇剪力墙结构设计要点及存在的问题 [J]. 工程建设与设计，2019 (04)：23-24.

[6] 童生生，孙继文. 预制装配式叠合梁板安装施工技术研究 [J]. 建筑技艺，2018 (S1)：269-274.

[7] 张谊平. 装配式楼梯的安装施工技术研究 [J]. 河北水利电力学院学报，2018 (02)：69-72.

[8] 马炎青，王飞超，张琳等. 华阳国际现代建筑产业中心 1 号厂房 [Z]. 深圳：深圳市华阳国际工程设计股份有限公司，2019.

[9] 王春才等. 华阳国际现代产业化中心 1 号厂房装配式建筑技术评价认定资料 [Z]. 深圳：深圳市华

阳国际工程设计股份有限公司，2019.

[10] 尹健锋，简馨凯，黄育添．东莞职业技术学院扩建项目 19 号学生宿舍楼施工图［Z］．广州：广州大学建筑设计研究院，2019.

[11] 周求辉，余伟伟，李鹏飞等．东莞职业技术学院扩建项目 19 号学生宿舍楼装配式施工方案［Z］．东莞：中建四局第五工程有限公司，2020.

[12] 郭志军，蔡庆雄，李应节等．天悦家园施工图［Z］．深圳：深圳市建筑设计研究总院有限公司，2018.

[13] 郑海虹，丁蕾，万雄斌等．天悦家园装配式结构施工图［Z］．广州：广东省建工设计院有限公司，2018.

[14] 古立军，钟远文，王超等．天悦家园工程装配式结构施工方案［Z］．广州：广东省第一建筑工程有限公司，2018.

[15] 谢俊，蒋涤非，周娉．装配式剪力墙结构体系的预制率与成本研究［J］．建筑结构，2018，48（02）：33-36.

[16] 姚婉春，张云波，祁神军．PC 结构体系下叠合梁与叠合板组合构造措施研究［J］．福建建筑，2012（02）：54-56.

[17] 刘美霞．国外发展装配式建筑的实践与经验借鉴［J］．建设科技，2016，（21）：40-42.

[18] 施嘉霖，詹耀裕，黄绸辉，胡伟．上海预制装配式建筑研发中心海港基地 2 号试验楼案例介绍［J］．预制混凝土，2012，（3）70-79.

[19] 夏锋，方松青，陈鹏．装配式建筑项目案例介绍［J］．住宅产业化，2015，（10）：18-23.

[20] 张超．基于 BIM 的装配式结构设计与建造关键技术研究［D］．南京：东南大学，2016.

[21] 刘佳．基于住宅产业化的预制装配整体式混凝土框架结构的研究与应用［D］．四川：西南交通大学，2011.

第9章 装配式钢结构与模块建筑应用

9.1 装配式钢结构应用项目1

9.1.1 项目概况

本装配式钢结构应用项目1是集大跨度钢结构建筑物改造、扩建与功能提升的综合性大型工程建设项目。一方面,本工程建设体量大、施工工期紧张:一期改造工期目标为150日历天,建设周期短;另一方面,技术要求高、施工难度大:本工程为在既有钢结构内部新增建筑,在有限空间内施工作业困难,如起重、物料运输、施工作业面等受限,缺乏可借鉴的成熟施工经验。因此,以前期设计策划为本工程重点,分析解决本项目系统性、多维性和复杂性问题,具有指导工程实践的重要意义。

考虑上述情况与特点,本项目采用钢结构体系。钢结构建筑具有轻质高强、建设速度快、施工精度高、建造过程节能节水节地、对城市环境影响最小、综合造价低等优点,适用于本项目由于有限空间而无法收纳大量建筑材料、难以储运模板与搭设脚手架、粉尘污染控制困难等工程特征,以及对项目所处的城市核心区周边环境和秩序影响小,建造周期短,满足改建后空间高大宽敞的实用效果(图9-1、图9-2)。

图9-1 一期主体施工现场

本项目在装配式钢结构体系中,主体构件包括2种规格预制型钢柱共304根,7种规格预制型钢梁共2225根,3种预制钢构楼梯和压型楼承板,主体构件部品规格应用比例和

图 9-2　项目交付使用

标准化程度高，连接方式采用螺栓连接和焊接为主的干式施工方法。除主体采用钢结构外，其围护体系使用装配化的 ETFE 气枕膜屋面、铝单板幕墙和支框玻璃幕墙，内隔墙采用 ALC 墙板和防火玻璃隔墙实现围护墙非砌筑；设备管线架设于集成吊顶和装配式成品墙（装饰板）空腔实现管线分离；内装和设备设施安装全部完成，满足建筑使用功能和性能的基本要求，达到全装修效果。

9.1.2　装配式率评价

本节对该应用项目的装配率以国家标准《装配式建筑评价标准》GB/T 51129 和广东省标准《装配式建筑评价标准》DBJ/T 15-163 分别进行计算，标准计算所得的预制装配率，如表 9-1 所示。项目依据国标和广东省标装配率评价标准计算的装配率分别为 82％和 84.5％，依据各标准评价等级划分均可评价为 AA 级装配式建筑（评价区间装配率为76％～90％）。

装配式建筑评分表
表 9-1

项目分类		项目应用评价项	国家标准	广东省标准
主体结构 （50分）	柱、支撑、承重墙、延性墙板等竖向构件（20～30）	全预制型钢柱	30	30
	梁、板、楼梯、阳台、空调板等构件（10～20）	全预制型钢梁、楼承板、钢楼梯	20	20
围护墙和 内隔墙 （20分）	非承重围护墙非砌筑（5）	全玻璃幕墙、铝单板幕墙	5	5
	围护墙与保温、隔热、装饰集成一体化（3～5）	围护墙与保温、隔热和装饰一体化集成设计、现场干法施工	5	5
	内隔墙非砌筑（5）	ALC 内隔墙板、防火玻璃隔墙	5	5
	内隔墙与管线、装修集成一体化（3～5）	墙体、管线和装修一体化集成设计、现场干法施工	5	5

续表

项目分类		项目应用评价项	国家标准	广东省标准
装修和设备管线（30分）	全装修(6)	公共区域与各功能空间主体设计与内、外装修设计同步协同设计	6	6
	干式工法楼面、地面(6)	缺项	—	—
	集成厨房(3～6)	缺项	—	—
	集成卫生间(3～6)	缺项	—	—
	管线分离(4～6)	管线架设于集成吊顶、开口式型材和装配式成品墙(装饰板)空腔	6	6
广东省标准其他评价项	预制构件与部品标准化(1)	钢柱和楼梯规格仅有两种、钢梁三种规格使用比例为94.5%	—	1
	BIM应用(1)	主体结构、外围护、室内装修和设备管线BIM模型完整	—	1
	工程总承包(0.5)	实施项目总承包	—	0.5
装配率计算公式得分评价			82	84.5

9.1.3 集成化建筑设计

（1）空间布局与平面布置（图9-3、图9-4）

图 9-3　项目1交付使用后空间布局

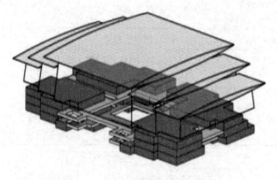

图 9-4　项目1空间布局示意图

在建筑内部规划布局上，在原有结构内部增加四层的单体建筑，各层都设为 4 个模块化的标准单元，通过"回"字形连廊区将分隔的 4 个独立功能区相互连接，形成围合的中庭式空间，如图 9-5～图 9-8 所示，建筑顶部设置有高大网架顶盖，改造后建筑属于大空间单层场馆和多层建筑组合建造的情况。

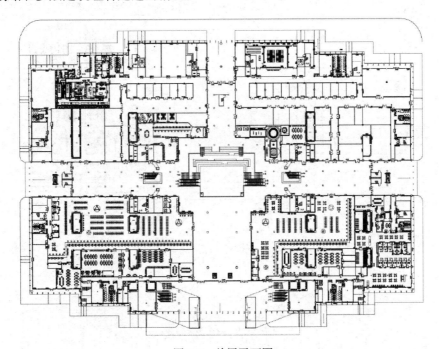

图 9-5 首层平面图

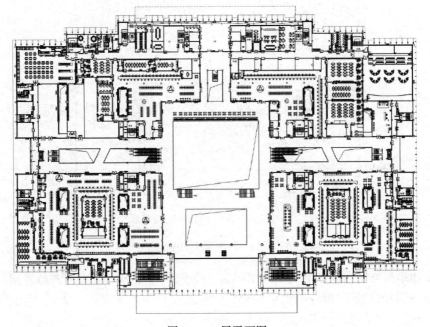

图 9-6 二层平面图

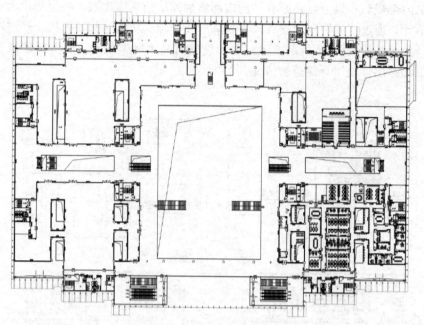

图 9-7　三层平面图

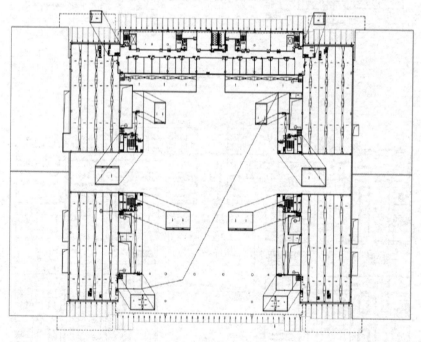

图 9-8　四层平面图

1）主体结构空间布置标准化。应用项目 1 受到既有结构影响其平面布置限制因素较多，因此内部新增建筑采用规则简单的形状，建筑设计选用大开间、大进深的平面布置。结构布置着眼于满足建筑使用功能、标准化程度、装配施工易建性、工程造价等几方面因素，结合规则方正的平面布置特点，本项目主体构件采用各层统一的布置方案：竖向构件上下连续和水平构件对齐连续，并成阵列布置，其平面位置和尺寸满足结构受力及构件预制的设计要求，有利于实现设计标准化和施工装配化。

2）功能用房平面布局按需布置。如上所述，应用项目1由标准模块化单元空间组合而成，功能用房平面通过安装轻质隔板墙分隔，实现不同功能单元使用空间的灵活分隔，满足本项目民政、公安、建设等政务服务特殊需要。另一方面，轻质隔板墙体采用模块化设计，整合了装修面层、保温隔声、防水、防火层和结构层的预制板式构件，并多以标准板件在现场直接组合拼装。

3）设备管线与布局空间一体化策划。在设备与管线系统布置时兼顾总体设计，并与周围房间布置保持相同距离，楼梯、卫生间处于相同位置，使管网密集区主要集中于每个区域的一侧，如图9-9所示，设备检修时基本不影响区域功能大厅的使用，且有利于管线综合与内隔墙体系实行一体化设计和施工。

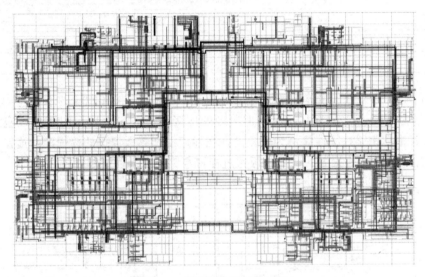

图 9-9　机电综合管线平面图

对于政务性公共建筑而言，布局的模数化、规则性，以及设备的集成化恰恰是其共性，而公共建筑建造主体大量采用钢结构体系。综上所述，本项目采用标准化平面、维护与隔墙系统和设备管线一体化集成的钢结构装配式体系建筑是最优选择。

（2）标准化设计

装配式建筑标准化设计是以实现模数协调为目标，实现尺寸协调及安装位置的一种方法。标准化设计对装配式建筑尤为重要，是部品制造实现工业化、机械化、自动化和智能化的前提，是正确和精确装配的技术保障，也是降低成本的重要手段。本节所述标准化设计为本项目的主体结构构件规格和节点、内隔墙部品、装修和设备管线集成一体化设计。

1）主体结构标准化设计

构件的标准化设计。如表9-2所示，本项目主体钢结构构件共有304根型钢柱和2225根型钢梁，其中两种柱截面类型和梁截面类型的预制构件使用占比达95%。对构件进行标准化设计，可最大化减少构件的规格种类和数量，让整个项目变得简单清晰，以提高装配安装的易建性。通过合理深化设计的钢构件，其规格种类少，在制作环节便于规模生产，利于生产质量控制和效率的提升，在安装环节提高了安装工人对构件的辨识度和减轻了构件重量；本工程构件最大重量为3.2t，仅需普通汽车吊即可解决本项目无法采用塔吊起重的问题。

主要钢构件规格类型   表 9-2

预制构件	规格	数量(件)
型钢梁	BH850×300×16×28	7
	BH750×300×14×25	17
	BH700×300×14×25	504
	BH600×200×12×18	33
	BH550×200×10×18	103
	BH500×200×10×16	1505
	BH400×200×8×14	56
型钢柱(焊接 H 型钢)	400×400×18	300
	600×600×30	4

节点的标准化设计。主体结构构件间的连接采用基于焊接和螺栓的干式连接方式，操作方便，构件间的连接方式共19种，但典型的连接方式（图9-10～图9-13）应用占比超过90%；其中，钢梁柱间连接均为腹板高强螺栓连接和翼板焊接的栓焊混合连接，钢梁梁间连接采用高强螺栓连接方式，楼承板通过栓钉与钢梁上表面熔焊相连。

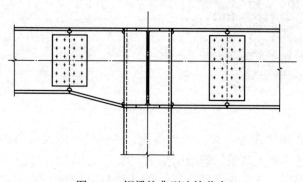

图 9-10　钢梁柱典型连接节点

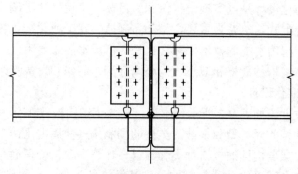

图 9-11　钢梁梁典型连接节点（刚接）

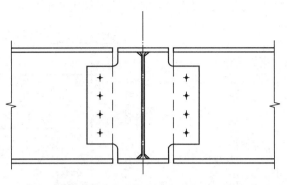

图 9-12　钢梁梁典型连接节点（铰接）

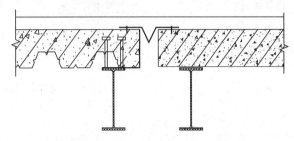

图 9-13　钢梁板连接节点（新旧楼板处）

2）内隔墙装配化设计

本项目所采用的内隔墙类型主要为 ALC 墙板，如图 9-14、图 9-15 所示，100mm 厚 ALC 墙板用于分室墙，200mm 厚 ALC 墙板用于分区墙。与传统的砌块相比，预制内隔墙板其质量更轻、施工效率更高，从而使建筑自重减轻，基础承载力变小，可有效降低建筑造价；同时其具有强度较高、隔热、防水等良好性能。

图 9-14　现场 ALC 内隔墙

图 9-15　现场玻璃隔墙

本项目所设隔墙净高多为 5.5m，而 ALC 墙板标准长度规格为 2.8m，利用 ALC 隔墙板可切割性，采用垂直方向补板拼接处理，实现整墙铺设，拼接安装为干式作业和装配式施工。本项目 ALC 墙板规格尺寸、设计排版、安装顺序等与建筑、结构、装饰和水电暖通专业协同互动，从细部上综合考虑门窗洞口数量和尺寸，各种埋件数量、规格和位置，管线的安装特别是线管集中之处对墙面的刨凿影响，如图 9-16～图 9-19 所示。

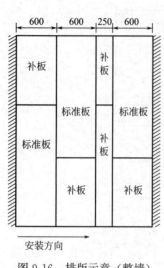

图 9-16 排版示意（整墙）

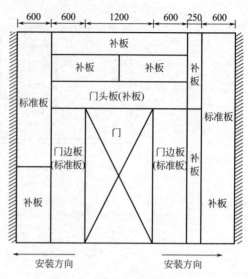

图 9-17 排版示意（整墙开洞）

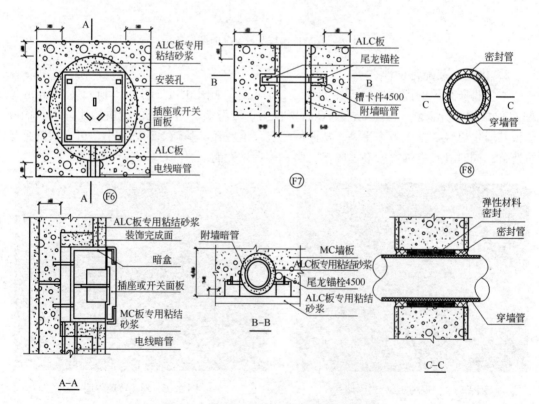

图 9-18 附墙暗转配件及穿墙管构造做法

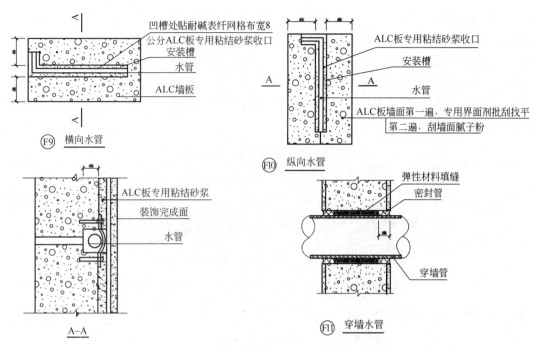

图 9-19　附墙水管构造做法

3）装修和设备管线一体化设计

应用项目 1 装修一体化设计所涉及设备管线类型较多，如图 9-20 所示，涵盖设备管线与内装、围护结构和竖向主体结构间的系统集成，装修和设备管线部品分类，如表 9-3 所示，在设计阶段就需要统筹暖通、给水排水、机电、通风等管线空间排布走向以及相应接口开放性设计。项目装修和管线一体化设计策略主要考虑前置和集成设计：

①将区域用房的功能性需求于设计阶段前置，如前所述，基于不同行政单位对不同的个性功能化需求，寻求适应不同政务办事需求的空间布局；

②装修与设备管线集成化设计，在设计前期利用 BIM 技术的进行细化设计和专业协调，形成装配性强和适用性好的集成化部品。

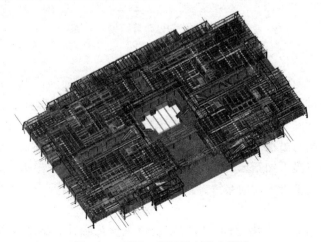

图 9-20　项目 1 首层机电综合管线

传统装修通常是在土建的基础之上进行设备部品、内装部品的设计与施工，专业间相互脱节，但装配式一体化装修更强调的是通过不同专业间的协同，集成建筑、结构、设备系统、装饰装修设计方法，实现工业化建筑的高度集成。应用项目1在设计和安装时需要与建筑、结构、专业工程分包等方共同协调，然后将各类设备进行部品模块化设计，通过BIM技术充分协调各部品之间的关系，控制好部品之间的规格尺寸和接口尺寸，在施工现场直接进行模块拼装。

应用项目1 装修和设备管线部品分类 表 9-3

围护结构部品	墙面	饰面板、管线层、开关线盒、工具箱
	柱面	饰面板、防火层、管线层
	吊顶	面板、管线层、设备层、主体构件
设备部品	给水排水系统	给水管线、排水管线、消防管线、连接部品
	电器及智能化系统	配电箱、照明、开关线盒、插座、设备管线、功能设备、接口部品
	新风系统	换气机、管道、排风扇、排风口、连接部品
	暖通系统	热交换器、冷源设备、空调水管线、连接部品
	排烟系统	排烟管道、排烟口、过滤部品、连接部品

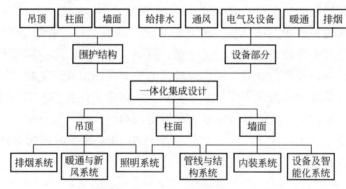

图 9-21 装修和设备管线集成关系

与吊顶系统的一体化设计，需考虑以下因素：

①消防排烟系统与吊顶一体化设计：消防排烟系统采用横向机械排烟，排至布置于吊顶空间的竖向公共排烟道，在进行消防排烟系统设计时，需考虑排烟及火灾探测设备选型、烟道截面尺寸、安装方式与排烟口间距等与吊顶空间关系；

②新风暖通系统与吊顶一体化设计：暖通与新风系统采用吊顶式空气处理机组、转轮式热回收机组、风机盘管加新风的体系，相关机组及管道暗装在吊顶内，在机组设计选型时，需要考虑吊顶内部管道走向布置方案、管道交错位置净高要求和吊顶与管线敷设施工可操作性；

③照明系统与吊顶一体化设计：照明系统由主要为悬挂式的正常照明和应急照明灯具，供电系统采用树干式供电模式；照明灯具平嵌融合于木格栅吊顶，存在照明样式多、

不规则排布的情况，且局部位置照明的灯具密度高及管线复杂拥挤。设计过程中，从简化吊顶排布方式和优化照明设计两方面着手，并考虑吊顶金属骨架和吊杆的布置，优化吊顶内部桥架的设置，简化敷设与接线安装过程中的复杂程度。

图 9-22 首层管线综合

图 9-23 应用项目 1 投入使用后吊顶效果

与墙面的一体化设计需要考虑以下因素：

①装饰面与墙面一体化：在进行墙饰面排布时，需要与设备专业共同协调功能部品的组织方式、用电部品的安放位置以及开关插座的布设位置，使墙面部品的生产实现精准化接口、穿孔和开洞，让空间布局与结构部品达到精准的匹配。在确定好部品的安装位置后，对于需要安装在墙面上的较重设施，例如灭火箱、用电设备等，则需要根据设施重量，进行安全验算，必要时对安装位置进行加强处理和洞口的留置；

②设备管线与墙面一体化设计：内隔墙系统体系采用轻钢龙骨墙饰面，把线管布置于墙面与饰面间的龙骨空腔层内，对饰面板进行集成设计时，要明确设备设施水平与标高定位信息、所需的安装空间厚度、各种水电管线的敷设走向、管线的预埋和设备接口预留信息、开关插座等终端设备的具体位置。

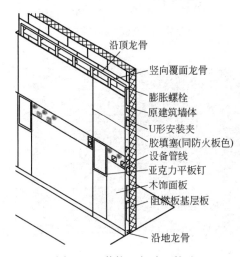

图 9-24 装饰面与墙面构造

图 9-25 设备管线与墙面一体化设计

图 9-26　装饰面与轻钢龙骨墙面

图 9-27　投入使用后墙饰面效果

与柱面的一体化设计。柱的装配式内装体系采用架空饰面，如图 9-28～图 9-31 所示，与墙面集成设计相似，将管线布置于柱饰面板的空腔层内，综合考虑开关线盒安装所需要的空间厚度、各种龙骨的规格型号以及涂装板的模数选择、排版方案、开关插座等末端设备的具体位置。

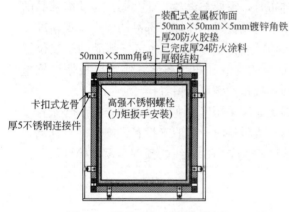
图 9-28　装饰面与方柱构造示意

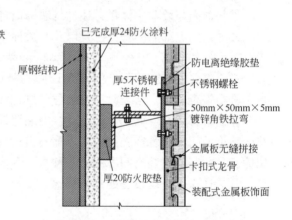
图 9-29　截面节点构造示意

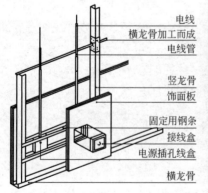
图 9-30　电气管线与柱面构造示意

图 9-31　装饰面与方柱现场施工

9.1.4　施工安装

本应用项目 1 是东莞市高装配率的公共类建筑，目前已经投入使用。围绕着本案例的工程量大、技术要求高、施工难度大、工期紧张、环境保护严等难点，本项目从装配式钢结构体系应用、精细化科学管理与实践、基于 BIM 技术的全过程协调与进度信息管理、资源最佳投入这四方面解决本项目的系统性、多维性、复杂性和动态性问题。应用项目 1 的装配化施工技术包括钢结构主体、铝单板幕墙和支框玻璃幕墙、ALC 内隔墙、集成吊顶和装配式成品墙等安装施工，本节将对钢结构主体与内隔墙的装配化施工进行叙述。

（1）主体钢结构装配化施工

主体结构生产中，柱构件采用焊拼箱型柱，梁构件采用焊拼 H 型钢，楼层采用组合楼承板，钢构件在工厂加工制作，精度高、质量可控，运抵现场即可安装，安装设备措施均是定型化产品，装配化施工程度高，极大化解了本项目有限空间运输组织压力和外部风险。一期主体现场施工工期目标为 60d，实际完成持续时间如表 9-4 所示。钢构的施工分工厂制作、现场安装两部分，为减少现场焊接量和加快安装速度，柱构件采取整体预制而不采取分块现场拼接。根据本工程特点，构件制作与运输以满足现场安装需要为前提，每批构件出厂安排在运输前 4 天完成，构件拼装安装时间安排在运输到场后 2d 进行。

施工完成持续时间　　　　　　　　　　　　　　　　　　　　　　表 9-4

序号	施工内容	天数(d)	实施前提条件及说明
1	钢柱安装	2	承台浇筑后回填，保证场地能进如吊机施工
2	有两层钢梁部位的吊装	6	工序 3、工序 4 同时开始吊装的
3	有三层钢梁部位的吊装	9	
4	一层钢梁部位的吊装	4	有两层钢梁部位吊装完时即开始安装此部位
5	焊接	12	钢梁开始安装时就同步焊接
6	楼承板安装	7	有可铺设的部位即开始施工，前期准备
7	楼承板浇筑施工	15	有可铺设的部位即开始施工，前期准备

依据本项目的区域间的连接误差控制、建筑场地情况和既有建筑内部空间限制、施工器械合理布置与作业安排、物料进场与堆放便利等要求，对主体施工工作区域进行划分（图 9-32）。

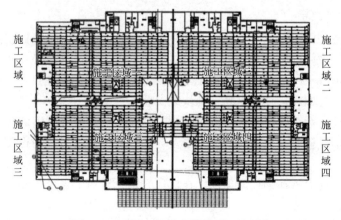

图 9-32　项目 1 钢构主体施工区域划分

1) 主体钢结构装配化施工思路

对每个区域的安装顺序作安排，如图 9-33 所示，首先安排施工靠近既有建筑角端部位，依次从里往外施工。施工过程每个区域采用两台吊车为主吊，第三台吊车辅助转料，当材料不需要转运时，第三台吊车加入吊装行列。安装采用垂直安装方式，二层、三层、四层都预设有构件时，要同时安装完二层、三层、四层钢梁再移动吊车进行下个部位的吊装。现场材料不设定固定堆放点，堆放点的设置根据现场实时调整，堆放遵循就近堆放、不影响其他施工班组施工原则。

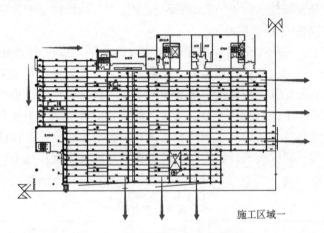

施工区域一

图 9-33　施工区域一划分安装顺序

整体按照"大平行、小流水"的原则组织施工，采用构件散件进场，地面局部构件卧式拼装，通过汽车吊将构件扳起、脱胎、短驳的施工方法进行施工。先行施工钢柱，依次吊装钢梁，并保持一定的流水节奏。整个钢结柱子总计 304 条，大小钢梁总计 2329 条，构件数达 2633 条，按照每台吊车每天安装 30 条构件两部吊车每天 60 条构件计算，每月满负荷吊装 22d 计算，两个月完全能完成所有构件的安装，预埋、焊接、楼承板安装施工穿插在钢结构安装时间中，如此可满足整个工程工期进度计划。吊装由垂直方向从下往上安装，最先施工预埋件、钢柱，钢柱吊装就位后，及时安装连系钢梁，使之形成相对稳定的刚性单元。每完一个框架单元后，便可同步焊接，完成焊接及时补漆作业后，随即开始施工楼承板。

2) 构件吊装与焊接

主体构件吊装采用两台 50t 吊车吊装构件和一台 25t 吊车转运材料。起重构件最大最重为 15.3m 长、重约 6t 的柱构件和 16m 长、重 3.7t 梁构件，满足 50t 吊车起重要求（柱吊装作业半径在 16m 内、梁吊装作业半径在 20m 内）。构件吊装要点：

①安装前需进行标高、轴线复测，确认无误后方可安装钢柱；

②根据钢柱柱底标高调整好螺杆上的螺帽，并在相应位置放置垫块；

③起吊前，钢柱横放在枕木上，柱脚位置放垫木方；起吊时，不得使柱的底端在地面上有拖拉现象；

④钢柱的吊装孔设置在钢柱的顶部，在柱顶分别设置两个直径 30mm 的吊装孔，利用吊装孔进行吊装；

⑤钢柱起吊时必须边起钩、边转臂使钢柱垂直离地；

⑥当钢柱吊到就位上方 200mm 时，停机稳定，对准螺栓孔和十字线后，缓慢下落，下落中应避免磕碰地脚螺栓丝扣；

⑦当柱脚板刚与基础接触后应停止下落，检查钢柱四边中心线与基础十字轴线的对准情况，如有不符及时应进行调整，调整完成可紧拧连接螺栓，脱钩后完成单个构件的吊装（图 9-34、图 9-35）。

图 9-34　现场柱钢构件的吊装　　　　图 9-35　现场区域主体钢构件吊装

装配式钢结构框架梁与框架柱采用悬臂段栓焊刚接节点，钢框梁腹板通过高强螺栓连接，翼缘则采用全熔透焊接连接。现场所有焊接工程采用 CO_2 气体保护焊焊接，所使用的焊材金属应与主体金属强度相适应，施焊方法主要为平焊为主，梁与钢柱的连接以及悬挑梁部位的焊接工艺和操作应满足国家标准规范要求，构件焊接要点如下：

①变形监控与处理：现场焊接过程中，应着重监测钢柱的垂直度和钢梁水平度等基本情况，如出现变形较大情况，应立即停止焊接。通过改变焊接顺序和加热校正等特殊处理手段后可再施焊；

②采用合理的坡口：在满足设计要求焊透深度的前提下，宜采用较小的坡口角度和间隙，以减小焊缝截面积和减小母材厚度方向承受的拉力；

③预留焊接收缩余量：考虑到在钢梁的焊接过程中不可避免地会产生收缩而导致钢柱面结构内侧偏倒，所以在校正时必须预留焊接收缩余量；

④柱焊接顺序工艺纠偏：对校正后仍有偏斜的钢柱，可先在反方向进行焊接三至四层的预偏焊接后再对称焊接，利用焊接收缩来达到纠偏的结果；

⑤梁焊接顺序工艺纠偏：梁构件对接焊的焊接顺序，从中部对称地向四周扩展。梁柱接头的焊接，可先焊一节柱的顶层梁，再从下往上焊各层梁柱的接头；

⑥梁与柱接头的焊接：先焊梁的下翼缘板，再焊其上翼缘板。先焊梁的一端，待该焊缝冷却至常温后，再焊另一端，不宜对一根梁的两端同时施焊；

⑦焊缝检测：焊接后经外观检查和超声波检查，经自检合格，报监理和甲方通知第三方无损检测（图 9-36、图 9-37）。

3）楼承板施工

楼承板与传统现浇混凝土楼板相比，装配式钢结构工程综合造价要低，绑扎工作量减少 60%～70%，可大幅度缩短工期，减少人工和机械消耗，又由于无需铺设模板底模及搭设支撑脚手架，可多层同时进行交叉作业，提高施工效率。本项目楼承板施工重点如下（图9-38～图9-41）：

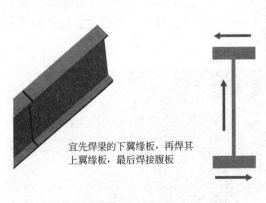

宜先焊梁的下翼缘板，再焊其
上翼缘板，最后焊接腹板

图9-36　H型截面钢梁焊接顺序示意图

图9-37　现场主体构件焊接

图9-38　现场楼承板模板安装

图9-39　现场楼承板钢筋绑扎一

图9-40　现场楼承板钢筋绑扎二

图9-41　现场楼承板浇筑效果

①吊运要求：采用吊车直接将压型钢板运至作业面钢梁上，压型钢板吊运时应轻起轻放，不得碰撞，以防钢板变形。楼承板的装卸、吊装均采用角钢或槽钢制作的专用吊架配

合软吊带来吊装，不得使用钢索直接兜吊钢筋桁架模板，避免楼承板板边在吊运过程中受到钢索挤压变形，影响施工；

②楼承板施工工艺流程：楼承板搬入现场及存放→楼承板吊装→模板安装→钢筋桁架楼承板散板安装→钢筋绑扎及管线敷设→栓钉焊接→管线铺设→附加钢筋工程→清理、验收→混凝土浇筑；

③平面施工顺序：每层钢筋桁架模板的铺设宜根据施工图起始位置由一侧按顺序铺设，最后处理边角位置。楼承板铺设前，按图纸所示的起始位置放桁架模板基准线。对准基准线，安装第一块板，并依次安装其他板；

④局部位置处理：平面形状变化处（遇钢柱、弧形钢梁等处），现场对楼承板进行切割，切割前对要切割的楼承板尺寸进行检查、复核后，在模板上放线切割。切割采用机械切割方法，切割时注意楼承板搭接扣合的方向；

⑤设计构造要求：楼承板伸入梁边的长度，必须满足设计要求。楼承板平行于钢梁处，板与钢梁的搭接不得小于 30mm，楼承板垂直于钢梁处，模板端部与钢梁的搭接不得小于 50mm，确保在浇筑混凝土时不漏浆；

⑥重点安全隐患防治：当钢楼承板超过最大无支撑跨度（3m）楼板区域，垂直楼承板方向必须在楼承板跨中设置一道可靠临时支撑，防止浇筑混凝土时楼承板塌陷。

（2）ALC 内隔墙装配化施工

ALC 板是以水泥、硅砂等为主要原料，经过高温高压蒸汽养护而成的多孔混凝土板材，该板轻质高强、耐火隔声效果好。本工程墙体材料选用蒸压轻质加气混凝土板（简称 ALC 板），ALC 内隔墙板与型钢柱、板与板之间的连接、ALC 墙板部位与梁顶、板底部位搭接的防开裂措施将是本项目的重点和难点（图 9-42）。针对该重点和难点，总结得到以下施工经验：

图 9-42　ALC 墙板施工完成效果

1）整体施工顺序：由建筑物内部一侧向另外一侧逐步推进施工；

2）分部施工顺序：①有门口的从门口开始安装；②ALC 内墙板安装从一侧向另一侧进行；

3）施工工艺流程：弹线放样→首块 ALC 板顶部及底部插入管卡→ALC 板临时固定→检查调整墙板垂直平整度→底部用射钉枪固定→顶部与钢梁焊接（若顶部与楼板连接则用射

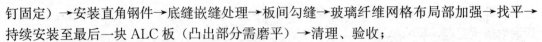
钉固定）→安装直角钢件→底缝嵌缝处理→板间勾缝→玻璃纤维网格布局部加强→找平→持续安装至最后一块 ALC 板（凸出部分需磨平）→清理、验收；

4）与钢结构连接节点的特殊要求：①自身要有一定的强度和刚度，既能在日常使用中保证墙板不变形，也要在地震时防止墙板坠落伤人；②墙板的连接节点是保证两者共同工作的基础，需要求节点的传力明确可靠和有一定的位移；③节点连接件制作安装要简便，避免现场焊接和湿作业；④节点连接要具有通用性，提高标准化程度。

9.1.5 总结

本项目具有工程量大、技术要求高、施工难度大、工期紧张、环境保护严等难点。本项目从装配式钢结构体系应用、精细化科学管理与实践、基于 BIM 技术的全过程协调与进度信息管理、资源最佳投入四方面解决本项目的系统性、多维性、复杂性和动态性问题。

本项目采用钢结构体系，适用于本项目由于有限空间而无法收纳大量建筑材料、难以储运模板与搭设脚手架、粉尘污染控制困难等工程特征，以及对项目所处的城市核心区周边环境和秩序影响小，建造周期短，且满足改建后空间高大宽敞的实用效果。

9.2 模块建筑应用项目 2

9.2.1 项目概况

应用项目 2 工程概况：总建筑面积 5474m²，其中 1 号楼为 1198m²，2 号楼为 1000m²，3 号楼为 1392m²，临时食堂为 750m²，连廊为 594m²，景观塔为 100m²，设备楼为 440m²，建筑基底面积为 4058m²（图 9-43）。

图 9-43 项目实景图

建筑功能：1 号楼为群众办事以及行政办公，2 号楼为展厅及会议厅，3 号楼为行政办公，临时食堂为行政人员就餐餐厅，景观塔为景观参观。

建筑结构形式：1 号楼、2 号楼为钢框架结构，3 号楼为箱体式钢结构集成模块结构（地上 2 层，高度为 9.0m），连廊为钢结构，临时食堂为箱体式钢结构集成模块结构（（地上 1 层，高度为 4.0m），设备楼为框架混凝土。

3 号办公楼采用角柱支撑的钢结构箱式集成模块建筑形式，从最初的规划设计、室内设计、立面设计一直到建造施工，设计师和甲方从模块单元的特性考虑，建造出了一栋无论从外观还是空间使用上来说都堪称高品质的行政办公楼。除基础工程、屋面工程、市政工程、装饰工程在现场施工外，建筑工程约 80％工作量在工厂完成。该建筑结构全部由模块单元预制安装而成，共使用了 16 个 A 型标准模块和 12 个 B 型标准模块组合而成，其中包括房间模块、走廊模块等。

在技术工程师的指导下，配合 5 个技师工人，基本能在 1 个小时内完成一个模块的吊装，总共 28 个模块 5 个工作日即可完成吊运安装。

9.2.2　模块建筑优势

（1）技术内涵

箱式钢结构集成模块化建筑（以下简称"模块建筑"）是指在住宅构件工业化生产的基础上，采用模块化组装的方式来建造的住宅：在工厂预制完成的集成模块建筑单元，由一系列形状为正方体、长方体及多边形体经组合叠加形成的建筑，其中每个模块，都具有自身完善的、预设的分项建筑功能，可以由钢框架主体、箱壁板、箱底板、箱顶板、内装部品、设备管线等集成的具有建筑使用功能的箱式空间体，也可以是厨房单元、卫生间单元、楼梯单元、阳台单元等，其满足相关建筑性能要求和吊装运输的性能要求（图 9-44、图 9-45）。

图 9-44　模块建筑实例 1

图 9-45　模块建筑实例 2

（2）技术优势

1）建筑质量精良

从产品质量分析，模块单元均在工厂建造，包括钢材加工、焊接框架、组装墙板和电气水暖设备都在车间生产流水线上进行，精密程度高，并有严密的质量检控，建筑质量得到充分保证。从建筑安全与功能而言，在满足一定用户个性化需要的基础上，模块建筑安全可靠，抗震性能强，设计寿命可达 70 年，其环保、节能、隔声等指标可达到海外领先标准，可为居住、办公等提供舒适空间环境。

2）建造时间短

由于模块建筑的特殊建造方式，在工程进行现场基础施工的同时，工厂内模块单元的制造可同步进行，不受季节或环境的影响，且机械化程度高、效率高。模块单元的吊装施工受天气制约影响较小，因而大幅降低项目施工所耗时间。根据英国、美国模块建筑相关实践经验，一幢 1 万 m^2 的高层钢结构住宅建筑楼在现场仅需 1 台吊车和 10 余个工人 4 个月内即能完成安装，而普通现浇钢筋混凝土结构的施工周期一般要在 1 年半以上。

3）建造成本低

模块建筑的综合造价较传统建筑有较强的竞争力：①模块建筑主体重量轻，有利于降低地基处理与基础实施成本费用；②模块建筑大部分构件部品为工厂化生产，生产采用流水线作业，对工人技术要求单一，对比传统现浇施工模式可减少人工费用；③回收的材料应用较多，减少了原材料的浪费，废料率可控制在 5％以下，实现材料利用的最大化。

4）施工过程绿色环保

模块建筑生产所产生余料少和回收利用率高，使得建造能耗低于传统手工方式。另外，现场安装施工采用干法方式，较传统的施工方式，极大程度地减少了建筑垃圾的产生、建筑污水的排放、建筑噪声的干扰、有害气体及粉尘的排放，对周围生活环境的影响低。

（3）发展现状

模块建筑是目前国际上装配程度、工厂完成度与集成度、建设效率均处于领先水平的装配式建筑体系，预制程度可以达到 85％～95％，而剩余的 5％工作量为现场基础施工与模块安装的连接工作。在英国、美国、澳大利亚、新加坡等发达国家应用较多，在美国，住宅、学校、办公楼等约 20％已采用模块建筑；层数根据区域有所不同：在旧金山和洛杉矶等地区一般为 5～6 层，在纽约一般为 10～30 层，在英国一般为 10～20 层，模块建筑建造高度最高达 44 层。

图 9-46　模块建筑实例 3

图 9-47　模块建筑实例 4

目前，我国模块建筑主要在临时建筑设施领域取得了初步成就，在永久建筑方面还涉及较少。市场对模块建筑的了解还较少，以及它以低端产品的身份出现在大家视野中较多，很多人把模块建筑仅定义为临时工地工人居住的廉价房，忽视了其各方面的优异表现。因此，模块建筑企业把很大一部分精力投放在市场推广上，同时因缺乏模块建筑相关的推动扶持政策，致使目前国内模块建筑应用领域较窄，大部分仍局限于临时建筑领域。近些年模块建筑作为休闲度假屋、模块酒店、办公楼等建筑，在大众视野出现频率开始增加，其诸多的优点开始引起了消费者的关注。

9.2.3　建筑设计

（1）建筑设计理念

本应用项目 2 工程 3 号楼建筑功能定义为行政办公类，办公室在规划工作区空间尺度时，较关注人的行为因素，并考虑办公、接待、通行等方面的协调关系，结合现代办公模式的新要求，为员工提供创造性与个人能动性的人性化办公空间。因此，该建筑空间不宜过于狭小，且要求有大量连续的标准房间，模块建筑的单元模块正好可以作为独立的小办公室，而两个或三个箱体拼合可作为中型办公室，大的会议办公空间则可利用模块所围合的空间。

建筑通过模块单元组合，具有良好的采光与自然通风，单元布局组合灵活。在立面设计方面，设计师打破了传统模块建筑重复、单一的设计手法，运用横向线条和突变元素相结合，创造出生动、灵活的建筑性格，既符合行政办公的特性，又与周围社区环境相得益彰。不仅能够满足办公功能，其经济安全、低碳环保的特性完全符合新型建筑的特质，此外，幕墙通过水泥板与铝单板结合，能够使其散发出独特的后工业气息，迎合追求独特品位的科创园区。

（2）空间组合与平面布置

与传统建筑设计相同的，模块建筑的设计过程也分为建筑整体布局及内部空间的设计，本节将就这两方面对本项目模块建筑的空间组合和模块单元的室内空间设计展开叙述。在空间设计方面，不管是整体的模块单元组合叠加还是在有限的箱体内部进行空间设计，对于所有类别的模块建筑而言均是有普适性的，因此，本章讨论的内容亦适用于所有类型的模块建筑的空间设计。

1）空间组合

模块建筑空间组合设计，通常针对模块单元个体进行设计的，每个模块即为整体中的一个部件，模块建筑通过模块单元的不同组合方式的变化，可以创作出多种不同形式、功能和规模的建筑，因此在讨论模块建筑时，模块的组合方式是设计过程中的重要部分。

如图 9-48 所示，模块之间沿水平方向（即 X 轴与 Y 轴方向）与垂直方向（Z 轴方向）对齐布置，综合交错是最基本的模块组合方式，可排列出较为规则的系统，空间利用率很高且平面简单清晰。箱体沿 X 并列拼接时可以将其内部打通，形成更大面积的空间来突破模块自身的空间限制，本工程中对空间需求较大的功能区域，是运用箱体沿 X 和 Y 方向对齐组合的形式。

■B型基本模块、█A型基本模块、█外加悬挑部分

图 9-48　应用项目 2 模块单元空间组合

除空间利用率高以外，此种拼接方式的结构也更为稳固，各单元的角柱能够对齐，一方面便于角部之间固定，另一方面，此种拼接方式使得整个建筑形体的表面积最小，因而其热能消耗也可降到最低。在箱体沿 Z 轴方向对齐排列时，这种组合不在同一个平面上，出现了上下层的关系，此时则需要垂直交通体进行彼此的空间联系。沿 Z 轴对齐组合时模块单元角柱上下对齐，有助于传递荷载，是受力最为合理的一种垂直拼合关系。

2）平面布置

根据项目布设位置，结合自身定位特点和功能要求，选用长方形模块形状。通过排列组合这些长方形的模块，得出较优的占地面积和周长，从而可以获得更有效的建筑面积、最大的日照，提升了项目的经济性和居住的舒适性，为办公人员提供一个舒适、有个性的空间。

①首层平面设计

首层设置三个出入口，主入口位于东南侧，供办事人员和行政服务人员出入使用，区域北侧及东侧均设计了次入口。如图 9-49 所示，首层水平交通是通过模块单元内部开启连同门洞从而形成走道，实现水平串联其他模块，竖向交通则通过模块单元底部开启楼梯洞口，并利用楼梯连接上下层，在模块内开启水平与竖向交通可减少连廊模块和楼梯模块，造成多个模块设置和类型复杂多样。首层以员工办公区域为主，通过轻钢龙骨墙体分割成门厅、中庭空间、大会议室等，门厅为两层通高空间，向东开敞朝向的是景观绿地，具有良好的景观视野。

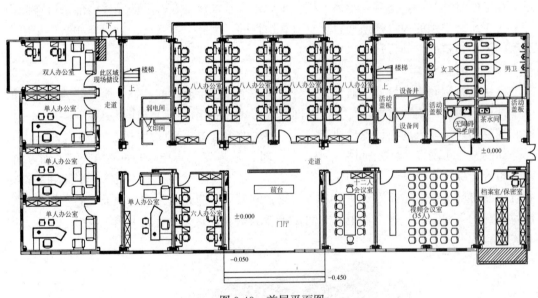

图 9-49　首层平面图

②二层平面设计

如图 9-50 所示，二层以公共空间为主，通过轻钢龙骨墙体分割成接待区、会议室、较大的员工办公室等。二层与首层采用模块无错动的布置方案：竖向构件上下连续和水平构件对齐连续，并成阵列布置，有利于实现设计标准化和施工装配易建性。几乎所有箱体都是长向拼接的，因此箱体的长向不能开设门窗洞口，只能在短向设置，使得箱体的进深方向不能过长，以免引起室内采光不足。

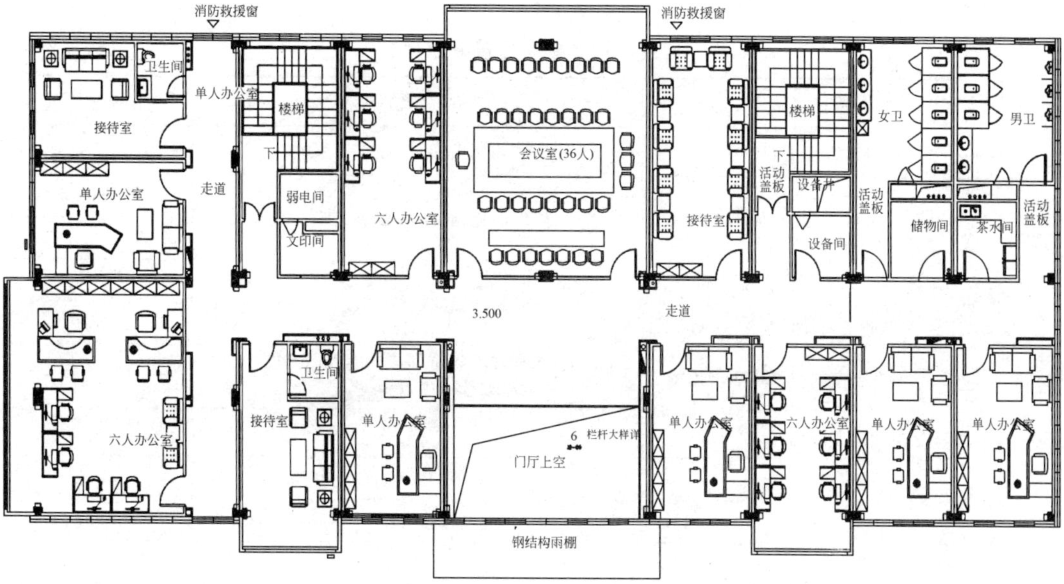

图 9-50　二层平面图

（3）模数设计

针对箱式模块建筑产品构造与项目特点，结合模块设计标准化、集成化、装配化要求，引出建筑设计时，模数协调按以下要求执行：

1）模块尺寸

相关研究表明，考虑模块单元在运输、吊装以及安装施工过程中结构安全的需要，其最大尺寸宽度不宜大于 4.2m，长度不宜超过 16m，高度可为 3.0m、3.3m、3.6m、3.9m、4.2m、4.5m。

2）建筑模数

模块单元的模数原则上应遵守国家标准《建筑模数协调统一标准》GB/T 50002。对于特殊形体的建筑物可采用非模数化的尺寸。基本模数为 1000mm。水平扩大模数基数可为 3M，竖向扩大模数基数为 1M。分模数基数优选为 1/10M、1/5M、1/2M（M 为基本模数）。

本项目依据上述模数标准、材料尺寸规格、交通运输的最高限制和施工工艺因素，工程模块优选尺寸为：长 4000mm、高 3480mm，长度则可根据实际需求确定分别为 A 型 8020mm 和 B 型 16060mm 两类。

（4）绿色节能设计

本项目采用了一些节能策略以减少建筑能耗：①集装箱的门扇在打孔之后安装于朝阳的立面，作为建筑外遮阳减少太阳辐射热；②屋面设有太阳能光伏系统，容量为 25.9kW，同时满足隔热和再生能源应用；③可控的排风系统帮助优化空气交换的比率，减少能量的损失；④LED 光源设备的广泛应用也减少了电量消耗。

建筑能耗分析，如表 9-5 所示，模块建筑设计采用合理的窗墙比，围护结构采用高质量的保温隔热复合墙板，减轻热桥，比现有同类钢筋混凝土建筑结构的能耗有较大幅度地降低。由于复合墙板具有较高的密度，热惰性指标高，隔热、隔声性能也好，其节能指标达到三步节能65%以上的要求。

应用项目2模块建筑节能指标
表 9-5

计算项目		标准规定限值(甲类)	设计值	
屋顶	平均传热系数 $K(W/m^2 \cdot k)$	按性能化指标时,必须 $K<0.7$	0.7℃	
外墙	平均传热系数 $K(W/m^2 \cdot k)$	按性能化指标时,必须 $K \leqslant 1.0$	$K_m=0.64$	
			$D_m=1.36$	
	东向外墙内表面计算温度最高值	最高温度限值 36.3℃	27.4℃	
	西向外墙内表面计算温度最高值		27.69℃	
	最不利室内空气露点温度	屋面和外墙热桥部位的内表面温度不应低于室内空气露点温度	10.12℃	
室外架空板	传热系数 $K(W/m^2 \cdot k)$	$K \leqslant 0.7$	$K_m=4.16$	
窗墙面积比	东向	>0.80	0.02	
	南向	>0.80	0.27	
	西向	>0.80	0.34	
	北向	>0.80	0.28	
外窗(包括透明幕)	窗墙面积比 CM	传热系数 K $(W/m^2 \cdot k)$	太阳得热系数	各朝向设计值
	CM $\leqslant 0.20$	$\leqslant 3.5$	无要求	东 K=2.40
	$0.20<$ CM $\leqslant 0.30$	$\leqslant 3.0$	$\leqslant 0.44/0.48$	Sw=0.34
	$0.30<$ CM $\leqslant 0.40$	$\leqslant 2.6$	$\leqslant 0.40/0.44$	南 K=2.40
	$0.40<$ CM $\leqslant 0.50$	$\leqslant 2.4$	$\leqslant 0.35/0.40$	Sw=0.34
	$0.50<$ CM $\leqslant 0.60$	$\leqslant 2.2$	$\leqslant 0.35/0.40$	西 K=2.40
	$0.60<$ CM $\leqslant 0.70$	$\leqslant 2.2$	$\leqslant 0.30/0.35$	Sw=0.34
	$0.70<$ CM $\leqslant 0.80$	$\leqslant 2.0$	$\leqslant 0.26/0.35$	北 K=2.40
	$0.80<$ CM	$\leqslant 1.8$	$\leqslant 0.24/0.30$	Sw=0.33
	可见光透射比	可见光透射比不应小于 0.4	0.62	符合
	气密性能 幕墙	3 级	3	符合
	气密性能 外窗	建筑外窗的气密性不应低于 6 级	6	符合
权衡计算	全年供暖和空调总耗电量	参照建筑 EC. Ref=27.03kW $\cdot$ h/m²	EC=24.7	符合
	太阳能光电	—	25.9kW	

(5) 围护结构设计

本项目定位为高品质模块建筑，代表着行政管理单位形象，而围护结构的选择对于提升建筑整体品质起决定性作用，因此围护结构的选用尤为重要。

1) 底板的选型

本工程为层高9m的两层模块建筑，建筑整体重量较低，因此选择轻型结构底板；但B型模块的长度达16m，为防止底板在平面内发生变形，增加通长角钢拉结。模块建筑的顶板与底板共用，如图 9-51 所示实现管线分离结构选用水泥纤维板，地面选用地砖。

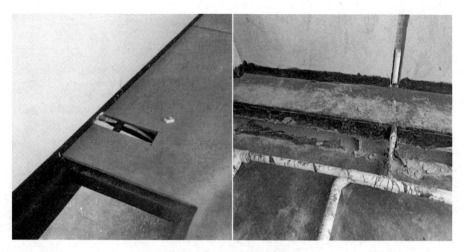

图 9-51　底板管线预埋情况

2）顶板的选型

模块建筑的顶板主要用于吊顶安装以及铺设水、电、通信、电视等管线需要，因此做成轻型顶板，为增加平面内刚度，增加通长角钢拉结，以防止发生变形。顶板的支撑构件选用 C 型檩条，间距经结构计算确定，檩条与框架梁通过吊杆可靠连接，檩条下再设置必要的龙骨，以铺设纸面石膏板吊顶。

3）薄壁轻钢龙骨内隔墙

围护结构采用薄壁轻钢龙骨墙体，用于承受竖向荷载以及起保温隔热，设计为400mm 间距排列的 C 型冷弯薄壁轻钢立柱。构造做法为将立柱上下两端插入上下两条矩形钢轨梁中，并通过自攻钉连接。内外墙饰面材料为石膏板，通过自攻钉将其与立柱两侧翼缘固定，内部填充岩棉材料（图 9-52、图 9-53）。

图 9-52　模块单元内隔墙工厂施工

图 9-53　成品单元外立面情况

4）组合幕墙薄壁轻钢龙骨内隔墙

本工程外立饰面采用水泥纤维板与铝单板组合的幕墙结构，如图 9-54 所示。水泥纤维板以白色、浅灰色、深灰色、棕色顺序排列，最终形成了疏密有致，变化丰富的立面。整体建筑色调为冷灰色，加入了铝单板的金属色泽会使立面更具有亲切感，铝单板不仅是外立面的装饰构件、遮阳构件，也是空调外置机位，金属质感贴合了整个建筑的工业风，增强了整个建筑的现代感图 9-54。

图 9-54　水泥纤维板幕墙

9.2.4　结构设计

（1）模块主体结构构件设计

结构设计信息参数　　　　　　　　　表 9-6

抗震设防烈度	设计基本地震加速度	设计地震分组	建筑场地类别	特征周期	基本风压	地面粗糙度
7 度	0.10g	第一组	II 类	0.35s	0.55kN/m²	B 类

楼面荷载取值（kN/m²）　　　　　　　表 9-7

部位	门厅	办公室	会议室	卫生间	走道	楼梯	保密室	设备间	不上人屋面
活荷载	3.5	2.0	2.0	2.5	3.5	3.5	3.5	1.0	0.5
恒荷载	3.67	3.67		4.25	3.67				3.91

本项目设计使用年限为 50 年，建筑抗震设防分类为丙类，相关结构设计信息参数与楼面荷载取值如表 9-6～表 9-7 所示，梁间荷载（轻钢龙骨石膏板隔墙）取值为 0.42kN/m，经计算上部模块单元通过立柱传递荷载值为 93.2kN，结构形式采用角柱支撑箱式模块，如图 9-55 所示，角部支撑箱式模块的主要优势在于可以使模块单元一个或多个面完全开放，当模块并排安装在一起时可以创建更大的开放式空间，这种结构形式是办公楼的理想选择。

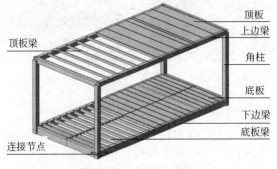

顶板梁　上边梁　顶板　角柱　底板　下边梁　底板梁　连接节点

图 9-55　模块单元构成

构件截面信息表（mm）　　　　　　　　　　　表 9-8

序号	构件名称	截面规格
GKZ	角柱	B：200×200×10
GKL-1	上边梁 1	B：200×150×5
GKL-2	上边梁 2	LH：200×150×4.5×6
GKL-2	下边梁 1	B：200×150×5
GKL-2	下边梁 2	LH：300×150×4.5×6
GL-1	顶板梁	B：100×50×2
GL-2	底板梁	B：120×60×2

　　模块主体构件材质采用 Q235B 钢材，钢框架采用的是矩形钢管柱。结合图 9-55 与表 9-8，与模块柱连接起来的梁截面宽度为 150mm，在连接梁柱和模块柱时需要保证梁柱的齐平，为模块建筑施工提供方便。模块箱底板和箱顶板采用密肋钢梁结构布置形式。理论计算表明，箱底板或箱顶板采用密肋钢梁附加面内拉结件的方式可有效提高箱式模块平面内刚度。

　　本项目楼层的模块单元按最不利荷载作用效应下计算，因此计算单元选用建筑功能为首层门厅的模块进行结构计算。根据相关功能用房和规范规定，结构计算参数：楼面恒、活荷载取值为 $3.5kN/m^2$ 和 $3.67kN/m^2$，梁间荷载（轻钢龙骨石膏板隔墙）取值为 $0.42kN/m$；上部模块单元所传递的荷载值为 93.2kN，于角柱连接节点的边界设为铰支座，采用通用空间有限元分析软件 Midas Civil 进行计算，如图 9-56、图 9-57 所示，计算结果表明本项目最不利荷载作用下的模块单元，其最大等效应力（122.2MPa）出现在角柱连接节点位置，应力比为 0.59，具有良好的强度富余与经济性；最大位移（14.9mm）出现在底板跨中处，满足钢结构设计规范中的受弯结构容许挠度值（$L/300=26.7mm$），故模块单元满足结构安全和适用要求。

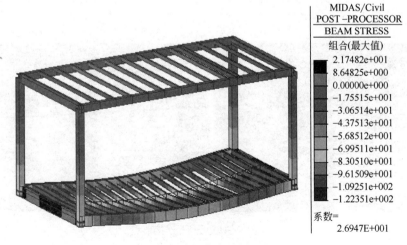

图 9-56　单元应力云图（MPa）

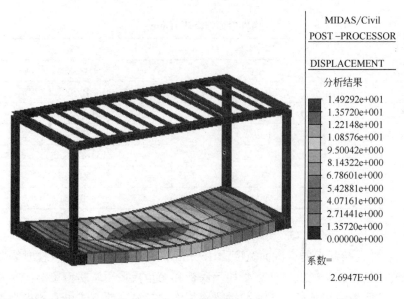

图 9-57　单元变形云图（mm）

（2）模块连接节点设计

考虑到模块整体吊装拼接方式和现场安装操作空间受限，因此节点设计尤为重要，既要考虑尽量减少对集成模块安装的影响，又要保证结构受力的合理性，本项目模块连接节点的设计主要考虑因素为节点的可拆装性。

在实际操作中，箱体间通过螺栓连接吊装施工过程中非常困难，因为螺栓连接是通过预留的螺栓孔连接，但是箱体通过起重机械吊装过程中上下层箱体很难做到精确定位，螺栓孔与孔之间若不能精确对准则会对施工造成很大麻烦。因此，本工程主要利用角件进行模块间的对位连接（常用连接方式，如图 9-58 所示），此对连接件上下两侧有四个突起锥体，在吊装对位过程中，箱体角件连接孔只要捕捉到锥体顶端就可顺势安装，而箱体间的水平连接就通过螺栓经过预留螺栓孔进行连接，安装既迅速又准确（图 9-59～图 9-61）。

图 9-58　模块单元上下连接节点

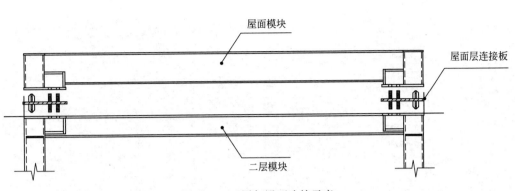

图 9-59　二层与屋面连接示意

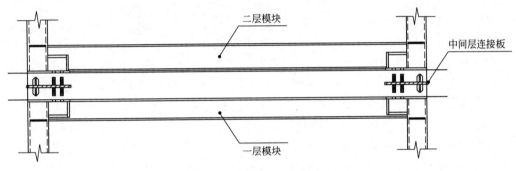

图 9-60　首层与二层连接示意

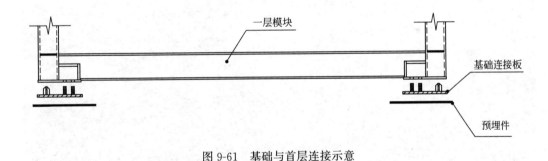

图 9-61　基础与首层连接示意

9.2.5　施工安装

本项目建造过程是一个在工厂预制到现场装配的过程，每个模块单元包括围护结构、地面装修等，在工厂预制好后，被运输到现场进行组装，现场只有存在局部的装饰装修和机电综合工作。施工建造流程为：现场基础施工→最下层模块连接板找平、连接件定位检查及修正→模块吊装及拼接→现场模块间管线连接、建筑接口处理→模块建筑整体完成。

（1）现场基础施工

本建筑采用预应力混凝土管桩基础，其桩基上方安装有基础承台，在基础承台上预埋连接板件。本工程基础施工同传统管桩基础施工相似，但需要注意的是，在打桩过程中桩整体垂直度易发生偏移，会给模块箱体的精确对位带来麻烦，因此，需严格控制桩定位准确性和精度，同时，施桩过程做好垂直度监测。

图 9-62　现场基础施工

（2）模块工厂制作与运输

模块建筑中的模块单元是根据标准化的生产线和严格的质量控制体系，在专业技术人员指导下由熟练工人在模块组装工厂车间流水生产线上制作完成的，其制作加工精度高，不受天气影响，可在现场基础施工的同时进行工厂生产，完成度高，集建筑、结构、机电、内外装修于一体，是一种较彻底的工业化、标准化建造技术产品。加工流程为：构件加工→底框、顶框、端框加工→框模块组装→打砂、防腐处理→结构防火涂料涂装→内装、设备机电管线安装→外立面装修→密封打包→模块出厂。工厂加工期间应严格控制模块加工精度，特别是连接节点的加工精度（图 9-63）。

图 9-63　模块单元工厂制作

本工程运输主要考虑公路装载的最大宽度与高度要求，这将对所生产模块单元的尺寸有所限制。根据《中华人民共和国道路交通安全法实施条例》的相关要求：机动车载物不得超过机动车行驶证上核定的载质量，装载长度、宽度不得超出车厢；重型、中型载货汽车，半挂车载物，高度从地面起不得超过 4m，载运集装箱的车辆不得超过 4.0m。即对模块单元的要求为：考虑载货车本身尺寸，模块单元一般允许的最大宽度为 2.5～3.0m，最大的载物高度 3.5m，如超过上述尺寸时，需向相关交通部门申请审批。

（3）现场施工安装

单元吊装过程与使用过程所产生的内部应力不同，可能使所提升部位存在局部的受力集中，需要加强起重位置的构件强度以承担其自重。根据所选用的汽车吊型号的起重机臂

图 9-64　模块现场运输

架高度，可选择多种不同的吊装技术，本工程模块单元的吊装使用绳索与其顶部构件进行连接，此方法需要调整吊装绳索的角度以使水平构件的受力分量不会过大，按起重弯矩平衡而言，其最佳的吊点为距模块单元两端长度约 20％处，然而，由于横梁截面型材受力性能较差，直接在梁跨位置作吊点易造成模块变形，进而影响安装精度和施工质量，因此吊点位置设于模块四角立柱，从它们的角部进行连接提升（图 9-65～图 9-68）。

图 9-65　模块单元现场吊装

图 9-66　模块单元现场吊装

图 9-67　项目首层吊装完成图　　　　　　图 9-68　项目二层吊装完成图

9.2.6　总结

　　模块建筑是一个综合性技术体系，涵盖多专业、多工种的配合，但相对于装配式混凝土建筑而言，所需统筹考虑的问题少，易建性好和工程质量高，是实现建筑工业化的模式典范，具有良好的推广发展前景。本章对箱式钢结构集成模块建筑的技术内涵特点与应用现状进行叙述，并以该项目为依托，重点对箱式钢结构集成模块建筑建造实践进行项目研究，包括在建筑设计、结构设计、模块制作、现场安装等方面，旨在为模块建筑推广提供实践案例的研究经验。模块建筑的推广应用将有效提升我国建筑产业化制造水平、建设集成度、建造装配化水平，对推动我国装配式建筑技术的革新与应用起到积极作用。

参考文献

[1] 彭忠粤. 东莞市民服务中心今天上午正式全面试运行 [N]. 广州日报，2019-10-9.

[2] 徐伯英. 装配式钢结构中小学校建筑实践——以上海市新建浦江镇第五小学为例 [J]. 住宅科技，2019，39（06）：5-8.

[3] 廉大鹏，赵百星，侯学凡，吴长华. 轻型钢结构装配式学校的设计实践——深圳梅丽小学腾挪校园 [J]. 建筑技艺，2019（06）：70-77.

[4] 余佳亮，常明媛，张耀林，孙伟. 装配式钢结构在医院建筑改扩建工程中的应用 [J]. 钢结构，2019，34（03）：59-63.

[5] GB/T 51233-2016，装配式钢结构建筑技术标准 [S].

[6] 郭学明. 装配式混凝土结构建筑的设计、制作与施工 [M]. 北京：机械工业出版社，2016：67.

[7] 张丽，孙国芳，刘艳. 蒸压轻质加气混凝土内隔墙板的施工技术 [J]. 价值工程，2011，30（16）：79.

[8] 关大利，何杰强，黄铁平，李超等. 东莞水乡科创孵化中心（首期）设计图纸 [Z]. 广州：开源国际建筑设计院（广州）有限公司，2019.

[9] 吴海波，邝仁记，高洋，陈慧芬等. 东莞市民服务中心设计图纸 [Z]. 深圳：深圳市建筑设计研究总院有限公司，2019.

[10] 方静. 基于工业化背景下的住宅设计与装修一体化研究 [D]. 深圳大学，2018.

[11] 刘炜. 大力践行绿色建造理念推进建筑业高质量发展 [N]. 中国建设报，2019-13-12（006）.

[12] 李波，赵卓，唐维涛，李世杰. 装配式钢结构的钢筋桁架楼承板施工技术应用研究 [J]. 居舍，

2019 (33)：55＋137.

[13] 钟远享，许晓煌. 钢结构装配式被动房与智慧建造融合应用——以北京建工昌平区未来科学城第二中学建设工程为例 [J]. 中国建设信息化，2019 (20)：20-25.

[14] 万媛媛，金龙，舒赣平. 装配式钢结构建筑预制装配率计算准则的比较分析与计算建议 [J]. 江苏建筑，2019 (03)：53-56-78.

[15] 陈一全. 干挂背筋增强外墙饰面板技术研究与应用探索 [J]. 墙材革新与建筑节能，2018 (10)：45-48.

[16] 赵健晖. 阿尔及尔国际会议中心 6000 人会议室照明系统设计与施工 [J]. 价值工程，2018，37 (05)：113-117.

[17] 易国辉，张兰英，陈洋，庄彤，周永安.《箱式钢结构集成模块建筑技术规程》编制情况介绍 [J]. 城市住宅，2020，27 (01)：6-11.

[18] 张兰英，韦振飞，娄霓，易仁斌. 箱式钢结构集成模块建筑体系在学校建筑中的应用 [J]. 城市住宅，2020，27 (01)：12-15.

[19] 韩子刚. 多层钢结构模块建筑结构设计探讨 [J]. 门窗，2019 (23)：158.

[20] 娄霓，任祖华，庄彤，朱宏利，陈谋蒙. 装配式模块建筑的研究与实践 [J]. 城市住宅，2018，25 (10)：109-115.

[21] 黄子庭. 住宅产业化发展下的住宅单元空间模块化设计研究 [D]. 湖北工业大学，2018.

[22] 李垚. 钢结构模块建筑建造技术和空间设计研究 [D]. 重庆大学，2017.

[23] 马也. 广州普通社区老年健康照顾设施单元模块建筑设计研究 [D]. 华南理工大学，2017.

[24] 张肇毅. 钢结构模块建筑发展趋势的研究 [J]. 中国建筑金属结构，2015 (05)：68-71.

[25] 陈敖宜，张肇毅，王卉，杨志艳，张嘉骐. 建筑工业化及绿色模块建筑 [J]. 工业建筑，2014，44 (06)：108-111.

[26] 曲可鑫. 钢结构模块化建筑结构体系研究 [D]. 天津大学，2014.

[27] 高崧. 天普大学模块住宅——模块化设计与建造 [J]. 住区，2011 (06)：92-97.